▲量杯

▲标准调酒壶

▲波士顿调酒壶

▶浅碟型香槟杯、笛型香槟杯、郁金香型香槟杯

◀红葡萄酒杯、白葡萄酒杯、球形葡萄酒杯

▲坦普勒杯、平底直身杯、有脚果汁杯、波克格兰迪杯、库勒杯、飓风杯

◀白兰地杯、平底古典杯、有脚古典杯、烈酒杯

▶平底皮尔森杯、有脚皮尔森杯、大啤酒杯

▲高脚水杯、鸡尾酒杯、玛格丽特杯、雪莉杯、利口酒杯、爱尔兰咖啡杯

▲单手摇壶法1

▲单手摇壶法2

▲双手摇壶法1

▲双手摇壶法2

▲双手摇壶法3

▲波士顿摇壶法1

▲波士顿摇壶法2

▲波士顿摇壶法3

▲以柠檬片作装饰

▲以橄榄、樱桃、珍珠洋葱作装饰

▲以红樱桃组合作装饰

▲以柠檬皮、柠檬角、带叶菠萝块作装饰

▲以吸管穿樱桃、芹菜杯作装饰

▲盐（糖）圈杯的制作1

▲盐（糖）圈杯的制作2

▲盐（糖）圈杯的制作3

▲盐（糖）圈杯的制作4

旅游管理专业高职高专“十一五”部委级规划教材

酒水知识与调酒

周敏慧　周媛媛　主　编

编委会名单

副主编：费　寅　　沈　博

参　编：朱多生　　王丹红
　　　　简成菇　　李幼龙
　　　　崔春芳　　刘晓萍
　　　　王　伟　　申国新

中国纺织出版社

图书在版编目(CIP)数据

酒水知识与调酒/周敏慧,周嫒嫒主编. —北京:中国纺织出版社, 2009.6
(2015.8 重印)
(旅游管理专业高职高专"十一五"部委级规划教材)
ISBN 978-7-5064-5540-4
Ⅰ.酒… Ⅱ.①周…②周… Ⅲ.①酒—基本知识—高等学校:技术学校—教材②酒—勾兑—高等学校:技术学校—教材 Ⅳ.TS971 TS972.19

中国版本图书馆 CIP 数据核字(2009)第 027038 号

策划编辑:卢志林 责任印制:王艳丽
封面设计:Z2 书籍装帧工作室

中国纺织出版社出版发行
地址:北京市朝阳区百子湾东里 A407 号楼 邮政编码:100124
销售电话:010—67004422 传真:010—87155801
http://www.c-textilep.com
E-mail:faxing@c-textilep.com
中国纺织出版社天猫旗舰店
官方微博 http://weibo.com/2119887771
三河市宏盛印务有限公司印刷 各地新华书店经销
2009 年 6 月第 1 版 2015 年 8 月第 7 次印刷
开本:710×1000 1/16 印张:21 插页:4
字数:371 千字 定价:32.00 元

出版者的话

2005年10月，国发[2005]35号文件“国务院关于大力发展职业教育的决定”中明确提出“落实科学发展观，把发展职业教育作为经济社会发展的重要基础和教育工作战略重点”。高等职业教育作为职业教育体系的重要组成部分，近些年发展迅速。编写出适合我国高等职业教育特点的教材，成为出版人和院校共同努力的目标。早在2004年，教育部下发教高[2004]1号文件“教育部关于以就业为导向　深化高等职业教育改革的若干意见”，明确了促进高等职业教育改革的深入开展，要坚持科学定位，以就业为导向，紧密结合地方经济和社会发展需求，以培养高技能人才为目标，大力推行“双证书”制度，积极开展订单式培养，建立产学研结合的长效机制。在教材建设上，提出学校要加强学生职业能力教育。教材内容要紧密结合生产实际，并注意及时跟踪先进技术的发展。调整教学内容和课程体系，把职业资格证书课程纳入教学计划之中，将证书课程考试大纲与专业教学大纲相衔接，强化学生技能训练，增强毕业生就业竞争能力。

2005年底，教育部组织制订了普通高等教育“十一五”国家级教材规划，并于2006年8月10日正式下发了教材规划，确定了9716种“十一五”国家级教材规划选题，我社共有103种教材被纳入国家级教材规划。在此基础上，中国纺织服装教育学会与我社共同组织各院校制订出“十一五”部委级教材规划。为在“十一五”期间切实做好国家级及部委级高职高专教材的出版工作，我社主动进行了教材创新型模式的深入策划，力求使教材出版与教学改革和课程建设发展相适应，充分体现职业技能培养的特点，在教材编写上重视实践和实训环节内容，使教材内容具有以下三个特点：

(1) 围绕一个核心——育人目标。根据教育规律和课程设置特点，从培养学生学习兴趣和提高职业技能入手，教材内容围绕生产实际和教学需要展开，形式上力求突出重点，强调实践，附有课程设置指导，并于章首介绍本章知识点、重点、难点及专业技能，章后附形式多样的思考题等，提高教材的可读性，增加学生学习兴趣和自学能力。

(2) 突出一个环节——实践环节。教材出版突出高职教育和应用性学科的特点，注重理论与生产实践的结合，有针对性地设置教材内容，增加实践、实验内容，并通过多媒体等直观形式反映生产实际的最新进展。

(3) 实现一个立体——多媒体教材资源包。充分利用现代教育技术手段，将授课知识点、实践内容等制作成教学课件，以直观的形式、丰富的表达充分展现教学内容。

教材出版是教育发展中的重要组成部分，为出版高质量的教材，出版社严格甄选作者，组织专家评审，并对出版全过程进行过程跟踪，及时了解教材编写进度、编写质量，力求做到作者权威，编辑专业，审读严格，精品出版。我们愿与院校一起，共同探讨、完善教材出版，不断推出精品教材，以适应我国高等教育的发展要求。

中国纺织出版社

教材出版中心

前言

随着中国人生活水平的提高以及中外交流的扩大，西方的酒水知识以及调酒技术逐渐与中国的酒水知识与调酒技术相融合，西方的酒水知识以及饮酒习俗礼仪逐渐被国人所接受，并将其应用到中国的酒水调制以及饮用习惯中，国人的酒水知识逐渐丰富，酒水的饮用方式逐渐与国际接轨。在中外交流较为兴盛的大型国际都市，愈来愈多的人们逐渐改变以烈酒作为佐餐酒的传统习惯，接受了以葡萄酒作为佐餐酒的健康饮食方式，并在酒水饮用方面有所创新，反过来影响了西方酒水的调制，如用中国白酒为基酒进行鸡尾酒的调制。中外酒水知识的交流融合，促进了酒水知识的进一步丰富，使千变万化的酒水调制愈加丰富多彩。国人酒水知识的丰富以及酒水饮用习惯的改变，对相关行业从业人员的酒水相关知识结构和实践操作技能提出了更高的要求，为了提高职业教育的质量，使旅游业以及餐饮业从业人员全面系统而又有重点地掌握实用酒水知识，具有一定的调酒技能，需要介绍符合实践情况要求的酒水知识以及相应层次的调酒技能的酒水知识。

考虑到职业教育的特点，本书从理论和实践相结合入手，较为系统地介绍了酒水基本理论知识和酒水调制的技能知识。在理论知识方面，以介绍性内容为主，原理性知识为辅；对于酒水调制技能知识，以初级调制技能为主，创新技能知识为辅，非常适合职业教育特点的要求。本书共十五章，可分为两大部分，第一部分从第一章到第十章，主要是酒水知识的介绍。第二部分从第十一章到第十五章，主要是调酒知识和技能的介绍。最后附录了法国葡萄酒年份表，法国葡萄酒各产区等级表，意大利酿酒葡萄的主要品种，意大利部分主要葡萄酒 1992 ~ 2003 年期间的年份表，调酒师国家职业标准。

在体例上，本书采用了比较先进的教材编写体例，每章前有教学要求以及建议的教学课时，每章后配有适量的练习题。

本书第一章、第二章、第三章、第八章由中国劳动关系学院高职学院教师周敏慧编写；第四章、第五章由四川省高等烹饪专科学校酒店管理系教师周媛媛编写；第六章、第七章由无锡商业职业技术学院费寅编写；第九章由新疆乌鲁木齐职业大学旅游系系主任李幼龙编写；第十章由潍坊学院王丹红编写；第十一章由四川工商职业技术学院工程系简成茹编写；第十二章、第十三章由四川管理职业学院朱多生编写；第十四章由中国劳动关系学院高职学院崔春芳编写；第十五章由中国劳动关系学院高职学院教师刘晓萍编写。本书调酒常用酒杯章节的编写得到HT调酒学校北京分校首席调酒师张继文的支持和帮助。全书最后由周敏慧负责统稿和定稿。

本书在编写过程中，参阅了大量有关酒水知识、调酒技术以及酒吧管理方面的书籍、图片、文献资料。由于不能一一列出，在此谨向编著这些著作、资料的专家、学者致以诚挚的感谢！

由于时间仓促和编者水平有限，书中的不足在所难免，恳请各位专家和读者不吝指教，以期在日后修订再版时更正。

编者

2008年10月

《酒水知识与调酒》教学内容及课时安排

内容	章/课时	课程性质/课时	节	课程内容
酒水知识	第一章（2 课时）	综述（2 课时）		●酒水概述
			一	酒水分类
			二	酒的概述
			三	非酒精饮料
	第二章（8 课时）	发酵酒知识（16 课时）		●葡萄酒概述
			一	葡萄酒简介
			二	葡萄酒的酿造
			三	葡萄酒的服务
			四	葡萄酒的品鉴
	第三章（4 课时）			●各国葡萄酒
			一	法国葡萄酒
			二	意大利葡萄酒
			三	德国葡萄酒
			四	其他国家的葡萄酒
	第四章（4 课时）			●啤酒、黄酒和清酒
			一	啤酒
			二	黄酒
			三	清酒
	第五章（4 课时）	蒸馏酒知识（12 课时）		●白兰地
			一	白兰地概述
			二	法国白兰地
			三	其他国家的白兰地
	第六章（4 课时）			●威士忌
			一	威士忌概述
			二	苏格兰威士忌
			三	美国威士忌
			四	爱尔兰和加拿大威士忌
	第七章（4 课时）			●其他蒸馏酒
			一	金酒
			二	朗姆酒
			三	特基拉
			四	伏特加
			五	中国白酒

续表

内容	章/课时	课程性质/课时	节	课 程 内 容
酒水知识	第八章（4 课时）	配制酒知识（4 课时）		• 配制酒
			一	开胃酒
			二	甜食酒
			三	利口酒
			四	中国配制酒
	第九章（4 课时）	非酒精饮料知识（8 课时）		• 茶
			一	茶的概述
			二	茶的种类
			三	茶艺服务
	第十章（4 课时）			• 咖啡
			一	咖啡概述
			二	咖啡的服务
			三	咖啡的调制
调酒	第十一章（2 课时）	调酒基础知识（4 课时）		• 调酒与调酒师
			一	调酒的产生与发展
			二	调酒师职业
			三	调酒师的等级标准
	第十二章（2 课时）			• 酒吧设备与用品
			一	酒吧常用设备
			二	调酒用具
			三	酒吧常用酒杯
	第十三章（4 课时）	鸡尾酒调制（14 课时）		• 鸡尾酒概述
			一	鸡尾酒的传说与定义
			二	鸡尾酒的基本结构
			三	鸡尾酒的分类
			四	鸡尾酒的命名
	第十四章（8 课时）			• 鸡尾酒的制作
			一	调酒基础知识
			二	调酒技术操作
			三	鸡尾酒的装饰及其制作
	第十五章（2 课时）			• 鸡尾酒酒方
			一	鸡尾酒酒方简介
			二	鸡尾酒常见酒方

注 各院校可根据自身的教学特色和教学计划对课程时数进行调整。

目录

综述

第一章 酒水概述

本章内容： 酒水分类

酒的概述

非酒精饮料

教学要求： 1.向学生简单介绍酒水分类，使学生了解基本酒水分类的标准。

2.要求学生理解酒度的含义和表示方法。

3.重点讲述酒水的分类，要求学生掌握酒水根据生产工艺的分类。

4.在学生了解非酒精饮料的分类基础上，要求学生掌握各种非酒精饮料的服务方法。

教学课时： 2课时

第一节　酒水分类

一、酒水的概念

通常我们认为,酒水(Drinks or Beverage)是一切含酒精的饮料(Alcoholic Drink)和不含酒精的饮料(Non-Alcoholic Drink)的统称,并把含酒精的饮料称为酒(Hard Drink),不含酒精的饮料称为软饮料(Soft Drink)。

酒水也被称为饮料,从其功能角度来讲,饮料是能够供给人体水分及营养物质,并经过一定的工艺制作出来的供饮用的液体食品。

二、酒水的简单分类

从酒水的概念可知,酒水本身就是两种饮料的合称,一类是含酒精的饮料,一类是不含酒精的饮料,这是最常见也最简便的对于酒水的分类。

(一)酒精饮料

酒精饮料即"酒水"中的"酒",指含有酒精、可饮用的液体,一般酒精含量为0.5%~75.5%。酒类饮料具有令人兴奋、麻醉的特殊作用,带有一定的刺激性。日常生活中的酒类饮料主要有:烈酒、葡萄酒、啤酒、黄酒、药酒等。

(二)软饮料(非酒精饮料)

软饮料(非酒精饮料)即"酒水"中的"水",是指不含酒精的饮用品。有些软饮料含有少量的酒精(含量在0.5%以下),但主要是起到调香调味的作用,因此仍是属于软饮料。软饮料的作用主要是解渴、提神及补充人体水分。

软饮料是近现代食品工业的产物,主要包括:世界三大嗜好饮料(茶、咖啡、可可),碳酸饮料,果蔬饮料,乳品饮料,瓶装饮用水,保健型饮料,无酒精鸡尾酒以及不含酒精的麦芽饮料和不含酒精的葡萄酒等。随着食品工业的发展,必然会出现越来越多的新型软饮料,以满足人们多样的需求。

第二节　酒的概述

酒是指以粮食、果实、植物等含淀粉和糖分的物质为原料经发酵、蒸馏、配制等生产工艺而得到的含乙醇并带有刺激性的饮料。关于酒的起源,说法较多,在我国古代有仪狄酿酒、杜康酿酒的说法。

一、酒与酒度

(一)酒的成分

酒中最重要的成分是乙醇,乙醇的特性在很大程度上决定了酒的特性。乙醇是无毒液体,并且是人血液中不可缺少的组成部分。乙醇的主要物理特性是:常温下呈液态、无色透明、易挥发、易燃烧,沸点为78.3℃,冰点为-114℃;不易感染细菌,刺激性较强;可溶解酸、碱和少量油类,不溶解盐类,可溶于水;乙醇与水相互作用释放出热,体积收缩。在乙醇浓度为53%的水溶液中,乙醇与水分子结合最紧密,因而刺激性相对较小。适量饮酒,有益身心,可促进食欲、强心提神、促进睡眠,还可以降低因脂肪沉积引起的血管硬化、阻塞的概率。但是,长期大量饮用烈酒对人体器官有很大损害,会造成视力减退,消化道病变,心血管病变等。

酒中还含有另一种成分——甲醇。甲醇又称木醇,它能无限溶于酒精和水中,有刺鼻气味。甲醇有毒性,对人体的神经系统和视神经中的盲点有毒害。因此,对于酒中甲醇的含量有限定性要求。我国规定,一般粮食原料酿造的白酒中,甲醇不得超过0.04g/100mL。

酒中还有其他多种物质,主要包括:水分、总醇类、总醛类、总脂类、糖分、杂醇油、矿物质和微生物等。这些物质虽然在酒中所占比重很小,但对酒的质量以及酒的色、香、味、体等品鉴要素会有不同的影响和作用,并决定了酒所具有的口味。

(二)酒度

酒度是指在某一温度下,酒液中乙醇的含量。目前,国际上酒度表示法主要有三种。

1. 标准酒度

标准酒度(Alcohol % by Volume)是法国著名化学家盖·吕萨克(Gay Lusaka)发明的,又被称为盖·吕萨克酒度,或用缩写GL表示。它是指在温度20℃的条件下,每100mL酒液中酒精的含量,是一种体积表示法。通常用百分比表示,因此也被称为酒精度百分比法。这种表示法比较容易理解,使用也最为广泛。例如威士忌一般为40% Vol或43% Vol,即每100mL酒液中含酒精40mL或43mL。一般在酒精浓度后,都会加上“Vol”以示与重量计算的区分。自1983年开始,欧共体统一使用标准酒度表示法,用“°”表示。

2. 英制酒度

英制酒度(Degrees of Proof UK)也就是英式Proof法,又称为Sikes。英制酒度中的酒精纯度(Proof)是标准酒度的1.75倍。英制酒度是18世纪由英国人克拉克(Clark)创造的一种酒度计算方法。由于欧共体采取了统一的酒度表示法,因此英制酒度目前使用得较少。

3. 美制酒度

美制酒度(Degrees of Proof U. S.)也就是美式 Proof 法,美制酒度也是用酒精纯度“Proof”表示,Proof 之值等于酒精度百分比的两倍,如 80proof = 40% Vol。美国、加拿大等国家都是用此种方法来表示酒度的。

4. 三种酒度表示法之间的换算

英制酒度和美制酒度的发明都早于标准酒度的出现,它们都用酒精纯度“Proof”来表示。三种酒度之间可以通过以下公式进行换算:

标准酒度 ×1.75 = 英制酒度

标准酒度 ×2 = 美制酒度

英制酒度 ×8/7 = 美制酒度

二、酒的生产工艺

(一)酒的生产原理

酒的酿造过程分为发酵、蒸馏两大步骤。

首先,酒精的形成需要具有一定的物质条件和催化条件。糖分是酒精发酵最重要的物质条件,而酶则是酒精发酵的催化剂。在酶的作用下,单糖被分解成酒精、二氧化碳和其他物质。以葡萄糖酒化为例:

$$\underset{\text{葡萄糖}}{C_6H_{12}O_6} \longrightarrow \underset{\text{酒精}}{2C_2H_5OH} + \underset{\text{二氧化碳}}{2CO_2} + 100KJ\ \text{热量}$$

也可通过工艺将不含糖的原料变成含糖原料,以用来酿酒。当水温超过50℃时,淀粉溶解于水,在淀粉酶的作用下,淀粉水解成麦芽糖和酒精,在麦芽糖酶的作用下,麦芽糖可以水解成葡萄糖。这一变化过程,我们称之为淀粉糖化。可用下式来表示:

淀粉 + 水→酒精 + 麦芽糖

麦芽糖 + 水→葡萄糖

这是制作发酵酒的基本工艺原理。制成后的发酵酒,其乙醇含量一般不超过 15%。因为在发酵过程中,当酒液的酒精含量达到 13% ~15% 时,酵母会停止活动,发酵也就停止了。如果要制作高酒精含量的蒸馏酒,就要使用蒸馏器,将过多的水分从发酵后的酒液中蒸馏出去,就可得到酒精浓度较高的烈酒。

(二)酒类生产工艺

酒类生产工艺主要有以下四种。

1. 发酵工艺

任何酒的生产都必须经过发酵工艺（Fermenting），这是酿酒过程中最重要的一步。简单地说，此工艺的关键就是将酿酒原料中的淀粉糖化，继而酒化的过程（见酒的生产原理）。

2. 蒸馏工艺

蒸馏工艺（Distilling）是酿酒的重要过程，蒸馏的原理很简单，即根据酒精的理化性质：酒精的汽化温度为78.3℃，只要将发酵过的原料加热到78.3℃以上，就能获得酒精气体，冷却之后即为液体酒精。采用蒸馏方法来提高酒度，酒精含量一次可提高3倍，即把酒精含量为15°的酒液进行一次蒸馏，可得到45°的酒液。

3. 陈化工艺

陈化工艺（Maturing）对于酒的品质的形成非常关键。通常需要将酒液储存在木桶或窖池中放置一段时间以促进酒液的成熟，从而形成完美的香气和良好的品质。但也有少数酒不需陈化，如金酒、伏特加等。

4. 勾兑工艺

勾兑工艺（Blending）就是将不同酒龄、不同品质特点的酒，在装瓶前进行混合，以达到统一的良好出品品质。勾兑工艺是酒类生产过程中相当重要的一步，酒的最终风格的形成有赖于勾兑工艺的好坏。

三、酒的分类

（一）按酒的生产工艺分类

根据酒的生产工艺的不同，可以分为酿造酒、蒸馏酒和配制酒。这三种酒之间的关系如下图所示。

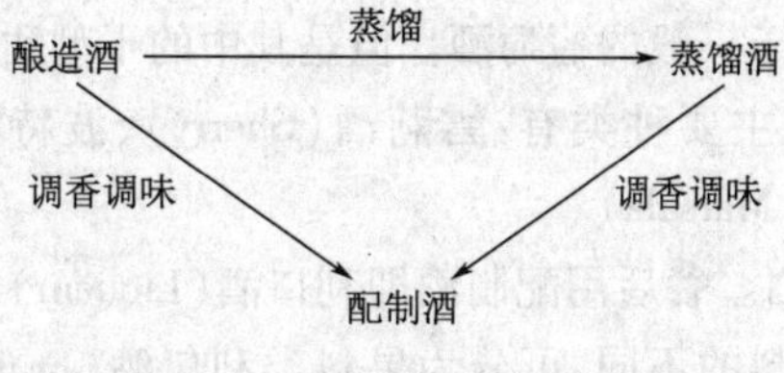

酿造酒、蒸馏酒及配制酒之间的关系

1. 酿造酒

酿造酒亦可称为发酵酒，又称为原汁酒，是在含有糖分的液体中加入酵母进行发酵而产生的含酒精的饮料。酿造酒的主要酿造原料是谷物和水果，其特点是酒精含量低，属于低度酒。有水果酿造酒和谷物酿造酒两种。

（1）水果酿造酒。水果酿造酒是以水果为原料经发酵制成的酒，如葡萄酒、苹果酒、梅酒、杏酒等，其中以葡萄酒最为多见。在水果酿造酒中，人们最喜欢的品种是以葡萄为原料制成的酒。

(2)谷物酿造酒。谷物酿造酒是以谷物为原料经发酵而制成的酒,在谷物酿造酒中市场上销售量最大的应属啤酒。中国的黄酒和日本的清酒也属于谷物酿造酒。

2. 蒸馏酒

蒸馏酒是把原料发酵后,以一次或多次的蒸馏过程而得到的高酒度的酒液。其酒度不低于24°,属于烈性酒。各种白酒大都属于这种类型。蒸馏酒有谷物蒸馏酒、水果蒸馏酒和果杂蒸馏酒三种。

(1)谷物蒸馏酒。谷物蒸馏酒是将谷物发酵酒进行蒸馏得到的烈酒。如威士忌(Whisky)、伏特加(Vodka)、金酒(Gin)、中国白酒(China Liquor)等。

(2)水果蒸馏酒。水果蒸馏酒是将水果发酵酒进行蒸馏得到的烈酒。如葡萄白兰地、苹果白兰地、樱桃白兰地等各种水果白兰地。

(3)果杂蒸馏酒。果杂蒸馏酒是用除谷物、水果之外的一些不常用的原料酿造的发酵酒,进行蒸馏得到的烈酒。如朗姆酒(Rum)、特基拉(Tequila)。

3. 配制酒

配制酒是在发酵酒、蒸馏酒或食用酒精中加入药材、香料或特定的植物等浸泡、配制而成的。其酒度多在22°左右,个别配制酒的酒度高些,但一般都不超过40°。中国的药酒、露酒都属于这种类型。欧洲国家的配制酒品种较为丰富,根据配餐的习惯,可分为以下三大类。

(1)开胃类配制酒。一般在餐前饮用,有开胃的作用。主要有味美思(Vermouth)、苦味酒(Bitters)、茴香酒(Anise)。

(2)佐甜食类配制酒。佐甜食类配制酒也称为甜食酒,是以葡萄酒为酒基,调入蒸馏酒勾兑配制而成的,因此也被称为强化葡萄酒(Fortified Wine)。甜食酒的糖度和酒度均高于一般的葡萄酒。但是其中的干型甜食酒也常被作为开胃酒来饮用。甜食酒的主要种类有:雪莉酒(Sherry)、波特酒(Porto)、马德拉酒(Madeira)、马萨拉酒(Marsala)。

(3)餐后用配制酒。餐后用配制酒即利口酒(Liqueur),一般餐后饮用,含糖度较高。根据加入材料的不同,可分为果料类利口酒(Fruit Liqueur)、草料类利口酒(Plant Liqueur)和种料类利口酒(Seed Liqueur)。

(二)按酒精含量分类

1. 高度酒

酒度在40°以上的酒均为高度酒,主要是各种蒸馏酒。如白兰地、威士忌、茅台等。

2. 中度酒

酒度为20°~40°的酒为中度酒,主要是各种配制酒。如味美思、五加皮等。

3. 低度酒

酒度在20°以下的酒为低度酒，主要是各种发酵酒。如葡萄酒、啤酒、清酒等。

(三)商业分类

酒店业与餐饮业为方便顾客购买酒品，一般将酒分为以下几种：

(1)开胃酒(Aperitifs)。

(2)雪莉酒和波特酒(Sherry and Porto)。

(3)烈酒(Sprits)。主要包括普通威士忌(Normal Whisky)、高级威士忌(Premium Whisky)、波旁威士忌(Bourbon Whiskey)、加拿大威士忌(Canadian Whisky)、普通白兰地(Normal Brandy)、干邑(Cognac)、金酒(Gin)、朗姆酒(Rum)、特吉拉(Tequila)、伏特加(Vodka)。

(4)利口酒(Liqueur)。百利甜、咖啡利口酒等。

(5)葡萄酒(Wine)。红葡萄酒、白葡萄酒、玫瑰红葡萄酒等。

(6)啤酒(Beer)。科罗娜、百威、嘉士伯等。

(7)鸡尾酒(Cocktail)。长饮类，短饮类，无酒精鸡尾酒。

四、中国酒

中国酒基本都是谷物酒。在数千年酿造史中，我国偏重于烈酒类的酿造。中国酒的分类没有外国酒的分类细，严格地说，中国酒主要就是白酒、黄酒和药酒。葡萄酒和啤酒都是从国外引进的。

(一)白酒

中国白酒是以谷物及其他含有丰富淀粉的农副产品为原料，以酒曲为糖化发酵剂，经发酵、蒸馏而成的高酒精含量的酒。中国白酒颜色透明、质地纯净、醇香浓郁、味感丰富。按香型可分为：酱香型、浓香型、清香型、米香型和复合香型。

(二)黄酒

黄酒又称压榨酒，以谷物(主要是糯米和黏米)为主要原料，经过特定的加工工艺酿制而成的一种低酒精含量的原汁酒，酒精度为12°~18°。黄酒酒质醇厚幽香、味感谐和。按原料、酿造方法、风味可分为：江南黄酒(绍兴黄酒和花雕酒)，山东黄酒(老酒、青酒、兰陵美酒)，福建黄酒(福建老酒和沉缸酒)。

(三)药酒

药酒是配制酒，以烈酒作为酒基，加入各种中药材经过酿制或泡制而成的一种具有药用价值的酒。因加入的药料不同，药酒的药用功效各有不同。常见的药酒有：五加皮酒、人参酒、五味子酒、灵芝酒、虎骨酒、竹叶青酒等。

五、外国酒

外国酒经常被称为洋酒，实际上是对进口酒类的总称，包括烈酒、葡萄酒、配制酒等。

(一)烈酒

烈酒主要有以下六大类,即白兰地(Brandy)、威士忌(Whisky)、伏特加(Vodka)、朗姆酒(Rum)、金酒(Gin)和特基拉酒(Tequila)。

(二)葡萄酒

葡萄酒主要有红、白葡萄酒和香槟酒等,一般酒度为11°~18°。目前,我国市场上进口红葡萄酒较多,产地越来越丰富,不过仍然是法国葡萄酒较受欢迎。

(三)配制酒

比较常见的配制酒有苦艾酒、波特酒和雪莉酒,这些酒常被用来调制鸡尾酒。利口酒也比较常见,并且种类极其繁多,一般都气味芬芳,有甜蜜的味道,也常被用来调制鸡尾酒。

第三节 非酒精饮料

我们将非酒精饮料分为碳酸饮料、果蔬汁饮料、乳品饮料、水、保健型饮料、嗜好饮料、无酒精鸡尾酒以及不含酒精的麦芽饮料和葡萄酒等七类进行介绍。

一、碳酸饮料

碳酸饮料俗称汽水,是指在一定条件下压入 CO_2 气体的软饮料,不包括因发酵自身产生 CO_2 的饮料。

(一)碳酸饮料的分类

1. 果汁型碳酸饮料

一般情况下,果汁型碳酸饮料的天然果汁含量在2.5%以上(含2.5%)。

2. 可乐型碳酸饮料

可乐型碳酸饮料又名黑色饮料,指含有可乐果、古柯叶、月桂提取的香辛料及柠檬油、甜橙油等香料,或者是它们的代用品的碳酸饮料。如可口可乐(Coca-Cola)和百事可乐(Pepsi-Cola)。

3. 含香料碳酸饮料

含香料碳酸饮料即果味型碳酸饮料,它的天然果汁含量在2.5%以下,是以食用香精为主要调香剂的碳酸饮料。如芬达(Fanta)、雪碧(Sprite)、七喜(Seven-Up)、干姜水(Ginger Ale)等。

4. 不含香料的碳酸饮料

不含香料的碳酸饮料主要包括盐汽水、苏打水等。

(二)碳酸饮料的服务

(1)盛放碳酸饮料的杯具为海波杯(High Ball),并配以吸管和杯垫。

(2)碳酸饮料的适宜温度为4~8℃,因此在饮用前应冷藏,服务时可在杯中加入冰块,并放一片柠檬加以调味。

(3)一般斟八分满。由于碳酸饮料含有大量气体,所以开瓶时不能摇动,以避免饮料喷出溅到客人身上。

二、果蔬汁饮料

果蔬汁饮料即以水果蔬菜为原料制作的不含酒精的饮料。20世纪20年代初期开始,食品中的维生素和其他营养成分的意义和作用逐渐为人们所认识,导致新鲜水果和蔬菜的消费量迅速增加。目前,果蔬饮料的消费量仍然持续上升。果蔬汁饮料无统一的国际性产品标准,一般是各个国家自己制定。

(一)果蔬汁饮料的分类

1. 天然果蔬汁

天然果蔬汁是指由新鲜水果、蔬菜直接榨汁,不稀释、不发酵的纯果蔬汁,其果蔬汁含量为100%。天然蔬菜汁中可以加入盐或者是白砂糖,如番茄汁可加0.5%的盐。

2. 果蔬汁饮料

果蔬汁饮料是指在天然果蔬汁中加入水、糖、酸味剂、色素等调制而成的单一果蔬汁或混合果蔬汁制品,果蔬汁饮料的果蔬汁含有率通常为6%~30%,可直接饮用。如农夫出品的各种果蔬汁饮料。

3. 浓缩果汁

浓缩果汁是指新鲜成熟水果榨汁后浓缩,加糖、色素、防腐剂、香料、乳化剂及人工甘味剂等的制品,食用时须加水稀释。

4. 果浆

果浆是将水果的可食用部分用打浆工艺制得,与原果汁相比,果浆中含有水果除皮、核等以外的所有可食用成分,而原果汁含有的是溶于水的各种成分。果浆可去水制成浓缩果浆,反过来,浓缩果浆可加水制成果浆。

5. 果肉果汁

果肉果汁是指含有少量的细碎果粒的饮料,可通过在果浆或浓缩果浆中加水、糖、酸味剂、香精等调制而成。果肉果汁的成品中,果浆含量通常在300g/L左右。

6. 其他蔬菜类饮料

(1)食用菌饮料。在食用菌子实体的浸提液或浸提液制品(如将浸提液发酵)中加入水、糖、酸味剂等调制而成。

(2)藻类饮料。将藻类经浸泡、发酵或酶解后所得的液体中加入水、糖、酸味剂调制而成,如螺旋藻饮料。

(3)蕨类饮料。以可食用蕨类植物为原料经加工后制成。

(二)果蔬汁的服务

(1)盛放果蔬汁的杯具为海波杯,并配以吸管和杯垫。

(2)果蔬汁一般冷藏饮用,但不宜在杯中加冰块饮用。

(3)果蔬汁斟量一般为八分满。

三、乳品饮料

乳品饮料一般是指牛乳或以牛乳为原料制成的各种饮料。

(一)乳品饮料的分类

1. 新鲜的奶制品饮料

常见的鲜奶饮料包括:纯牛奶、脱脂牛奶、高钙牛奶和加味型牛奶等。

2. 发酵型含乳饮料

发酵型含乳饮料是指以鲜奶或乳制品为原料,经乳酸菌培养发酵制得乳液,再向其中加入水、糖、酸味剂等调制而成的饮料。成品中蛋白质含量在10g/L以上的称为乳酸菌乳饮料,蛋白质含量在7g/L以上的称为乳酸菌饮料。

3. 配制型含乳饮料

配制型含乳饮料是指以鲜奶或乳制品为原料,加入水、蔗糖、果汁、香料、CO_2等配制而成的饮料。成品中蛋白质含量在10g/L以上的称为乳饮料,蛋白质含量在7g/L以上的称为乳酸饮料。

(二)乳品饮料的服务

(1)乳品饮料一般应冷藏并密闭储存。服务时,杯中一般不加冰。

(2)热的乳类饮品一般使用咖啡杯配咖啡勺。冷饮品应使用海波杯配吸管、杯垫。

(3)乳品饮料斟量一般为八分满。

四、水

水是人体维持正常生理活动的必需品,水有助于人的新陈代谢,经常饮水对身体健康非常有好处,人体每日的最佳饮水量在2500mL左右。

(一)水的分类

1. 饮用水

饮用水(Drinking Water)通常是先从政府允许的水源处取水,然后进行过滤或用其他方法处理再装瓶。

2. 纯净水

纯净水(Distilled Water)是美国科学家发明的经过蒸馏处理的水,去除了普通水中所含的各种矿物质。由于它不含任何杂质,故在美国被称为"Pure Water",在日本被称为真水,我国称其为纯净水。

3. 天然水

天然水(Natural Water)是指来自地下泉水或井水的饮用水,水里不得掺入其他物质,但允许过滤。从地下流到地表的水称为泉水(Spring Water),如果泉水未经任何处理——未加入任何物质,也未去除任何物质,可以贴上"天然"的标签,产品可叫做"天然泉水"。

4. 矿泉水

矿泉水(Mineral Water)是指含有适量矿物质成分的水,其主要的矿物质成分是钙、镁、钠、钾等,这些矿物质来自于矿物的无机盐类。当雨雪向地下渗透并滞留于地层时,这些矿物质通过岩层溶于水里。著名的矿泉水有:法国的依云矿泉水(Evian)、含汽的巴黎矿泉水(Perriei)等。

5. 气泡水

气泡水(Sparkling Water)是指任何含有 CO_2 气体的水,可以是天然的,也可以是人工的。如果是通过人工加压注入 CO_2 气体的普通水也叫碳酸苏打水或苏打水(Carbonated Water);如果是含有矿物盐并加压注入净化的 CO_2 气体的普通水则称为俱乐部苏打水(Club Soda)。

(二)瓶装水品牌

1. 法国依云矿泉水

法国的依云(Evian)矿泉水世界闻名,产于法国阿尔卑斯山。据说经历了阿尔卑斯山天然的含水土层长达 15 年的慢慢过滤,使得依云天然矿泉水能够达到充分的矿物质平衡和绝对的纯净,是"没有任何人触碰,纯粹大自然制造的完美产品",以无泡、纯洁、略带甜味著称。

2. 法国的巴黎矿泉水

法国的巴黎(Perriei)矿泉水非常有名,并且历史悠久。巴黎矿泉水是一种天然起泡的矿泉水,产自法国尼姆城畔的一个小镇,一个叫做"沸腾之水"的泉眼,在历史上,这个泉眼曾被称为"爱德华七世和乔治五世专用水"。在 20 世纪初,矿泉水是上流社会的奢侈品,价格比牛奶和红酒还要昂贵。如今,巴黎矿泉水仍被装在绿色的玻璃瓶中出售,非常古典。目前,该矿泉水隶属于雀巢品牌旗下。

3. 法国的高卢矿泉水

高卢(Vittel)矿泉水的名称来自于其产地——法国一个名为高卢的小城。1855 年,高卢矿泉水获得了政府的灌装许可,被认为能够帮助治疗肾、肝、胆部疾病。高卢矿泉水被装在陶制的罐子里,在药房作为保健品出售。高卢矿泉水是无泡矿泉水,略带碱性,水质纯正,与巴黎矿泉水和依云共同被公认为是世界上最佳的纯天然矿泉水。目前,该矿泉水也隶属于雀巢品牌旗下。

4. 法国的维希矿泉水

维希矿泉水(Vichy-celestins)以其产地命名,产于法国中央高原的旅游胜地——维希(Vichy)。维希矿泉是火山爆发形成的,含有丰富的微量元素。维希矿泉水有悠久的历史,在罗马帝国时期就被发现了。人们发现这种水对胃病和皮肤病有很好的疗效,于是被作为神奇的水用在医疗上。1950 年皮埃尔家族买下了这处矿泉资源,投资建厂开始生产含气的冷矿泉水,目前已经开发利用了 103 处矿泉井中的 15 处。目前,维希公司有两个品牌,即"维希(Vichy)"和"圣约尔(St-yorre)",其中维希矿泉水在世界 50 多个国家和地区有售,年销售量 30 亿~50 亿瓶。

5. 德国的阿波里纳瑞斯矿泉水

阿波里纳瑞斯(Apollinaris)矿泉水是偶然间被发现的。1852 年,德国人克鲁兹伯格(Kreuzberg)在一次竞拍中购得了一块葡萄园,但是不久葡萄园的产量锐减,就在他挖掘土壤以期能找到葡萄绝产原因的时候,在地下 50ft(1ft = 25.4cm)的地方竟然发现了高质量的矿泉水,他将它命名为圣阿波里纳瑞斯(Saint Apollinaris)。阿波里纳瑞斯是起泡矿泉水,含有天然碳酸气,属于老牌的矿泉水。

6. 意大利的圣培露矿泉水

圣培露(San Pellegrino)矿泉水产于意大利米兰附近 70km 处的意大利阿尔卑斯山脉,采自于地下 700m,经过了 30 年漫长的地下渗透才从出水口涌出,在没有与外界接触的情况下及时装瓶。其绿色的罐装瓶子上有一个标志性的红色五角星,出现在全世界高级餐厅的餐桌上。圣培露是一种起泡矿泉水,味道纯美甘洌,被国际侍酒协会评为专业饮用水,它和酒质丰厚的葡萄酒搭配可相得益彰。

此外,世界著名的矿泉水品牌还有法国的富维克(Volvic),意大利的米兰(Milan),日本的三得利(Santory)、麒麟(Kivin)、富士(Fuji),美国的山谷(Mountain Valley)、魅力(Magnetic Springs),英国的麦温(Malvern),瑞士的阿尔卑斯(Alps)等。

(三)水的服务

用餐时服务员要展示商品标签,再用餐巾裹住瓶子。

(1)矿泉水和泉水最好冷藏后饮用,杯具为海波杯,有时也用比较大的高脚水杯(容量为 280~336mL)。不加冰块,因为冰块一般是用自来水做的,若加到矿泉水或泉水里,会使品质发生变化。一般的纯净水也可以以室温供客人饮用。

(2)可在杯中放入一片柠檬片,以增加其口感。

五、保健型饮料

(一)运动饮料

运动饮料是根据人体运动时的生理消耗特点配制而成的,有针对性地补充运动时丢失的营养,具有保持、提高运动能力,加速运动后疲劳消除的作用。运动饮料一般有一定的含糖量、适量的电解质(如钠、钾等)、无碳酸气、咖啡因和酒精。常见的品牌如乐百氏脉动,美国职业美式橄榄球联盟、NBA 联盟的唯一指定饮料佳得乐等。

(二)营养素饮料

营养素饮料一般会添加适量的食品营养强化成分,以快速补充人体体能的消耗,帮助人体快速恢复体力和精力。营养素饮料更注重祛除疲劳,兴奋神经,因此常常含有咖啡因,如红牛维生素功能饮料。

六、嗜好饮料

嗜好饮料的共同点就是含有咖啡因,常见的嗜好饮料就是被称为世界三大饮料的茶(Tea)、咖啡(Coffee)、可可(Cacoa)。后面的章节会详细介绍茶和咖啡的饮用及服务。

七、无酒精鸡尾酒

无酒精鸡尾酒(Mocktails)是经过调制的不含酒精或者是些微酒精的混合饮料。调制无酒精鸡尾酒时,比较随意,可根据喜爱的口味进行自由组合。无酒精鸡尾酒可以用果汁杯饮用,可以加入装饰物或大量的果汁。

八、“不含酒精”的麦芽饮料和“葡萄酒”

“不含酒精”的麦芽饮料(Nonalcoholic Malt Beverage)必须在其产品上指明,而且应该在广告中说明其产品“含酒精 0.5% 以下”。“不含酒精”的麦芽酒不能当作啤酒或任何相关酒类出售,只能以“麦芽饮料”、“谷物饮料”出售。

不含酒精的“葡萄酒”(Alcohol-Free Wine)指的是发酵结束后去除酒精的葡萄酒,其所含酒精在 1% 以下。在众多消费者中,有不少人由于对酒精过敏或其他种种原因,无法享受葡萄酒的美味,为此,葡萄酒业界人士绞尽脑汁研究出了无酒精葡萄酒。虽然无酒精葡萄酒的产量很小,但已逐渐被人们所了解和接受。

◎本章小结

1. 酒水根据酒精的含量分为“酒”和“水”,即酒精饮料和非酒精饮料。

2. 酒精饮料按照酿造工艺可以分为酿造酒、蒸馏酒和配制酒。

3. 非酒精饮料有丰富的种类,有碳酸饮料、果蔬汁饮料、乳品饮料、水、保健型饮料、嗜好饮料、无酒精鸡尾酒、“不含酒精”的麦芽饮料、不含酒精的“葡萄酒”等。

◎思考与练习

1. 酒水的概念。
2. 简述酒的生产工艺。
3. 酒精饮料的分类。
4. 碳酸饮料的服务、水的服务。
5. 著名瓶装水的品牌有哪些?

发酵酒知识

第二章　葡萄酒概述

本章内容：葡萄酒简介
葡萄酒的酿造
葡萄酒的服务
葡萄酒的品鉴

教学要求：1.要求学生了解葡萄酒的起源、命名，掌握葡萄酒的饮用、存放，尤其是葡萄酒与食物的搭配。
2.在讲授葡萄酒的酿造时，重点讲述用于酿造红、白葡萄酒的主要葡萄品种及酿成的葡萄酒的特点。
3.以实践操作或图片方式讲授葡萄酒的服务和品鉴。
4.要求学生掌握葡萄酒的服务方式。

教学课时：8 课时

第一节　葡萄酒简介

葡萄酒被称为“发酵酒之王”，是当今世界上消费量最大的饮品之一，根据国际葡萄与葡萄酒组织的规定(OIV,1996)，葡萄酒只能是破碎或未破碎的新鲜葡萄果实或葡萄汁经完全或部分发酵后获得的饮料，其酒度不能低于8.5°。但是，根据气候、土壤条件、葡萄品种和一些葡萄酒产区特殊的质量因素或传统，在一些特定的地区，对葡萄酒的最低总酒度的要求可降低到7.0°。葡萄酒知识极为庞杂，本章将介绍葡萄酒知识的基本要点。

一、葡萄酒的起源

据考古资料显示，最早栽培葡萄的地区是小亚细亚里海和黑海之间及其南岸地区。大约在7000年以前，南高加索、中亚细亚、叙利亚、伊拉克等地区也开始了葡萄的栽培。根据史料记载，在约公元前5000年的时候，古埃及人就开始饮用葡萄酒。最古老的葡萄酒大约是在古代的肥沃新月(今伊拉克一带的两河流域)地区，从尼罗河到波斯湾一带，河谷的辽阔农作物区域某处发现的。

希腊是欧洲最早种植并进行葡萄酒酿造的国家，公元前300年，希腊的葡萄栽培已极为兴盛。在公元1世纪初期，罗马人从希腊人手中学会了葡萄栽培和葡萄酒的酿造技术之后，很快在意大利半岛全面推广。随着罗马帝国的扩张，葡萄栽培和葡萄酒的酿造技术迅速传遍法国、西班牙、北非及德国莱茵河流域地区。直至今天，这些地区仍是重要的葡萄和葡萄酒产区。

到大英帝国伊丽莎白一世女皇的统治时期，其拥有的海上强权使远洋商船船队通过海上贸易将葡萄酒从许多欧洲产酒国家带到英国。由于英国对烈酒的需求，还促成了雪莉酒、波特酒和马德拉等酒类的发展。15~16世纪，葡萄栽培和葡萄酒酿造技术传入南非、澳大利亚、新西兰、日本、朝鲜和美洲等地。到19世纪中叶，则是美国葡萄和葡萄酒生产的大发展时期。

除了葡萄酒酿造技术自身的发展，葡萄酒的包装技术(如高质量的玻璃瓶和密封的软木瓶塞)以及19世纪法国药物学家巴思特有关发酵的微结构的发现，也促进了葡萄酒的普及和商业化运作。从20世纪开始，葡萄的培育和葡萄酒酿制过程逐渐变得科学化，同时，各国还通过广泛立法来鼓励酒商制造信用好、品质佳的葡萄酒。这些因素都促进了葡萄酒在饮料世界的繁荣。今天，在全世界气候温和的地区都有生产葡萄酒，并且有数量可观的不同葡萄酒类可供消费者选择。世界著名的葡萄酒主要产于法国、意大利、西班牙、葡萄牙、德国、瑞士、匈牙利、澳大利亚以及美国加州等国家和地区。

二、葡萄酒的命名

(一)以优秀的葡萄品种名称命名

用优秀的葡萄品种作为葡萄酒的名称 Varieties Labeling,可以突出和区别葡萄酒的风味和特色。为了保证名副其实,各国对使用葡萄名称命名的葡萄酒都有严格的规定。如美国规定以葡萄品种名称命名的葡萄酒必须含有该葡萄品种75%以上;法国规定必须含有该葡萄品种100%。比较常见的著名葡萄品种有:赤霞珠、佳美、增芳德、梅洛、黑品乐等。

(二)以产地名命名

由于葡萄的生长质量与地理位置有很紧密的关系,很多葡萄酒产地可以说代表着此款葡萄酒的品质的高低,因此,许多著名红葡萄酒都是以葡萄酒产地名命名的,即 Regional Labeling。当然,以产地名称命名葡萄酒,其原料必须全部或绝大部分来自该产地。如夏布丽(Chablis)、梅多克(Medoc)、薄若来(Beaujolais)等。

(三)以装瓶庄园命名

以装瓶庄园命名(Estate or Chateau-Bottled Labeling)酒名的标准是酿制该酒的葡萄的种植、采摘、酿造、装瓶都必须在同一庄园进行。以庄园名称作为葡萄酒的名称,也是保证质量的标志。这类命名方法多见于法国波尔多地区出产的红、白葡萄酒,如玛歌庄园(Chateau-Margau)、拉图庄园(Chateau Latour)、艺甘姆庄园(Chateau de Yquem)等。

(四)同类型命名

同类型命名(Generic Labeling)即借用著名葡萄酒的名称命名。美国和澳大利亚等国家常采用法国和德国著名的葡萄酒产地名称来代替自己产品的名称。当然这些酒并不是产自法国或德国的著名产区,只是模仿著名产地的葡萄品种和种植方法。通常,我们把这些酒统称为与著名产区质量相同的同级酒。以著名葡萄酒产地命名的葡萄酒常常是葡萄酒质量的保证。如美国出产的勃艮第(Bourgogne)、夏布丽(Chablis)葡萄酒,都使用了法国名酒产品的名称。

三、葡萄酒的分类

(一)按葡萄酒的颜色分类

按葡萄酒的颜色分类是最基本也是最常使用的分类方法。

1. 红葡萄酒

红葡萄酒(Red Wine)酒液呈红色。红葡萄酒是用红皮或紫皮葡萄连皮带籽一起发酵并压榨成汁,使果皮中的色素染入酒液中后再去皮渣酿造而成的葡萄酒。

2. 白葡萄酒

白葡萄酒(White Wine)酒液呈金黄色、淡黄色或近于无色,较为澄净。白葡萄酒是用白皮或青皮葡萄酿制而成的葡萄酒,有时也用紫皮白肉葡萄除去皮和籽,发酵酿制而成。

3. 桃红葡萄酒

一般来说,桃红葡萄酒(Rose Wine)是用红皮白肉葡萄连皮带籽酿造,但中途将皮渣滤出,由于皮和籽浸泡的时间较短,酒液只染上少许色素,所以酒色呈粉红玫瑰色,也称玫瑰红葡萄酒。

(二)按葡萄酒中的含糖量分类

1. 干型葡萄酒

干型葡萄酒(Dry Wine)是指含糖量(以葡萄糖计)小于或等于 4.0g/L 的葡萄酒。由于颜色的不同,又分为干红葡萄酒、干白葡萄酒和干桃红葡萄酒。

2. 半干型葡萄酒

半干型葡萄酒(Semi-Dry Wine)是指含糖量为 4.1~12.0g/L 的葡萄酒。由于颜色不同,也可分为上述三种。

3. 半甜型葡萄酒

半甜型葡萄酒(Semi-Sweet Wine)是指含糖量为 12.1~50.0g/L 的葡萄酒。由于颜色的不同,也可分为上述三种。

4. 甜型葡萄酒

甜型葡萄酒(Sweet Wine)是指含糖量大于 50.1g/L 的葡萄酒。由于颜色的不同,也可分为上述三种。

(三)按葡萄酒的生产方法分类

1. 原汁葡萄酒

原汁葡萄酒(Natural Wine)是没有经过任何进一步加工的普通葡萄酒,是与强化葡萄酒和加香葡萄酒相对而言的。

2. 强化葡萄酒

强化葡萄酒(Fortified Wine)指的是酒精含量较高的葡萄酒,一般酒度在 14°~24°之间,可保存较长时间。如雪莉酒和波特酒。

3. 加香葡萄酒

加香葡萄酒(Aromatized Wine)也称开胃酒,该酒用有香气的草本植物的根、茎、花、果实等为香料,经一定的添加工艺,使酒具有特殊的香味。按葡萄酒中所添加的主要呈香物质的不同可分为苦味型、花香型、果香型和芳香型。该酒酒精含量亦较高,酒度通常为 16°~20°。如味美思。

(四)按葡萄酒酒液中有无气泡分类

1. 静止型葡萄酒

静止型葡萄酒(Still Wine)也称无气泡葡萄酒,葡萄酒中溶解的 CO_2 的含量极少,开瓶后不产生泡沫。在温度20℃的条件下,瓶内气压低于一个大气压的都是无气泡葡萄酒。

2. 气泡葡萄酒

气泡葡萄酒(Sparkling Wine)又称葡萄汽酒,葡萄汽酒中溶解了大量的 CO_2,开瓶后会产生泡沫。其中最有名的是法国的香槟地区生产的气泡葡萄酒,即香槟酒,但只有这里生产的气泡葡萄酒可以称为香槟酒。意大利生产的叫阿诗蒂(Asti),德国生产的叫塞克特(Sekt),其余国家生产的只能称为气泡葡萄酒,商标上只能写Sparkling Wine。

(五)特种葡萄酒

特种葡萄酒是指在采摘或酿造工艺中使用特定方法酿成的葡萄酒。目前,为了保证特种葡萄酒的生产质量,冠以特种葡萄酒名称的酒必须由标准化部门制订标准并有相应的工艺。

1. 利口葡萄酒

成品酒度为15°~22°,是将总酒度为12°以上的葡萄酒再加工制成的利口酒。可以加入葡萄白兰地、食用精馏酒精或葡萄酒精以及浓缩葡萄汁、含焦糖葡萄汁或白砂糖等。但其中由葡萄所含的原始糖发酵的酒度不低于4°。

2. 冰葡萄酒

冰葡萄酒也称为冰酒。冰葡萄酒是将葡萄推迟采收,当气温低于-7℃以后,使葡萄在树枝上保持一定时间,结冰后采收、压榨,用此葡萄汁酿成的酒。

3. 贵腐葡萄酒

贵腐葡萄酒是指葡萄在成熟后期,感染了灰绿葡萄孢,葡萄果实的成分发生了明显的变化之后,再用来加工酿成的葡萄酒。

4. 产膜葡萄酒

产膜葡萄酒是指葡萄汁经过全部酒精发酵,在酒的表面产生一层典型的酵母膜后,加入葡萄白兰地、葡萄酒精或食用精馏酒精,使其所含酒度等于或高于15°的葡萄酒。

5. 低醇葡萄酒及无醇葡萄酒

低醇葡萄酒及无醇葡萄酒是指采用鲜葡萄或葡萄汁经全部或部分发酵,再经特种工艺加工进行脱醇制成的饮料酒,低醇葡萄酒进行的是不完全脱醇,酒度一般为1°~7°,无醇葡萄酒的脱醇较为完全,因此酒精含量非常低,酒度不超过1°。

6. 山葡萄酒

山葡萄酒是指采用新鲜山葡萄或山葡萄汁经过全部或部分发酵而成的饮料酒。

四、葡萄酒的饮用

(一)杯子的使用

(1)葡萄酒杯应该无色透明,杯身轻薄通透,用水晶或无色的玻璃制成,这样可使酒的本色能够显现出来。避免使用壁厚、有色或有花纹装饰的杯子。

(2)葡萄酒杯上部应该微微有些收口,形状如郁金香,这样酒液晃动时就不会溅出来,并且能保持酒的香味聚集在杯口,不易散逸,有利于充分鉴赏酒香。避免使用敞口的杯子。

(3)葡萄酒杯容量应该足够大,保证葡萄酒可以“自由呼吸”。因为白葡萄酒饮用时要求温度较低,所以白葡萄酒杯应稍小于红葡萄酒杯。同时,为了保持低温,每次倒入杯中的白葡萄酒也要少些,以便在温度升高之前把酒喝完。

(4)葡萄酒杯应选用高脚杯子,这样当转动酒杯观察时,手的温度不会影响杯中的酒。

(5)酒杯要用温水清洗,不用或少用洗涤剂。擦干的杯子立放或挂起来,不要染上异味。

不同类型葡萄酒所使用的酒杯存在一定的差异,用杯型的参考建议见下图。从左到右依次为:气泡酒、年份气泡酒、甜型气泡酒、清爽的白葡萄酒、酒体丰满的白葡萄酒、新红酒、酒体丰满的红酒、陈年红酒、陈年优质红酒和甜酒。

① 气泡酒(Sparkling Wines)适用杯
② 年份气泡酒(Vintage Sparkling Wines)适用杯
③ 甜型气泡酒(Sweet Sparkling Wines)适用杯
④ 清爽的白葡萄酒(Light White Wines)适用杯
⑤ 酒体丰满的白葡萄酒(Full-bodied Whites and Roses)适用杯
⑥ 新红酒(Young Reds)适用杯
⑦ 酒体丰满的红酒(Full-bodied Reds)适用杯
⑧ 陈年红酒(Aged Reds)适用杯
⑨ 陈年优质红酒(Great aged Reds)适用杯
⑩ 甜酒(Dessert Wines)适用杯

葡萄酒酒杯

（二）葡萄酒的饮用温度

一般而言，红酒的适宜饮用温度为 12～18℃，白酒的适宜饮用温度为 7～10℃。但是因酒的陈年期以及特质的不同，同类酒在适宜饮用温度上有一定的细微差别。

红酒开瓶时的温度不应超过室温，如果酒温超过 20℃，就尝不出酒的本味。波尔多酒在 15～18℃饮用最好；勃艮第酒在 14～17℃饮用；清淡型红酒在 10～12℃饮用较好；浓郁型新红酒的饮用温度为 14～16℃；浓郁型陈红酒的饮用温度为 16～18℃；年份波特酒的饮用温度为 16～18℃。

桃红酒在 10～14℃饮用较好。

白酒需要较低的温度，甜白酒的饮用温度为 4～5℃；干型、半干型白葡萄酒的饮用温度为 8～10℃；清淡型的白酒的饮用温度为 6～9℃；浓郁型的白酒的饮用温度在 10～12℃最好。

利口葡萄酒及有气泡的葡萄酒的饮用温度为 5～9℃，香槟为 7～8℃。

（三）葡萄酒与菜肴的搭配

普遍认为葡萄酒与菜肴搭配的基本规律是：红配红，白配白，桃红香槟都可来。也就是说，红葡萄酒配红肉类食物，包括中餐中加酱油的食物；白葡萄酒与清淡的菜肴搭配，如鱼和海鲜类；而桃红葡萄酒和香槟酒一般可以和所有菜肴搭配（表 2－1、表 2－2）。

表 2－1　葡萄酒与中餐的搭配

酒　别	菜　肴　举　例
红葡萄酒	川菜、酱熏类食品，叉烧肉、火腿
白葡萄酒	油炸点心、海鲜类、清蒸类
香槟酒	点心、鱼翅类

表 2－2　葡萄酒与西餐的搭配

酒　别	菜　肴　举　例
红葡萄酒	奶酪、火腿、蛋类、牛羊排、禽类、兽类、野味、内脏类
白葡萄酒	沙拉、奶酪、巧克力、鹅肝、海鲜、蜗牛
香槟酒	茶点、布丁、火鸡

随着菜肴种类的丰富以及人们观念的更新，人们不再固守一般的搭配规律，搭配的界限逐渐变得比较模糊。但是无论如何搭配，合理搭配的原则是关键，即，食物和葡萄酒需要两相和谐，任何一方的味道均不太突出即可。亦即味浓的菜品配较浓郁的酒；味清淡的菜品配清爽的酒；味甜的菜品配偏甜的酒。

1. 鱼类菜肴

鱼类菜肴与葡萄酒的搭配主要根据所用的调味汁来决定：奶白汁的鱼菜可选用干白葡萄酒，浓烈的红汁鱼则配以醇厚的干红葡萄酒为宜；而经过橡木桶陈酿的霞多丽(Chardonnay)干白葡萄酒则是熏鱼的好搭配。

2. 奶糊状菜肴

中性和厚重架构的干白会非常适合奶糊状菜肴，其中以霞多丽最宜。干白葡萄酒能给奶糊类食物增加其独特的风味，要避免搭配果香味较重的葡萄酒。

3. 油腻菜肴

丰盛油腻的食物，遵守搭配的基本规律，必须和同样味重的干红搭配，口感厚重、架构丰满、富含单宁的赤霞珠(Cabernet Sauvignon)是较为理想的选择。

4. 辛辣刺激类菜肴

冰凉葡萄酒比较适合辛辣刺激类菜肴，有时较甜的葡萄酒会与辣味形成很好的味觉感受。

5. 带糖醋调味汁的菜肴

带糖醋调味汁的菜肴应配以酸性较高的葡萄酒，清淡的干白就比干红要酸些，所以长相思(Sauvignon Blanc)是最好的选择。

五、葡萄酒的存放与保质期

(一)葡萄酒的存放

1. 卧放

存放葡萄酒非常重要的是要把酒瓶卧放，可水平放平，也可倾斜一定的角度，让瓶中的酒与软木塞接触，使其保持湿润，以防止外界气体进入瓶中。如果直立放置酒瓶，软木塞易干燥，瓶外空气渗入瓶内，葡萄酒就会过早老化变质。

2. 黑暗

葡萄酒怕光。葡萄酒对于光线相当敏感，光会加速葡萄酒中的分子运动，加快其成熟的过程，而葡萄酒需要在缓慢的过程中成熟才好，阳光或日光灯都是让葡萄酒劣质化的原因。应该将葡萄酒放在比较暗的地方，或者是用不透明的纸将酒瓶包起来。

3. 温度

储藏葡萄酒的温度以10~14℃最为理想，20℃为上限，5℃为下限。温度太高，酒成熟得太快容易造成变质；温度太低，酒又迟迟不成熟，降低了葡萄酒应有的风味。同时，要保证温度恒定，经常性的热胀冷缩，一方面会加速酒中分子的运动，使葡萄酒趋于早熟，另一方面也会对瓶塞产生推拉力，使瓶塞的密封性变差。红酒与白酒的存放温度有一定的差异，白酒的存放温度比红酒的要低，12℃

最为理想。

4. 湿度

储藏葡萄酒的湿度以70%左右为理想湿度。湿度过低会造成软木塞干燥而收缩,导致空气进入瓶中,使葡萄酒变质;湿度过高会使软木塞长霉菌,酒瓶上的酒标也容易损坏。

5. 避震

存放葡萄酒时还要注意避免震动,震动会使葡萄酒加速成熟,从而导致酒劣质化。

6. 无异味

葡萄酒如同茶叶,极易吸收周围的异味。因此存放葡萄酒时要注意,周围不要有异味,要保证环境通风,这是避免异味的有效手段。

7. 葡萄酒打开后的保存

葡萄酒与空气接触后会发生氧化,因此打开的酒要尽快喝完。为了保持酒的新鲜口感,打开未喝完的酒,应该将软木塞塞回密封,并把酒瓶放进冰箱或放在低温处,直立摆放。通常,白葡萄酒开过后可以在冰箱中保存1个星期。红葡萄酒通常在开过后可以在冰箱中保存2~3个星期。

(二)葡萄酒的最佳饮用期和保质期

葡萄酒的保质期不同于其最佳饮用期,葡萄酒的保质期指的是葡萄酒的变质期限,葡萄酒的最佳饮用期指的是葡萄酒的最佳饮用年限,葡萄酒的色、香、味等感官感觉在此年限内为最佳。

葡萄酒是有生命期限的,“愈陈愈香”并不适用于葡萄酒。葡萄酒装瓶后会透过木瓶塞与外界空气交换而不停变化,它的生命周期是:浅龄期—发展期—成熟期—高峰期—退化期—垂老期。葡萄酒过了高峰期,其饮用价值就会大大降低。因此,葡萄酒存在着一定的最佳饮用期,只是不同的葡萄酒在最佳饮用期上存在着或大或小的差别。大多数葡萄酒的最佳饮用期是在一定的范围内,比如博若莱(Beaujolais)新酒,最好在酿酒的一年内饮用,但并不是个固定的数值。法国各产区的葡萄酒因各自特质的不同,在饮用年限上就有很大的差别(表2-3)。

表2-3　法国主要产区葡萄酒的最佳饮用年限

种　类	年　限
普通的尔多红、白葡萄酒	2~10年
标识为Grand Vin的波尔多高等级红葡萄酒(有些可以保存百年以上)	4~20年
勃艮第白葡萄酒	2~6年
博若莱红葡萄酒	3个月~3年

续表

种 类	年 限
普通的罗讷河谷红葡萄酒	1~4 年
高等级的罗讷河谷红葡萄酒	4~10 年
阿尔萨斯葡萄酒	2~6 年
香槟酒	3~5 年

虽然葡萄酒的保质期要长于葡萄酒的最佳饮用期,不过两者在时间上是一致的,保质期长,则最佳饮用期长,保质期短,则最佳饮用期短。酒的保质期和最佳饮用期主要与以下几个因素有关。

1. 葡萄的品种

像用赤霞珠(Cabernet Sauvignon),黑品乐(Pinot Noir)等富含单宁的葡萄酿出的酒,能够积存多年,好的酒庄或酒厂出品的这类酒,可放置一二十年甚至更长的时间。而像增芳德(Zinfandel)等品种,就不太能够积存多年,上好的增芳德酒积存 10 年也就到极限了。

2. 葡萄的品质

葡萄的品质与葡萄生长采摘的年份有关。相同品种的葡萄,因品质更佳而更能陈年。同样是波尔多梅多克(Medoc)的酒,在年份不好的 1992 年、1993 年酿的酒,陈年七八年也就达到巅峰了。而使用年份较好的葡萄酿造的葡萄酒可以陈年几倍的时间。

3. 葡萄酒本身的品质

那些好的酒庄或酒厂出品的酒的陈年能力通常比一般酒庄的酒陈年能力更强。越是高贵的葡萄酒陈年能力越强,保质期也越长。

由此我们可以看出,三个有关因素中第一、第二点是葡萄酒先天形成的品质,第三点是人为的努力。另外,酒的存放条件也很重要,存放适当,好酒的存放时间会更加长久。

第二节 葡萄酒的酿造

一、酿制葡萄酒的葡萄品种

全世界可以酿酒的葡萄品种超过 8000 种,但可以酿制上好葡萄酒的葡萄品种只有 50 种左右。酿酒用的葡萄和一般食用葡萄的差异在于果粒较小,果肉较少,果汁较多,大致可分为白葡萄和红葡萄两种。白葡萄,颜色有青绿色、黄色等,主要用来酿制气泡酒及白葡萄酒。红葡萄,颜色有黑、蓝、紫红、深红色,主要用来酿造红葡萄酒,有的红葡萄的果肉和白葡萄的一样是无色的,可去皮后酿造白葡萄酒。例如,黑品乐(Pinot Noir)就可用来酿造香槟及白葡萄酒。表2-4为常见的红葡萄品种,表2-5为常见的白葡萄品种。

表2-4　酿酒用红葡萄品种

译名	原文名称	其他译名	原产地
赤霞珠	Cabenet Sauvignon	雪华沙、苏维翁、解百纳、卡本内、苏维浓	法国
品丽珠	Cabernet Franc	卡本内·弗朗	法国
蛇龙珠	Cabernet Gernischt	—	法国
佳利酿	Carignan	佳醴酿	法国
神索	Sinsaut	—	法国
佳美	Camay	黑佳美、红加美	法国
梅洛	Merlot	梅鹿辄、梅鹿汁、美露、美洛、美乐	法国
黑品乐	Pinot Noir	黑彼诺、黑比诺、黑皮诺、黑品诺、皮诺瓦	法国
味而多	Petit Verdot	魏天子	法国
西拉	Syrah	希哈、设立子	法国
增芳德	ZinfAndel	金芬黛	法国
歌海娜	Grenache	格那希、格纳许	西班牙
弥生	Mission	—	西班牙
内比奥罗	Nebbiolo	纳比奥罗	意大利
桑娇维塞	Sangiovese	三吉优维烈、山吉优维烈、圣祖维斯、桑乔维亚	意大利
宝石	Ruby Cabernet	宝石百纳	美国

表2-5　酿酒用白葡萄品种

译名	原文名称	其他译名	原产地
霞多丽	Chardonnay	查当尼、莎当妮、夏多内	法国
雷司令	Riesling	丽诗玲、丽丝玲	德国
赛美容	Semillon	瑟美戎、赛米雍、森美戎	法国
长相思	Sauvignon Blanc	白苏维浓、白苏维翁、白索维浓	法国
白诗南	Chenin Blanc	白梢南	法国
贵人香	Italian Riesling	意斯林、意丝琳	意大利
白品乐	Pinot Blanc	白皮诺	法国

续表

译名	原文名称	其他译名	原产地
琼瑶浆	Traminer(Gewurztraminer)	格乌兹塔明那	德国
白麝香	Muscat Blanc	蜜思卡	不详
白玉霓	Ugni Blanc	白维尼	法国
阿里高特	Aligote	阿时戈特	法国
米勒	Muller-Thurgau	—	德国
西万尼	Silvaner	—	德国
白福尔	Folle Blanche	白疯女	法国
哥伦巴	Colombard	鸽笼白	法国

(一)酿造红葡萄酒的主要葡萄品种

1. 赤霞珠

赤霞珠(Cabernet Sauvignon)是全世界最著名的制造红葡萄酒的优质品种，在世界各地的葡萄酒产地都有大面积种植。法国波尔多产区红葡萄酒的常用品种，也是美国加州和澳大利亚最好红酒的酿造原料。赤霞珠的单宁含量比较高，所以酿成的葡萄酒须在橡木桶和瓶中分别培养、陈酿一段时间，以柔和单宁的涩味，培育出赤霞珠所具有的醇香味。在波尔多，赤霞珠通常与梅洛及其他葡萄品种混合，以降低单宁的涩味和引入其他品种的风味。

2. 品丽珠

品丽珠(Cabernet Franc)是世界著名、古老的酿红酒的优良品种，是法国波尔多及罗亚河区古老的酿酒品种，赤霞珠、蛇龙珠的姊妹品种。富有果香，较清淡柔和，大多不太能久藏，适应性不如蛇龙珠，酿成的酒质不如赤霞珠。通常与赤霞珠及梅洛(Merlot)搭配。

3. 佳美

佳美(Camay)是法国勃艮第南方及罗亚河区的重要葡萄品种，该种葡萄酿造的红酒占勃艮第红酒产量的一半以上，是法国勃艮第产区著名的薄若来(Beaujolais)酒所用的单一葡萄品种。低单宁、丰富的果香及美丽的浅紫红色泽是其特色，常带西洋梨及紫罗兰花香，是初品葡萄酒者的最佳选择之一，冰凉之后容易入口。佳美葡萄酒一般都要趁新鲜饮用，但产于薄若来特级产区(Beaujolais Cru)的例外，该地所产的佳美红酒也可陈放。

4. 梅洛

梅洛(Merlot)是法国波尔多、意大利、美国加州最重要的葡萄品种之一，常和赤霞珠一起共同酿制葡萄酒。单独用此葡萄品种生产的葡萄酒颜色较浅，口味柔顺，单宁含量相对较少，酸度也弱，是一款初涉者比较容易接受的葡萄酒。

5. 黑品乐

黑品乐(Pinot Noir)是法国勃艮第产区红葡萄酒常用的品种，去除果皮后的果汁可酿制白葡萄酒及最好的香槟酒，是酿制香槟最主要的葡萄品种之一。黑品乐对土壤与气候要求比较严格，是一种非常难种植又难酿造的葡萄品种。原则上黑品乐是不与其他葡萄品种混合的，这一点不同于赤霞珠。黑品乐酿成的酒颜色较浅，单宁不如赤霞珠重，适合久藏。

6. 西拉

西拉(Syrah)是法国隆河谷(Rhone Valley)产区用于生产非常浓重、酒体丰满的红葡萄酒的品种。西拉酿成的酒颜色较深，单宁重。顶级西拉葡萄酒具有极强的藏酿潜力，足以挑战波尔多一级特等酒庄酒的昂贵价格。在其他产地，澳大利亚酿造的西拉葡萄酒最有特色。西拉在澳大利亚也被称为西拉子，种植面积远远大于赤霞珠。

7. 增芳德

增芳德(Zinfandel)原产于意大利，但美国将其利用得最为充分。美国加州生产的增芳德葡萄酒品种极为丰富，从清淡、带清新果香及甜味的淡粉红酒(White Zinfandel)，一直到高品质、耐存、强单宁、丰厚浓郁型的红酒，从有气泡到没有气泡的酒，甚至还有甜味红酒。

8. 歌海娜

歌海娜(Grenache)通常用于生产桃红葡萄酒。

9. 内比奥罗

内比奥罗(Nebbiolo)是意大利用于生产酒体丰满、香气浓郁的红葡萄酒原料。它属于高果酸、高色素、高单宁、晚熟型品种。酿成的酒的品质可媲美一级波尔多红酒。酒色深，香味丰富，口感强实，带有丁香、胡椒、甘草、梅、李干、玫瑰花及苦味巧克力的香味，非常适合久存。

10. 桑娇维塞

桑娇维塞(Sangiovese)主要种植在意大利中部(Tuscany)，是意大利著名的香提(Chianti，也译为奇安蒂)红葡萄酒的酿造原料。桑娇维塞色素少、酸度高、单宁高，有的简单清爽，有的浓烈浑厚，带有烟草及香料的味道。

(二)酿造白葡萄酒的主要品种

1. 霞多丽

霞多丽(Chardonnay)是最为广泛酿造白葡萄酒的品种，与酿造红葡萄酒的赤霞珠地位相当。它是法国勃艮第产区夏布丽次产区葡萄酒的单一品种，同时也是酿造法国勃艮第产区葡萄酒的重要品种之一。美国加州和澳大利亚也出上佳的霞多丽葡萄酒。霞多丽具有浓烈的水果风味，通常不与其他葡萄品种混合，可以用橡木桶培养使其具有陈酿的潜力。霞多丽还是酿制香槟酒和气泡葡萄酒的主要葡萄品种之一。

2. 雷司令

雷司令(Riesling)是典型的德国白葡萄酒的酿造原料，也是法国阿尔萨斯(Alsace)产区常用的葡萄品种。雷司令既适合新鲜时饮用，又具有陈酿潜力，既可以酿成干酒，也可以酿成甜酒。雷司令通常不用橡木桶培养。

3. 长相思

长相思(Sauvignon Blanc)原产于法国的罗亚尔(Loire)河谷。由于赛美容(Semillon)和长相思具有互补性，因此一起用于生产格拉夫(Graves)次产区干白葡萄酒和苏甸次产区甜白葡萄酒。长相思单品干白适合新鲜时饮用，代表产地是新西兰和法国罗亚尔河谷。

4. 白诗南

白诗南(Chenin Blanc)是用于酿造法国罗亚尔产区白葡萄酒的葡萄品种，亦广泛用于美国加州白葡萄酒的酿造。

5. 白品乐

白品乐(Pinot Blanc)是产于法国阿尔萨斯产区、意大利北部和美国加州的白葡萄品种，是用于生产气泡葡萄酒的很好品种。

6. 琼瑶浆

美国加州用此品种生产干型和甜型白葡萄酒。琼瑶浆(Gewürztraminer)同时也是法国阿尔萨斯产区生产浓辣白葡萄酒的品种。

二、葡萄酒的酿造流程

各种葡萄酒的酿造工艺都存在一定差异，下面分别介绍。

(一)白葡萄酒的酿造流程

白葡萄酒的酿造流程为：(分选)→去梗除叶→(破碎)→(浸泡)→榨汁→沉淀去渣→酒精发酵→(乳酸发酵)→澄清过滤→桶中培养→(混合)→装瓶。括号内的环节属于可选择的环节，根据葡萄品种、葡萄酒档次和酿酒风格不同进行取舍。

1. 分选

通过人工将腐烂及不合格的葡萄拣出来，以提高葡萄原料的整体质量。人力成本较高，酿制低品质葡萄酒时通常不采用这一工序。

2. 去梗除叶

因为采收的葡萄都是成串摘取，会混入葡萄梗和葡萄树叶。所以应将混在原料中的葡萄梗和葡萄树叶挑拣出来。

3. 破碎

对葡萄用一定的压力使之破碎，葡萄中的汁液就会流出。这种自然流出的葡萄汁是优质葡萄汁，有利于发酵过程顺利平稳地进行。在酿造普通白葡萄酒时通常省略。

4. 浸泡

酿制白葡萄酒时很少需要这一环节，但有时为了改善风味，提取葡萄皮中的一部分果香，会将破碎后的葡萄汁与葡萄皮在低温下接触一段时间。

5. 榨汁

榨汁的过程就是将果实中的液态物质彻底挤出。榨汁通常有两个阶段，第一个阶段是稍用力榨出葡萄汁；第二个阶段是用较大的力从紧贴果皮的果肉中挤出葡萄汁。第二个阶段的葡萄汁会带有果皮的青涩味，糖分与酸量都较低，且品质较差。根据所要酿造的葡萄酒的品位的不同，将这两个阶段的葡萄汁或分开处理，或混在一起处理。如果用红皮白肉的葡萄来酿制白葡萄酒，则葡萄果实应不经过破碎和浸泡而直接进入榨汁，以避免葡萄皮上的色素进入葡萄汁，酿出不伦不类的葡萄酒。

6. 沉淀去渣

取出葡萄汁里的果实中的固体物以及其他异物。沉淀去渣是使白葡萄酒在发酵前低温静置，在固体物质沉淀后再去除。在现代化的酿酒工艺中，常常使用离心去渣的方式。

7. 酒精发酵

酒精发酵是化学反应过程，这一步真正进入了由葡萄向葡萄酒的转化。酵母将葡萄汁中的糖发酵转化成酒精，产生口味上的变化。发酵可由葡萄本身所携带的自然酵母在合适的温度下自然产生，也可由添加人工培养的酵母来进行。白葡萄酒的发酵温度通常为8～18℃。

8. 乳酸发酵

这一过程不是必需的，是由酒中的细菌而不是酵母菌所引发的。能够将酒中较粗涩的苹果酸转化成口味更柔软的乳酸，降低酒的酸度。

9. 澄清过滤

过滤掉发酵后自然死亡的酵母，使酒变得清澈。

10. 桶中培养

发酵后的酒可在桶中培养一段时间，来稳定酒质，但有些葡萄酒也可直接装瓶。

11. 装瓶

酒质相对稳定后就可以装瓶了。装瓶前有时还会对来自不同培养桶中的葡萄酒进行混合。装瓶后的酒要在酒厂的酒窖中保存一段时间，在出酒窖前才贴上酒标投放市场。

(二)红葡萄酒的酿造流程

红葡萄酒的酿制流程与白葡萄酒的酿造流程大同小异:(分选)→去梗除叶→破碎→(浸泡)→酒精发酵→榨汁→乳酸发酵→澄清过滤→桶中培养→(混合)→装瓶。这里主要介绍其中不同的环节。

1. 破碎

在红葡萄酒的酿制过程中,破碎是一个必要的环节。这是红葡萄酒获取颜色、单宁和风味的最重要途径。

2. 酒精发酵

酿制红葡萄酒时,在破碎(之后有时浸泡)后将自然流出的葡萄汁,连皮带籽,甚至有时还带一部分梗,一起进入发酵过程。这种混合了葡萄汁、葡萄皮、葡萄籽、葡萄梗的混合体被称为葡萄浆(Must)。这点与酿制白葡萄酒不同,在酿制白葡萄酒时,对葡萄果实完成榨汁,并除渣后再对葡萄汁进行发酵。也就是说,白葡萄酒是由葡萄汁发酵获得的,红葡萄酒是由葡萄浆发酵形成的。红葡萄酒之所以采取这种原料发酵形式,主要是因为这样可从葡萄皮中获取更多的色素、单宁和风味物质,使葡萄酒更具特色。红葡萄酒的发酵温度一般比白葡萄酒的高,为20~28℃。由于发酵温度高,红葡萄酒的发酵时间比白葡萄酒的短。

3. 榨汁

红葡萄酒是在完成发酵后再进行榨汁处理的。榨汁可以分为两个阶段,第一个阶段是稍用力使已发酵葡萄基酒流出;第二个阶段是用较大的力硬榨出葡萄基酒,同样,这两个阶段的红葡萄基酒可分开处理,也可混在一起处理,关键在于所要酿制的红葡萄酒的品质。

4. 乳酸发酵

多数红葡萄酒在完成酒精发酵后都须进行乳酸发酵,这点也与白葡萄酒不同。

另外,玫瑰红葡萄酒的颜色介于红葡萄酒和白葡萄酒之间,但玫瑰红葡萄酒并不是混合红葡萄酒和白葡萄酒而制成的,而是将红葡萄果实破碎后与葡萄皮略作接触,使葡萄汁染上一点红色,随后按白葡萄酒的酿制工艺进行酿制。因此,玫瑰红葡萄酒通常带有白葡萄酒的风味。

(三)气泡酒的酿造流程

酿制气泡酒可以用白葡萄、红皮白肉的红葡萄酿制,也可以混合红、白两种葡萄基酒酿制。酿制气泡酒(尤其是香槟酒)对葡萄果实的采收和榨汁要求更为严格。在香槟地区,葡萄采收全部由手工进行,并在最短的时间内对葡萄进行榨汁,避免因葡萄破损而使葡萄皮上的色素混入葡萄汁中。用来酿制香槟酒的葡萄果实也是榨汁两次,第一次榨出的汁称为特等汁(Cuvee),是最佳的;第二次榨出的汁称为头等汁(Premieres Tailles)。最上等的香槟酒仅用第一次榨出的汁进行酿制。

气泡酒工艺的特殊之处在于,要经两次酒精发酵制成:第一次酒精发酵(前半过程)仅实现了由葡萄果实向基酒的转化,得到的是不含气泡的静止型葡萄基酒,基酒的酒精含量为10.5%~11%,酿制流程与一般葡萄酒相似。第二次酒精发酵,使酒中产生大量的CO_2气体。

气泡酒的后半段酿制过程与静止型葡萄酒完全不同。气泡酒酿制工艺精华就在其后半过程。以最有特色的香槟酒为例,其后半段酿制流程为:混合→加糖和酵母→装瓶→封盖→第二次酒精发酵→自溶和培养→摇瓶→吐渣→补充酒液→软木塞封瓶。

1. 混合

一般都是将多种基酒混合后再用来酿制气泡酒。这些基酒用不同葡萄品种酿成,甚至由产自不同村落葡萄园中的葡萄酿成。无年份的气泡酒还会混合不同年份的基酒。

2. 加糖和酵母

混合后,为使基酒进入第二次酒精发酵,要加入精确的糖量和酵母,通常所加入的糖分会使酒提高1.5%的酒精含量。

3. 装瓶

将加入糖和酵母的混合基酒灌装到瓶中,再封瓶。瓶盖不是开启气泡酒时所见的软木塞,而是类似啤酒瓶盖的金属盖。有个别酒厂用软木塞封瓶,如波林杰(Bollinger)。

4. 第二次酒精发酵

新加入的糖和酵母通常是在低于12℃的低温下在瓶中进行缓慢发酵。低温、长时间的发酵使酿成的气泡酒获得更好的复合性。由于发酵是在瓶中密封进行的,发酵过程所产生的二氧化碳气体也被完全保留在瓶中。瓶中压力会达到5~6个大气压,因此酒瓶必需结实、可靠。

5. 自溶和培养

第二次酒精发酵的持续时间为10天到3个月,随之酵母菌就会死去。但不会即刻将酒糟排除,而是让酒糟在瓶中再待上一段时间,给酒增味及保持酒的新鲜度。一般无年份的气泡酒在瓶中培养9~24个月,优质的气泡酒至少3年,年份香槟酒至少3年,著名的香槟酒至少5~6年,而一些顶级品牌甚至要存酒糟长达十几年。

6. 摇瓶

由于酒瓶在第二次酒精发酵和培养阶段都是卧放的,以半悬浮的状态散布在瓶中的自溶酵母菌会慢慢下沉,但稍一摇晃就会变混浊。当酒培养、发展到所希望的风味特性后就排除这些悬浮物,使上市的酒清澈晶亮。这个程序相当于酿制静止型葡萄酒的澄清过滤步骤,通过摇瓶(既有重力,又有诱导)可使悬浮的酒糟慢慢集中到瓶口,以便排除。

7. 吐渣

将瓶颈冷却使酒糟结晶,然后开瓶,利用瓶中二氧化碳气体的压力将渣喷出。

8. 补充酒液

吐渣时瓶中会失去一部分酒液,因此需向瓶中补充新的酒液,并视气泡酒的干甜程度要求,在酒液中加入一定的糖分,随后塞上蘑菇状的软木塞,并捆扎好铁丝。

香槟酒只有白色和玫瑰红两种颜色,但是气泡酒还有红色。红气泡酒是以红酒作为基酒,再进行第二次酒精发酵。红气泡酒于1820年诞生于勃艮第地区,用黑品乐酿制,因此这种红气泡酒也被统称为“勃艮第气泡酒”。

(四)酒精强化型葡萄酒的酿造

酒精强化型葡萄酒的酿制流程与一般葡萄酒相似,只是通过在某一个阶段加入高酒精含量的酒液,来提高葡萄酒的酒精含量。在酿造过程中,加入酒度较高的酒,不但可提高酒液的酒精含量,也可使酒质更稳定。根据加入高酒精含量的酒的时间的不同,有以下两种情况。

第一种是在发酵尚未完全结束前,通过加入酒精含量95%的葡萄酒精或酒精含量为80%的白兰地,使发酵过程中止。由于发酵中途停止,保留了一部分尚未发酵完的糖分,因此酒中的残留糖分含量通常较高,尝起来带有较高的甜味。这类酒比较典型的有:波特酒(Port)、马德拉酒(Madeira)、马拉伽酒(Malaga)。

第二种是在发酵过程结束后,再加入酒精或白兰地,如雪莉酒(Sherry)。这类酒的基酒是干型的,如要使其成为甜酒,需加入葡萄汁来实现。

酒精强化型葡萄酒的混合过程是复杂而微妙的,是酒厂保持酒之风格和特色的关键。通常都是混合不同葡萄品种、不同年份酿制的基酒而成的。但是都有例外,如雪莉酒一般是单品种葡萄酿制,年份波特酒是由同一年份葡萄基酒酿成。

(五)甜葡萄酒的酿造

国际上红葡萄酒基本都是干型,通常仅酒精强化型葡萄酒中有甜的红葡萄酒。因此,葡萄酒中的半干、半甜、甜酒多是针对白葡萄酒、玫瑰红葡萄酒、气泡酒而言。甜葡萄酒一般是通过提高葡萄果实本身的含糖量,使酒中保留更多葡萄中的自然糖分。获得高含糖量的葡萄主要有4种方式:贵腐类葡萄果实、冰冻葡萄果实、迟摘葡萄果实和意大利式风干葡萄果实。由此,甜葡萄酒相应分为贵腐型甜葡萄酒、冰酒、迟摘甜葡萄酒和意大利式风干甜葡萄酒。

1. 贵腐型甜葡萄酒

贵腐型甜葡萄酒(Botrytis Cinerea/Noble Rot)的形成是这样的:葡萄成熟时,

有种真菌会穿透葡萄皮侵袭葡萄果实，从而出现“腐败”现象使果实中的水分流失，但葡萄中的糖分及其他成分能得以保存并被浓缩，用这种因“腐败”而甜度较高的葡萄酿制的甜葡萄酒称贵腐型甜葡萄酒。匈牙利托凯酒(Tokaj)是最早的贵腐类甜白葡萄酒，已有400年的历史。

由于真菌对葡萄树上的葡萄果实的感染程度是不一样的，因此贵腐后的葡萄不能用机器采摘，而应由人工根据贵腐状况逐一采摘，所以常常要分几次才能采摘完，人力成本相当高。在葡萄成熟的秋天，使葡萄贵腐的真菌需要非常特殊和罕见的气候组合：晨曦潮湿的薄雾和白天温暖充足的阳光。潮湿的环境有利于真菌的滋生和蔓延，而白天的骄阳又有利于葡萄肉中水分的蒸发，使葡萄中的糖分和酸在葡萄中的比例得以提高。因此，通常仅在河岸附近的葡萄园才能有这样的果实。

2. 冰酒

要酿制冰酒(Ice Wine/Eiswein)，须气温下降到－7℃后，冒着严寒采收已冰冻的葡萄果实，并在冰冻状态下进行压榨。由于霜冻的缘故，葡萄果实中的水分被凝结，这就使果实中的糖分、酸和其他风味成分的比例增加。用这样冰冻状态下的葡萄果实来酿酒即可得甜葡萄酒。通常温度越低，果实中的糖分越高。事实上，酿制冰酒比这要复杂得多，首先要求土地应含有较多的矿物质，其次对气候也有一定要求，另外，在葡萄延迟采收的过程中，不能感染病菌，不能有虫害、鸟害，等到霜冻后，葡萄结冰风干再进行人工采摘，而且，要生产质量较好的冰酒，一般要采摘底部的葡萄。由于工艺比较复杂，冰酒的价格一般都比较高。冰酒的代表产地是德国、加拿大和奥地利。

3. 迟摘甜葡萄酒

酿制迟摘甜葡萄酒(Late Harvested)是当葡萄成熟后不急于采摘，而是让葡萄在葡萄树上再挂一段时间，待其过熟并出现萎缩后再采摘。由于水的自然蒸发使果实中糖分比例得以提高，用这样的葡萄酿制的甜葡萄酒，称为迟摘甜葡萄酒。迟摘的葡萄与贵腐葡萄的相似之处是：果实都是在树上蒸发萎缩，但贵腐靠的是湿润环境下的真菌，而迟摘葡萄无需真菌。二者所面临的相同风险是：不合适的秋雨和闷热潮湿的空气可能会使葡萄腐烂在树上。

4. 意大利式风干甜葡萄酒

意大利式风干甜葡萄酒(Passito)是指在意大利，人们将葡萄采摘后平铺在架子上，或将挂满葡萄的藤枝剪断挂在铁丝上，让葡萄果实风干，让水自然蒸发，达到浓缩糖分的目的，随后再用这些干瘪了的果实酿成甜酒。

三、葡萄酒在橡木桶中的培养

发酵后的葡萄基酒将被贮存在合适的容器中进行培养和稳定。最传统的培养葡萄酒的容器是橡木桶,但由于白葡萄酒果香比较清新,橡木的气味会盖过白葡萄酒原有的清香果味,因此不适合在全新的橡木桶中培养。另外,适宜趁新鲜饮用的薄若来红酒无需橡木桶培养。除了橡木桶外,还可用不锈钢桶和带内衬的混凝土罐等器具培养。不锈钢桶清洗方便,更合乎卫生要求;混凝土罐是最廉价的。橡木桶是最好的,也是最贵的。在酒的培养过程中,只有橡木桶具有提高酒品质的作用,它是上档次葡萄酒进入培养阶段时的唯一选择。橡木桶可以从以下两个方面来帮助提高酒的品质。

(一)添香和单宁

橡木会给葡萄基酒增加特有的香气,如香草味、烟熏味(因为橡木桶在制作时有时会选用火烤)等,同时还会给酒带来橡木味;另外,橡木本身也携带单宁等物质,酒在桶中培养时也会吸收橡木桶中的单宁。但是,橡木桶仅在第一次使用时才给酒带来如此丰富多彩的香味和单宁,第二次使用时效果已大大减弱,第三次使用时作用已微乎其微,三次以后已不起任何作用。因此,顶级葡萄酒都是用新橡木桶来培养的。有的酒商甚至在倒换桶时也不用旧的,而是重新开启新的橡木桶来培养葡萄酒。还有酒商用新橡木桶和旧橡木桶混用来培养酒的。现在也有在不锈钢桶中放橡木板,甚至像泡袋茶那样将橡木碎片放在不锈钢桶中,给葡萄酒添味。

(二)微氧

葡萄酒在橡木桶中培养能使酒质变佳的另一个原因是微氧。橡木桶不是密封容器,放在橡木桶中的酒会以每年2% ~5% 的比例逸出,同时外界的空气也能进入橡木桶并作用于葡萄酒。这种桶内外空气的“对流”非常微弱,故将其对葡萄酒的影响称为“微氧处理”。微氧处理对葡萄基酒的培养和酒质稳定具有积极作用。利用现代科技手段,人们也能模拟微氧方式,在不锈钢桶中对葡萄基酒进行类似的处理。但经过橡木桶培养的葡萄酒,与在不锈钢桶中模拟橡木桶方式培养的葡萄酒在口感、陈酿期限上仍有差异。一般来讲,葡萄酒在橡木桶中的培养时间为6 ~24 个月,白葡萄酒在橡木桶中的培养时间比红葡萄酒短。高档红葡萄酒的培养时间为18 ~24 个月,很少有超过24 个月的。

四、葡萄酒的混合

酿酒的葡萄品种比较多,有的适合单品酿制葡萄酒,有的需与其他品种混合后酿酒。混合不同的葡萄品种(即使与那些不太出色的葡萄品种相混合)通常能酿制出更具特色的葡萄酒。葡萄品种的混合,不是将葡萄果实混在一起进行发酵酿酒,而是将各品种分别酿制成单品种的葡萄基酒,品尝后,再以最佳的比例混合成混合品种的葡萄酒,也包括不同橡木桶(如法国橡木桶和美国橡木桶,或新橡木桶和旧橡木桶)中培养的葡萄基酒间的混合。如果是无年份的气泡酒、波特酒、雪莉酒,还包括不同年份的葡萄基酒间的混合。

酿酒师、管理人员等品尝澄清的酒后，根据各基酒的表现和所要酿制成酒的风格，定出严格的混合比例，然后据此比例将小橡木桶中的基酒倒入大桶中进行混合。混合比例每年都是不一样的，关键取决于基酒的各自表现和混合后的协调表现。而且在混合的时候，不但要考虑混合后葡萄酒的最初效果，还必须充分考虑各种基酒随岁月在特性上的变化。好的酿酒师要对各种基酒陈酿后的发展具有正确的预见性和判断能力。通常认为，混合过程进行得越早，混合后的基酒结合得也越好，混合后的酒质也就越理想。但混合又必须在基酒达到一定的稳定度，显现出基酒的特色后才能进行。过早的混合会使实际结果与混合前品尝时所期望的结果产生差异。

气泡酒的混合比静止型葡萄酒的混合更难，技艺要求更高。酿制气泡酒时，混合后的基酒必须进行第二次的酒精发酵，尽管酒精含量的提高仅1.5%，但酒精发酵的化学反应却依然激烈，难以预料，再加上“自溶酵母”的特性释放，给预知第二次酒精发酵后酒的特性和风味变化增加了变数和难度。

第三节 葡萄酒的服务

一、红葡萄酒的服务

红葡萄酒的服务程序和标准见表2－6。

表2－6 红葡萄酒的服务程序及标准

程序	标准
1. 准备工作	(1)准备好酒篮，并将一块干净的餐巾铺在酒篮中 (2)将葡萄酒放在酒篮中，商标向上 (3)在客人的水杯右侧摆放红葡萄酒杯，间距均为1.5cm
2. 示瓶	(1)用右手拿起装有红葡萄酒的酒篮，走到客人座位的右侧，另外取一个小碟子放在客人餐具的右侧，用来放开瓶后取出的木塞 (2)服务员右手持酒篮倾斜45°，站于主饮者(大多为点酒者或者是男主人)右侧，商标向上，请客人看清酒的商标，询问客人是否可以立即开瓶。在不用酒篮的情况下，左手托瓶底，右手扶瓶颈，成45°角把酒标面向客人，让其辨认。也可单手示瓶，以手指托住瓶底，以手掌及手腕扶持瓶身，也是成45°角把酒标面向客人
3. 开瓶	(1)将红葡萄酒立于酒篮中，左手扶住瓶颈，右手用开酒刀割开封口，并用一块干净的餐巾布将瓶口擦净 (2)将酒钻垂直钻入木塞，不可旋转酒瓶。当酒钻完全钻入木塞后，轻轻拔出 (3)将木塞放入准备好的小碟子中，并摆在红葡萄酒杯的右侧，间距1～2cm

续表

程序	标准
4. 斟酒服务	(1)服务员将打开的红葡萄酒瓶放回酒篮,商标向上,同时用右手拿起酒篮,瓶颈下应衬垫一块餐巾或纸,从客人右侧斟倒30mL红葡萄酒,请客人品评酒质 (2)客人认可后,按照先客后主、女士优先的原则,依次为宾客倒酒,倒酒时站在宾客的右侧,斟酒量为1/2杯 (3)每倒完一杯酒要轻轻转动酒篮,避免酒滴在餐台上 (4)斟酒后,把酒篮放在客人餐具的右侧,注意不能将瓶口对着客人,红葡萄酒也可不用酒篮直接放在服务台上或是餐桌上,但是在高档餐厅中一般都使用酒篮
5. 续杯服务	(1)随时观察客人酒水的饮用情况,当客人酒水喝至斟酒量的1/3时应及时添加 (2)当整瓶酒将要倒完时,要询问客人是否再加一瓶。如客人不需要加酒,待其喝完杯中酒后及时将空杯撤掉 (3)如果客人同意再加一瓶,再按以上服务程序和标准操作一遍

二、白葡萄酒的服务

白葡萄酒的服务程序及标准见表2-7。

表2-7 白葡萄酒的服务程序及标准

程序	标准
1. 准备工作	(1)准备一个冰桶,在冰桶中放入1/3桶冰块,再放入1/2冰桶的水后,放在冰桶架上,并配一条叠成8cm宽的条形口布,使用这种冰桶冰镇的方式,一般在10min后就可以达到冰镇的效果;如果是事先放在冰柜里冷藏,则客人点用后即可享受到最佳饮用温度。但是仍然要使用冰桶保持冷却温度 (2)将客人所点的白葡萄酒放入冰桶中,商标向上 (3)在客人的水杯右侧摆放白葡萄酒杯,间距1.5cm
2. 示瓶	(1)将冰桶架、冰桶、酒、条形餐巾布及装木塞的小碟子放到客人座位右侧 (2)左手持餐巾布,右手持葡萄酒,将酒瓶底部放在条状餐巾布的中间部位,再将口布两端拉起至酒瓶商标以上部位,并使商标全部露出 (3)右手持餐巾布包好的酒瓶,用左手轻托住酒瓶底部,送至宾客面前,请客人看清酒的商标,并询问客人是否立即开启酒瓶
3. 开瓶	(1)客人允许后,将酒瓶放回冰桶,左手扶住酒瓶,右手割开封口,并用一块干净的餐巾布擦拭瓶口 (2)将酒钻垂直钻入木塞,待酒钻完全钻入后,轻轻拔出木塞 (3)将木塞放入小碟子中,放在客人白葡萄酒杯的右侧,间距1~2cm

续表

程　序	标　　准
4. 试酒、斟酒服务	(1)从冰桶取出时,以一块餐巾包住瓶身,以免瓶身外侧水滴弄脏台布或宾客的衣服,右手持酒瓶,商标朝向客人,从主人右侧斟倒 30mL 白葡萄酒,请主人品评酒质 (2)主人认可后,按照先客后主、女士优先的原则,依次为宾客倒酒;斟酒的位置在宾客的右侧,斟酒量为 2/3 杯 (3)每倒完一杯酒要轻轻转动一下酒瓶,避免酒滴在桌布上 (4)斟完后,把白葡萄酒瓶放回冰桶,商标向上
5. 续杯服务	(1)随时观察客人酒水的饮用情况,当客人酒水喝至斟酒量的 1/3 时应及时添加 (2)当瓶中酒将要倒完时,要询问客人是否再加一瓶,如客人不需加酒,待其喝完杯中酒后及时撤去空杯 (3)如客人同意再加一瓶,再按以上服务程序和标准操作一遍

三、香槟酒的服务

香槟酒的服务程序和标准见表 2－8。

表 2－8　香槟酒的服务程序及标准

程　序	标　　准
1. 准备	(1)准备好冰桶 (2)将香槟酒放于冰桶内冰冻 (3)将酒瓶、冰桶和冰桶架一起放到客人桌上
2. 示瓶、开瓶	(1)将香槟酒从冰桶内取出向主人展示,主人确认后放回冰桶 (2)气泡酒的开启无需开瓶工具。用酒刀将瓶口处的锡纸割开,左手握住瓶颈,同时用拇指压住瓶塞,右手将捆扎瓶塞的铁丝拧开、取下 (3)解开金属丝扣,将瓶口朝向安全的方向,用干净餐巾布包住瓶塞顶部,一手的拇指按住软木塞,其他手指与手掌握住瓶颈,另一手转动酒瓶底部,直到瓶塞离开瓶口,双手同时反方向转动并缓慢地上提瓶塞,直到气体将瓶塞顶离瓶口,也可以轻轻摇晃酒瓶,利用瓶内气体的力量推出瓶塞,但是一定要小心,不要造成过多气泡的逸失 (4)开瓶时动作不宜过猛,以免发出过大的声音而惊动客人
3. 试酒服务	(1)用餐巾布将瓶口和瓶身上的水迹擦掉,将酒瓶用餐巾布包住 (2)向主人杯中注入 30mL 的酒,交由主人品尝 (3)待主人认可后,服务员须询问是否可以立即斟酒

续表

程序	标准
4. 斟酒服务	(1)斟酒时服务员右手持瓶,从主宾右侧顺时针方向进行,先客后主、女士优先。从冰桶取出时,应以一块餐巾包住瓶身,以免瓶身外侧的水滴弄脏台布或宾客的衣服 (2)斟酒量为杯量的2/3 (3)每斟一杯酒分两次完成,先斟至杯的1/3处,待泡沫平息后再斟至杯的2/3即可,以免杯中泛起的泡沫溢出,斟完酒后旋转瓶身收酒瓶,防止瓶口的酒滴落到台面上 (4)酒的商标须始终朝向客人 (5)为所有的客人斟完酒后,将酒瓶放回冰桶内冰冻。如果客人有要求也可以直接放在餐桌上
5. 续杯服务	(1)随时观察客人酒水的饮用情况,当客人酒水喝至斟酒量的1/3时应及时添加 (2)酒瓶中只剩下一杯酒量时,须征求主人意见是否增加一瓶酒 (3)如果宾客要求再加一瓶,按以上服务程序和标准操作一遍

四、葡萄酒服务要点

(一)示瓶

把酒瓶展示给客人是开始对客提供酒水服务的第一步。当客人点用整瓶葡萄酒时,在开启之前应该让客人首先过目一下其所点的葡萄酒,这就是示瓶。示瓶的作用有三点:一是表示对客人的尊重,二是可核实一下有无误差,三则证明商品是可靠的。

示瓶后得到客人的认可,方能进行下一步的工作。需要注意的是,服务员在示瓶前要将酒瓶的瓶身瓶底都擦拭干净。

(二)开瓶

喝白葡萄酒,习惯上提前一小时左右打开。红葡萄酒(除了陈酿的酒)提前一个半小时打开。尤其是饮用年轻的、鞣酸含量多的红葡萄酒,最好事先开瓶通气。酒液与空气接触后,更有利于酒香的散发,喝起来更惬意。

1. 切开瓶帽

开瓶之前要先切开瓶冒再拔软木塞。

2. 开瓶器的选择

开瓶器又称开瓶刀,有两大类型:一类是开瓶塞的螺丝拔,另一类是专开瓶盖的扳手。螺丝拔螺旋部分的长度要足够长(有的软木塞长达8~9cm),头部要尖。最好是使用带有起拔杠杆的螺丝拔,更方便于拔起瓶塞的操作。

3. 陈酒的开启

多年陈酒(超过20年)由于软木塞的韧性变差,可采取断头法,就是将火钳烧红以后,夹住软木塞以下一点儿的瓶颈处数秒钟,然后用湿布快速冷却被烧热的瓶颈,随后一手握住瓶身,另一手扳住瓶颈上部,稍一用力就可以将瓶颈连同瓶塞一起扳下来。

如果软木塞有断裂的可能,一般可将酒瓶倒置,用瓶内酒液的压力顶住断塞,然后再旋进螺丝拔,拔出瓶塞。对于多年的陈酒可将拔不出的瓶塞推入瓶中。

4. 减少瓶体的晃动,降低开瓶的声音

减少瓶体的晃动主要是考虑两种情况:对于汽酒,会损失很多气泡;而陈酒会造成沉淀物起伏现象。不过,陈酒在开瓶前一天需要将酒轻轻摇晃一下,然后竖放,待第二天沉淀物沉到瓶底后再开瓶。

开任何酒水都应注意降低开瓶的声音,其中也包括香槟酒。那种放炮式的开香槟的方法一般都是在庆祝场合,在正规的餐厅,过大的开瓶嘈杂声和环境是不协调的。

5. 清理

开启瓶塞以后,擦拭瓶口,并注意不要将瓶塞的木屑落入瓶内。开启的酒瓶应留在客人的餐桌上,放在主要客人的右手一侧,瓶子下面需用衬垫,以防倒酒时流出的酒液弄脏台布。使用冰桶的冰镇酒品需连同冰桶一起放在餐桌上,使用酒篮的陈酒也应连同篮子一起放在餐桌上。空瓶空罐一律撤收离台。

开启的封皮、木塞、盖子等物不要直接放在桌子上,一般以小碟盛放。在服务员离开餐桌时一并带走,不可留在客人面前。

需要注意的是,开启带汽或者冷藏过的酒瓶封口时常会有水汽喷射出来。因此,在当客人面打开时,应将开口一方对着自己,并用手持口布遮住瓶口。

(三)滗酒

一般来讲,多年陈酒多少都会有一定的沉淀物积于瓶底内,为了避免斟酒时产生混浊现象,需事先剔除沉渣以确保酒液的纯净,这就是滗酒。可以用专门的滗酒器滗酒去渣,在没有滗酒器时,也可用大水杯代替。具体操作方法如下:

(1)事先将酒瓶竖立若干小时,使沉渣积于瓶底。

(2)再横置酒瓶,动作要轻,使沉积物都集中于瓶底的角落。

(3)准备一个光源(蜡烛或台灯),在滗酒的时候,帮助观察瓶中流出的酒液是否澄清。

(4)操作者慢慢将酒液灌入水杯,当观察到即将流出含有沉渣的酒液时,及时停止滗酒。滗酒时需要沉着、果断,争取滗出尽可能多的酒液,剔除混浊物质。

(5)滗好的酒可直接给客人斟倒。

(四)斟酒

1. 斟酒时,瓶口不能与杯口接触

主要是为了防止将杯口碰破或将酒杯碰倒,但也不要将酒瓶拿得过高,因过高容易将酒水溅出杯外。

2. 斟完酒,顺势转动酒瓶

服务人员在斟完一杯酒、抬起瓶口时,可顺势转动酒瓶1/4圈,使瓶口的最后一滴酒随着瓶身的转动均匀地分布在瓶口边沿上。这样,便可避免酒水滴在台布或客人身上了。抬起瓶口和转动瓶身两个动作同步进行。

3. 斟酒时,掌握瓶内酒水剩余量

斟酒时,要随时注意瓶内酒量的变化,以适当的倾斜度控制酒液流出速度,因为瓶内酒量越少流速越快,酒流速过快容易冲出杯外。

4. 换杯

一瓶酒斟完后,询问主人是否再加一瓶同样的酒,或者是再从葡萄酒单上选择另一种餐酒。如果再加的是一瓶同样的酒,除非主人要求,否则可以不用更换杯子。如果换的是不同的餐酒,则需要换杯子,并且重复试酒的程序。有的餐厅为保证质量,即使客人点的是同一种餐酒,也会重复试酒的程序。

第四节　葡萄酒的品鉴

品鉴葡萄酒需要利用视觉、嗅觉和味觉,通过观、闻、尝对酒的色、香、味进行认识。

一、看酒

看酒(Sight)主要是观察酒的澄清度、颜色(色彩、浓度、光泽)、挂杯性,对这些物理特性进行观察和描述。

(一)色彩

把酒倒入透明葡萄酒杯中,先不要摇晃酒杯,将酒杯对着白色的背景倾斜45°,观察酒的色彩。优质高档葡萄酒都应具有相对稳定的颜色。白葡萄酒的颜色大致从无色的水白色到琥珀色(水白色、浅绿黄、稻草黄、金黄、铜色、琥珀色);红葡萄酒的颜色则会从紫黑色到棕色(紫黑色、紫红色、红色、红橙色、棕色)。

葡萄酒的颜色主要取决于三个因素:葡萄品种、收获期的气温和酒龄。霞多丽酒的颜色比雷司令酒的颜色深;赤霞珠酒、西拉酒的颜色比黑品乐酒、梅洛酒的颜色深。同品种葡萄,产于气温高的地区,酿成的酒颜色会深一些;产于寒冷地区的葡萄,其制成的酒颜色相对较浅。白葡萄酒随酒龄的增长颜色会逐步加深,红酒却相反。

观察酒杯心与杯壁边缘的色调差异可以发现,红葡萄酒边缘颜色比杯心的颜色要浅,白葡萄酒则相反。这是酒精张力所带来的折射差别。酒龄越长的酒,其杯心与边缘的色调差异就越大,这也是判别酒龄的一个方法。

(二)澄清度

澄清度即酒的清澈程度,在观察颜色之后,将酒杯举起放在明亮的光线和眼睛之间,观察酒的澄清度。好的酒应该是清澈的,如酒中出现雾状或有细微悬浮物,说明酒有问题。

(三)透明度

酒除了有色彩上的差异外,还有透明度上的深浅之不同。尤其对红酒来说,有的酒尽管颜色深,但倒入杯后仍能清澈见底,而有的倒入杯后却只能隐约见底,有的则完全无法见底,接近不透明。

(四)光泽

光泽指酒对光线的反射能力。酒越新就越有光泽,酒越陈就越暗淡。

(五)挂杯性

摇动酒杯,缓缓将杯中的酒摇醒以展露特性。观察酒从杯壁往下淌的痕迹,俗称"挂杯"。挂杯现象是酒中的酒精和残留糖所形成的张力的表现,酒液往下淌的速度越慢,表明此酒的酒精和残留糖含量越高。

二、闻酒

闻酒(Smell)应该是在观察挂杯性之前进行。闻到酒的味道基本可以判定酒的大致品质。首先要判断酒是不是有异味,接下来再甄别酒的香味种类。在闻酒之前最好能够先呼吸室外的新鲜空气。闻酒时不要摇晃酒杯,把杯子倾斜45°角,鼻尖探入杯内,不要深呼吸,轻轻地闻两下酒的原始气味。偏嫩的酒闻起来尚有果味,藏酿有复合的香味。接下来将酒杯轻轻旋动,使酒沿杯壁旋转,将酒中的香气释放出来,增加香气浓度。迅速闻酒中释放出的气味,看它与原始气味相比是否稳定。要用短促的深呼吸方式来闻,以增强酒中的香气对嗅觉器官的刺激,更能抓住香气的特征。长长的深呼吸容易使嗅觉器官因刺激过深而反应迟钝。另外,通过对拔出来的瓶塞所散发的气味也可判断酒液的质量。通过闻嗅瓶塞侵入酒液的那一部分,可判断瓶中酒是否是病酒或坏酒。

(一)异味

异味即令人不愉快的味道,如软木塞味、醋味、硫黄味等。

1. 软木塞味

由于软木塞原料处理不洁,有细菌残留,瓶塞发霉,并且把发霉的味道传给了酒从而影响了葡萄酒的品质。这时酒闻起来就有一股发霉的木头的味道，或受潮的纸板的味道，俗称“瓶塞味”（Corked）。

2. 醋味

由于葡萄酒存放不当被氧化而失去新鲜感，酒中香味消失殆尽，只剩下醋味。

3. 二氧化硫味

为了杀菌以及防止葡萄酒被氧化，葡萄酒中会加入二氧化硫。二氧化硫味闻起来像划火柴时的味道（硝烟味），严重时像臭鸡蛋味。葡萄酒出现硝烟或臭鸡蛋味这两种味道时，说明已变质，不能再饮用。如果出现的二氧化硫味不太严重，可通过摇晃酒杯的方式排除。

（二）香味

葡萄酒所含的香味非常复杂，越好的葡萄酒，香味就越多、越复杂，层次也越丰富。通常将葡萄酒所包含的香味分成以下几大类，如植物味、动物味、熏烤味、木头味和加工食品味等。

1. 植物味

植物味包括有水果味、花卉味、香料味、蔬菜味及干果味。通常将水果味分为鲜果、糖水水果和水果蜜饯3类。水果味，如苹果、梨、橘子、橙、柠檬、柚子、香蕉、菠萝等。花卉味，如紫罗兰、玫瑰和水仙花等。香料味，如胡椒、桂皮、茴香和花椒等。蔬菜味，主要指香草、青椒、地瓜、黄花菜等。干果味，如核桃、栗子味等。

2. 动物味

动物味通常指动物的体味、毛皮味、皮革味和麝香味等。

3. 熏烤味

熏烤味指带有熏烤过的橡木桶的味道。表现为烤木味、面包味、吐司味、咖啡味、烟草（雪茄）味和巧克力味等。

4. 木头味

木头味主要指橡木味。

5. 加工食品味

加工食品味如奶油、奶酪、蜂蜜、豆腐、豆沙、赤豆汤、糖山芋和饼干等。

（三）品种及工艺香味

葡萄酒所包含的丰富香味来自于葡萄本身（来自品种、大地和气候的组合）、酿制（酵母的作用）和陈酿过程（缓慢的氧化反应）。通常来自新鲜葡萄的香气属果香，酿制过程所产生的香味是发酵香，陈酿过程而得的香味称为醇香。如优质干白葡萄酒香气比较浓，表现为清香怡人的果香而不能有任何异味；优质干红葡萄酒的香气表现为酒香和陈酿香，而无任何不愉快的气味。

1. 果香

果香是新鲜葡萄果实中原来所携带的香味物质所反映出的香味,这类香味通常都是比较清新的,以新鲜水果味为主。酒越新,果香味就越明显,如白葡萄酒要比红葡萄酒明显。葡萄酒的果香味,还有这样的两个规律:一是生长于寒冷地带的葡萄酿成的葡萄酒,果香味像北方的水果,如青苹果、梨等;生长于温带的葡萄酿成的葡萄酒,果香味偏向南方的热带水果,如香蕉、菠萝、芒果等。二是葡萄酒越新,其香味越似新鲜水果;葡萄酒越陈,香味越像糖水水果、干果、蜜饯之类。

2. 发酵香

发酵香是在发酵、酿制过程中由酵母菌带来的,或经酵母菌转换而成的香气。这种发酵香味在气泡酒和雪莉酒中表现最为突出。

3. 醇香

葡萄酒经陈酿后因复杂、缓慢的氧化反应,原先的香味物质会转成醇香。如果原先的果香味为清淡单薄型香味,经时间修炼而得的醇香味通常属浓厚型香味,醇厚的香气仅在陈酿酒中才会出现。

对于味道的品鉴带有一定的主观性,每个人对气味的判别都有自己的经历和认定标准。事实上,就是品酒专家也会对酒的香味给予不同的描述。

三、尝酒

如果在尝酒(Sip)之前吃过食物,第一口酒应该用来清洗口腔内残留的余味,让第一口酒转遍口腔咽下,然后再正式尝酒。将酒杯举起,杯口放在双唇之间,压住下唇,头部稍向后仰,把酒轻轻地吸入口中,每次品尝应以半口左右为宜。不要急于咽下去,让酒在口中停留十几秒钟,用舌头像搅拌机那样搅拌口里的酒,使舌头的各个部位及口腔都能接触到酒,并使酒均匀地分布在舌头表面,然后将葡萄酒控制在口腔前部,微微张开嘴,吸入少许新鲜空气,品尝大约十秒钟,以便品尝和评判它的细微差别。

如果酒中的单宁含量高,口中会有干涩的感觉,因为单宁有收敛作用,这说明葡萄酒还没有完全成熟。最好的葡萄酒是能使人在甜度、酸度、酒精、单宁四种味觉上达到一种平衡的饱满感,且酒液在口中停留时可以给人带来一种逐渐变化的感觉。

(一)酒的风味

葡萄酒在品尝时有 4 种基本风味:酒精味、果味、酸味和甜味。

1. 酒精味

酒精味是多数人在葡萄酒入口后的第一印象,但事实上人的舌头并不能识别酒精,所感受到的只是温热的感觉,酒精度数越高,温热的感觉就越强,度数高的酒会有明显的灼热感。将酒下咽时,喉咙口也会有相应的温热感,并且比在口腔中更明显。

2. 果味

葡萄酒都有果味,入口时即能感受到,但这种品尝出来的果味主要是受鼻子嗅觉的影响。葡萄酒的果味差异比较大,葡萄品种、葡萄酒风格、产地、酒龄会有不同的果味。有清淡型的温带水果,也有浓郁型的热带水果;可能像新鲜的水果,也可能像干果,或像经糖水浸泡过的水果。品尝葡萄酒的关键之一就是识别所饮葡萄酒的果味类型。

3. 酸味和甜味

舌头真实感受到的实际上主要是酒中的酸味和甜味。酒中的甜味来自残留糖分、酒精和甘油;酒中的酸味来自酒石酸、苹果酸、柠檬酸、乳酸和醋酸等。不同类型的葡萄酒给人的酸、甜感受存在较大差异。甜葡萄酒中甜味的感受明显,而酸味不甚明显;干葡萄酒,尤其是干型气泡酒,酸味口感特别明显,甜味很清淡。

(二)尝酒品评要素

感知以上四种最基本的"味道"后,就要品评酒的综合感觉,主要是对于红酒中的单宁、酒的口感平衡、酒体、留香时间和酒的质感等要素进行评价。

1. 单宁

单宁是红酒特有的成分。产生的感觉是涩和酸。单宁会使人在将酒含在口中时作出口腔无意识收缩的反应,也称为收敛,是种类似喝冷茶(尤其是红茶)的感觉。初饮葡萄酒的人往往倾向于白葡萄酒,因为他们感到红酒太酸,其实白葡萄酒的酸度比红葡萄酒高。之所以人们会留下红葡萄酒比白葡萄酒酸的印象,是因为红葡萄酒多了单宁,果香味又不及白葡萄酒。

2. 口感平衡

所谓口感平衡,对白葡萄酒来说,就是甜与酸的平衡;对红葡萄酒来说,就是酸、甜和单宁间的三维平衡。由于红葡萄酒中单宁含量高,因此红葡萄酒的平衡相对复杂一些。口感平衡的具体感觉就是酒液顺畅、圆润、舒滑。

3. 酒体

酒体是个不好理解的概念,也是葡萄酒品评中最抽象的概念。原意是酒在口中的重感,即感受酒在口中的重量。有种观点将其视为与水的密度感觉之间的差异大小。酒体通常分为重、中、轻。

4. 质感

质感是对酒在口中的感受的综合性评语。它与味无关,与酒精含量、单宁多寡、酸度、甜度等有关,很大程度上还会受酒平衡与否的影响,但更本质的是受酒本身层次是否丰富和细腻的影响。酒的质感通常用人们对面料的感觉来描述,如像丝绸般柔滑,像牛仔布那样粗糙等。

5. 留香时间

留香时间是指酒下咽后,香味在口中停留的时间。留香时间是评价葡萄酒的一个重要指标,留香时间越长越好。

四、品酒的次序

如果同时品尝几种葡萄酒,品酒的次序为:干红和干白葡萄酒在甜葡萄酒之前饮,白葡萄酒要在红酒之前饮,新酒要在陈酒之前饮,淡薄的酒要在浓厚的酒之前饮,二级酒在一级酒之前饮。

◎本章小结

1. 葡萄酒的饮用需要注意选用的杯具、饮用的温度,并与适当的菜肴相搭配,一般情况下的搭配原则是"红配红,白配白,桃红香槟皆可来"。

2. 各种葡萄酒会因酿酒用的葡萄品种的不同而呈现不同的口感,因此需要掌握各种红、白葡萄品种酿出的葡萄酒的特征,从而对配餐提出恰当的建议。

3. 红、白葡萄酒和香槟酒的服务在杯具、温度、斟倒量上各有不同。

4. 品鉴葡萄酒需要利用视觉、嗅觉和味觉通过观、闻、尝对酒的色、香、味进行认识。

◎思考与练习

1. 葡萄酒的各种分类方式。

2. 常见的用于酿造葡萄酒的红葡萄品种和白葡萄品种。

3. 红葡萄酒、白葡萄酒和香槟酒的服务方式。

4. 葡萄酒的品酒顺序。

◎实践作业

1. 红葡萄酒、白葡萄酒、香槟酒的服务。

方式:根据学生数量,准备好红、白、香槟葡萄酒各数瓶,酒篮、冰桶、开瓶工具,红、白、香槟葡萄酒酒杯数个,在教师指导下,由学生实践操作。

2. 红葡萄酒的品鉴。

方式:准备好梅洛和赤霞珠红葡萄酒各数瓶,红葡萄酒杯多个,白纸数张,选择光源较好的场合。在教师的指导下,按步骤品鉴和对比这两种红葡萄酒。

第三章　各国葡萄酒

本章内容： 法国葡萄酒

意大利葡萄酒

德国葡萄酒

其他国家的葡萄酒

教学要求： 1.法国葡萄酒为本章的重点讲授内容，重点介绍法国葡萄酒的分级，波尔多和勃艮第两个著名的产区葡萄酒的区别及其子产区。结合附录内容讲授各个重要产区的酒庄分级及法国葡萄酒的年份。

2.使学生掌握意大利葡萄酒的分级及意大利的三个重要葡萄酒产区。结合附录了解意大利酿酒葡萄的丰富种类及意大利葡萄酒的年份。

3.重点讲授德国葡萄酒的分级，介绍性讲述德国葡萄酒的产区。

4.简单介绍其他国家生产的葡萄酒情况。

教学课时： 4 课时

第一节　法国葡萄酒

一、法国葡萄酒概述

法国拥有适合葡萄生长的肥沃土壤和宜人的气候，培养出了无数优秀的葡萄品种，为酿造上等葡萄酒打下了坚实的基础。法国葡萄酒有十大著名产区，其中波尔多和勃艮第产区是其中最重要也是最知名的两大静止葡萄酒产区，香槟产区是著名的香槟酒产区。

（一）法国葡萄酒十大产区

法国葡萄酒十大产区是：香槟产区（Champagne），阿尔萨斯产区（Alsace），罗亚尔河谷产区（Valley de la Loire），勃艮第产区（Bourgogne），侏罗和萨瓦产区（Jura et Savoir），隆河谷产区（Rhone Valley），波尔多产区（Bordeaux），西南产区（Sud-Ouest），朗格多克—鲁西雍产区（Languedoc-Roussillon），普罗旺斯—科西嘉产区（Provence et Corse）。

有些专家将香槟产区、勃艮第产区和波尔多产区列为法国三大代表性产区。香槟产区主要生产起泡葡萄酒，波尔多产区主要生产调配葡萄酒，勃艮第产区主要生产单一葡萄品种的葡萄酒。

（二）波尔多与勃艮第

在国际市场上，波尔多酒比勃艮第酒要常见得多，因此大多数人都知道波尔多，知道勃艮第的人就要少得多，但并不是说勃艮第酒的质量就差于波尔多酒。相对于波尔多酒而言，法国人自己更喜欢勃艮第酒区的葡萄酒。波尔多酒口感柔顺似“酒后”，而勃艮第酒由单一葡萄品种酿制，口感刚劲，被喻为“酒王”，法国路易十四国王及拿破仑都喜欢勃艮第酒。在国际上，波尔多酒的名气之所以大于勃艮第酒，主要是以下原因：首先，波尔多曾被英国统治，其葡萄酒也最早被英国人所了解，并随大英帝国的殖民统治传播到世界各地；其次，波尔多是港口城市，便于运输出口葡萄酒，因此波尔多葡萄酒逐渐被称为世界上最有名的葡萄酒。另外，也有勃艮第酒本身的原因，一方面，勃艮第酒等级复杂，另一方面，该产区产量小，在法国内部已供不应求，酒商也就不会积极开拓海外市场了。

二、法国葡萄酒的等级与标签

法国的法律将法国葡萄酒分为4个等级，见图3－1。

（一）法定产区葡萄酒 AOC

AOC的法文意思为“原产地控制命名”。原产地地区的葡萄品种、种植数量、酿造过程、酒精含量等都要得到专家认证，等级最高。AOC酒只能用原产地种植的葡萄酿制，绝对不可和其他产地或产区的葡萄汁勾兑。其产量大约占法国葡萄酒总产量的35%。AOC酒酒瓶标签标示为“Appellation＋产区名＋Controlee”，如图3－2。

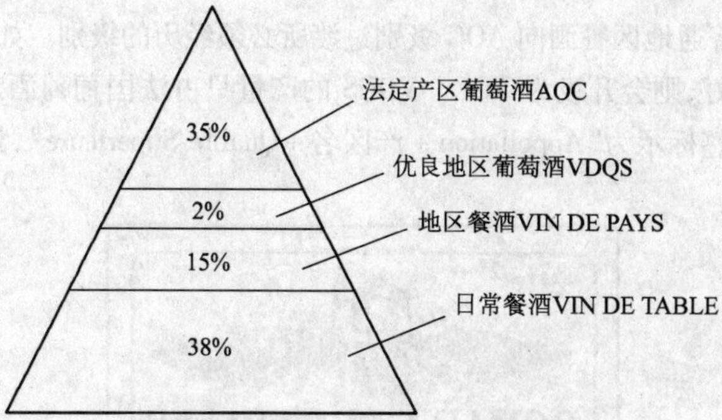

图 3－1 法国葡萄酒的等级

图 3－2 AOC 级别葡萄酒酒标

1—年份 2—酒的名称即产地 3—法定产区名称 4—标示产区，香槟酒例外 5—酒精含量，为容积百分比 6—“Produce of France”外销酒，“France”等字样是强制规定，但对境内销售的酒则非必要 7—定容量，以升、分升或毫升表示 8—装瓶者的姓名或公司名称

AOC 级别的葡萄酒还可以细分为多级，葡萄酒产区名标明的产地越小，酒质就越好。最低级是大产区名 AOC 酒，如：Appellation + Bordeaux（产区名）+ Controlee；次低级是次产区名 AOC 酒，如：Appellation + MEDOC（次产区名）+ Controlee；较高级是村庄名 AOC 酒，如：Appellation + MARGAUX（村庄名）+ Controlee；最高级是城堡名 AOC 酒，如：Appellation + Chateau Lascombes（城堡名）+ Controlee。

由此可知，对于法国葡萄酒，仅仅了解各大产地名称是不够的，还需要知道一定的葡萄酒庄的名称。因为很多上好的波尔多红葡萄酒的酒标上往往并不会出现波尔多的字样，甚至不会出现次产区的名称，而仅仅是酒庄的名称，酒庄的名称就代表了其葡萄酒。例如，波尔多的红葡萄酒以梅多克的最为著名，但是一瓶好的梅多克红酒，在其酒标上是找不到梅多克（Medoc）字样的。

(二)优良地区餐酒 VDQS

VDQS 是普通地区餐酒向 AOC 级别过渡所必须经历的级别。如果在 VDQS 时期酒质表现良好,则会升级为 AOC。VDQS 的产量只占法国葡萄酒总产量的 2%。此类酒酒瓶标签标示为"Appellation + 产区名 + Qualite Superieure",如图 3-3。

图 3-3 VDQS 级别葡萄酒酒标

1—外销酒,"France"等字样是强制规定,境内销售可不标 2—酒精含量,以容积百分比表示 3—酒的名称(即产地) 4—VDQS 核准标志,并有检查号码 5—在酒名下以一行或两行来标示等级 6—定容量,以升、分升或毫升表示 7—装瓶者的姓名或公司名称

(三)地区餐酒 VIN DE PAYS

地区餐酒(Wine of Country)的标签上可以标明产区,要求用标明产区内的葡萄汁勾兑,并仅限于该产区内的葡萄。此类酒产量约占法国葡萄酒总产量的 15%。日常餐酒中最好的酒往往被升级为地区餐酒。法国绝大部分的地区餐酒产自南部地中海沿岸。地区餐酒酒瓶标签标示为"Vin de Pays + 产区名",如图 3-4。

图 3-4 地区餐酒酒标

1—酒精含量,以容积百分比表示 2—定容量,以升、分升或毫升表示 3—酒的产区 4—装瓶者的姓名或公司名称

(四)日常餐酒 VIN DE TABLE

日常餐酒(Wine of the Table)是最低档的葡萄酒,主要作为日常饮用。此酒可以由不同地区的葡萄汁勾兑而成,但不得用欧盟以外国家生产的葡萄汁。如果葡萄汁来自于于法国各产区,可称为法国日常餐酒。此类酒的产量约占法国葡萄酒总产量的38%。其酒瓶标签标示为 Vin de Table,如图3－5。

图3－5　日常餐酒酒标

1—法国产餐桌葡萄酒　2—商标　3—装瓶者姓名或公司　4—酒精含量

5—法国生产酿造的葡萄酒　6—定容量,以升、分升或毫升表示

三、法国葡萄酒的著名产区

(一)勃艮第产区——法国葡萄酒之王

1. 勃艮第产区简介

勃艮第产区(Bourgogne)历史悠久,原属于勃艮第大公国,其名来自勃艮第公爵。勃艮第产区的葡萄酒力道浑厚坚韧,与波尔多葡萄酒的柔顺恰相对立,被称为"法国葡萄酒之王"。勃艮第位于巴黎东南,产区属大陆性气候,就自然条件而言,勃艮第已经处于葡萄种植的极限地带,葡萄不能完全成熟的风险比较大,因此,年份对于勃艮第葡萄酒来说具有特别重要的意义。与波尔多产区的葡萄酒相比,勃艮第产区的酒物美价廉。

勃艮第的主要葡萄品种是黑品乐、佳美和霞多丽。与波尔多产区的调配葡萄酒不同,勃艮第的酒都是由单品种葡萄来酿制的。

2. 勃艮第产区的区域细分

在法定的勃艮第大产区名下,可细分为5大法定次产区,夏布利次产区(Chablis)、金丘次产区(Cotes d'or)、薄若来次产区(Beaujolais)、马贡内次产区(Maconnais)、夏隆内次产区(Chalonnaise),共有特等葡萄园38个,全部在夏布利(7个)和金丘(31个)两个产区。产红酒的特等葡萄园全数尽在金丘。

(1)金丘。在勃艮第的各个产区中,金丘是最为有名的一个。通常人们将金丘分成两个部分:夜丘(Cote de Nuit)和博讷丘(Cote de Neaune)。夜丘以其黑品乐红酒而驰名世界,金丘25个产红酒的特等葡萄园有24个在金丘北部的夜丘。与夜丘相反,博讷丘的白葡萄酒知名度更高。

(2)夏布利。夏布利次产区位处法国北部,气候寒冷,出产的白葡萄酒很有名。夏布利仅种植霞多丽,因此也只出产白葡萄酒。从地理位置上看,夏布利并不与勃艮第的其他产区相连。

(3)薄若来。薄若来几乎仅种植其特有的佳美葡萄品种。薄若来的佳美新葡萄酒(Beaujolais Nouveau)低涩度,高果香,常带西洋梨、香蕉及泡泡糖的香味,因其新鲜、容易饮用、口感清淡,"越新越好喝"而名扬世界。每年11月份的第三个星期四是其上市的庆典日。

(4)夏隆内和马贡内。这两个产区相对不是很有名。夏隆内以生产红葡萄酒为主,马贡内以生产白葡萄酒为主。

3. 勃艮第产区分级的特点

勃艮第酒的分级不同于波尔多,波尔多酒分级看重的是酿酒的酒庄,出自特等酒庄的酒才是特等葡萄酒,而勃艮第是基于葡萄园来分级的。

在勃艮第复杂的AOC分级中有五层之多:产地(勃艮第)级AOC,产区(如夏隆奈)级AOC,村镇级AOC,一等葡萄园AOC和特等葡萄园AOC。

需要注意的是,它将最高级别的葡萄园AOC细分成了两个级别,即:一级葡萄园(Premiers CRU),CRU出现在酒标上,往往与村庄名一起使用;特等葡萄园(Grand CRU),这些葡萄园声名显赫,不与村庄名一起使用。

需要强调的是,在勃艮第,一个特等葡萄园可能为几家酒庄所有,因此,只要是用此特等葡萄园所产的葡萄酿制的酒,不论是哪个酒庄都可以在酒标上标注"特等(Grand CRU)"。同时,一家酒庄也可能拥有几家葡萄园,但是用这个酒庄其他葡萄园所产的葡萄酿制的酒就不能标注"特等(Grand CRU)"。可见,在勃艮第产区,最高两个级别的AOC都是针对葡萄园而言的,与酒庄没有一定的关系。

(二)波尔多产区——法国葡萄酒王后

1. 波尔多产区简介

波尔多产区(Bordeaux)的葡萄酒,口感柔顺,是女性化的葡萄酒,被称为"法国葡萄酒王后"。波尔多产区的气候和地理条件得天独厚:临大西洋,气候温和,土壤形态多,有吉伦特河流过,葡萄树在此生长最佳。

波尔多产区是全世界好葡萄酒的最大产区:葡萄种植面积10万公顷,年产8亿瓶葡萄酒,其中AOC级的好葡萄酒占总量的95%,占到了法国AOC级葡萄酒总产量的26.54%,是法国AOC级葡萄酒产量最多的葡萄酒产地。波尔多产区以红葡萄酒为主,其4/5的产量为红葡萄酒。

波尔多主要的葡萄品种有赤霞珠、梅洛、品丽珠、赛美容和长相思。波尔多葡萄酒几乎都是由多种葡萄品种混合酿制的。传统波尔多型红酒除了混合赤霞珠、梅洛和品丽珠三款主要葡萄品种外，还混合两种比例较少的葡萄品种——马尔贝克(Malbec)和小维多(Petit Verdot)。

2. 波尔多产区的区域细分

在法定的波尔多大产区名下，可细分为5大法定次产区。梅多克次产区(Medoc)或上梅多克(Haut Medoc)、格拉夫次产区(Graves)、布拉依与布尔次产区(Cotes De Balaye & Cotes de Bourg)、利布奈次产区(Libournais)、两海间次产区(Entre-Deux-Mers)。

整个的波尔多产区共有40多个AOC产区，知名度较高的如下：

(1)梅多克产区(Medoc)。位于波尔多左岸，波尔多市的北面。一般又将梅多克分成两个子产区，北部那个仍然称为梅多克，而南面的则是最为著名的被称为上梅多克(Haut Medoc)的产区。波尔多的红葡萄酒以梅多克的红酒为典型代表。这里所产的葡萄酒以赤霞珠为主，辅以梅洛和品丽珠，使酒的口感变得柔和。出自这里特等名酒庄的酒通常都需要存放10年以后才能开瓶享用。若条件合适，保存20年也没有问题；如果遇到好年份，酿成的酒则能保存半个世纪，甚至更久。

(2)格拉夫产区(Graves)。该产区也属于波尔多的左岸，位于波尔多市的南面。格拉夫产区是波尔多产区中唯一同时产上品红葡萄酒和白葡萄酒的产区。奥比昂酒庄在区内最为著名，也是唯一入选1855年梅多克产区酒庄分级的非梅多克产区酒庄。格拉夫产区的红葡萄酒以赤霞珠为主，混合梅洛和品丽珠酿制而成；其白葡萄酒则以赛美容为主，混合长相思酿制而成。

(3)苏甸和巴萨克(Sauternes & Barsac)。该产区在波尔多的左岸继续向南，在格拉夫产区的南端。这两个产区得天独厚的自然条件使葡萄在秋天成熟以后能被贵腐，酿成的美味浓郁的甜葡萄酒著称于世。苏甸和巴萨克在相当程度上成了贵腐甜葡萄酒的代名词。苏甸的伊甘酒庄(Chateau d'Yquem)酿造的白葡萄酒在世界上极为有名。

(4)圣艾米伦和波美洛(St. Emillion & Pomerol)。该产区位于波尔多右岸，仅出红葡萄酒，酿酒品种也和左岸使用的三大葡萄品种一样，但在比例结构上截然不同。右岸是多以梅洛为主，赤霞珠和品丽珠为辅。如圣艾米伦的白马酒庄(Ch. Cheval Blanc)出产的红酒，其品丽珠的比例达到了57%，梅洛占39%，而赤霞珠仅占几乎可以忽略的比例。

3. 波尔多葡萄酒的分级

1855年，法国国王拿破仑三世借世界万国博览会在巴黎举行的机会，为弘扬法国美酒文化，命令当时的波尔多商会将波尔多产区的葡萄酒进行等级评定，最终有57家(如今因为财产分割的问题，已经变成61家)红葡萄酒酒庄和1家白葡萄酒酒庄分成5级入围。这一等级划分在150年后的今天仍然左右着人们对于葡萄酒的取舍和认知。这一排名仅在1973年进行了微小的调整,将二级特等的木桐酒庄(CH. Mouton Rothschild)提升为一级特等(参见附录二——法国葡萄酒各产区等级表)。

需要注意的是,这份波尔多葡萄酒及波尔多优秀酒庄的说明是不完善的,该等级表以梅多克次产区的葡萄酒为主,梅拉夫次产区只有一款红葡萄酒入围,且名列5大顶级酒庄之列(因为 Chateau Haut-Brion Pessac 这款酒非常出色)。由于1855年的葡萄酒等级表中,格拉夫产区的葡萄酒庄未得到重视,因此在1953年,格拉夫次产区推出了自行评定的红、白葡萄酒表,但是未分级别,只是分别评出了较好的红白葡萄酒酒庄(参见附录二——法国葡萄酒各产区等级表)。1954年,圣一艾米伦次产区也将自己860公顷土地上的美酒进行了分级,并将顶级酒庄又分为A级和B级,其中,A级比B级酒质高很多(参见附录二——法国葡萄酒各产区等级表)。

4. 波尔多的“五大”和“八大”

通常所说的波尔多“五大”指的是在1855年评出的五大一级红葡萄酒酒庄,即:

(1)奥比昂酒庄(Haut-Brion),号称“格拉夫之王”,唯一非梅多克产区的顶级酒。

(2)拉斐酒庄(Lafite-Rochschild),1855年评级时列第一位。

(3)拉图酒庄(Latour),欧洲首富毕诺拥有的酒庄。

(4)玛歌酒庄(Margaux),胡锦涛主席访法时曾参观过该酒庄。

(5)木桐酒庄(Mouton-Rochschild),其酒标上的羊头图案很著名。

通常所说的波尔多“八大”指的是除1855年评级中五大红葡萄酒酒庄外,再加上当年评出来的唯一的一级甜白葡萄酒酒庄,以及未参评的右岸两家被业界公认水准不逊于“五大”的酒庄,加起来称为“八大”,这三个酒庄分别是:伊甘酒庄(Yquem),号称“天下第一酒庄”,其贵腐甜酒最为有名;白马酒庄(Cheval Blanc),右岸圣艾米伦酒区的两大酒庄之一;奥松酒庄(Ausone),右岸圣艾米伦酒区的两大酒庄之一。

(三)香槟产区

1. 香槟产区简介

(1)香槟产区(Champagne)的葡萄品种。香槟是法国境内地处最北端的葡萄酒产地,寒冷的气候使葡萄的成熟非常缓慢。整个香槟地区只种植三个葡萄品种:莫尼艾品乐、黑品乐和霞多丽。香槟酒通常是由这三个品种混合而成,也可以仅用其中的一个或两个来酿制。其中,黑品乐是酿造香槟酒的主要品种。

(2)香槟酒的等级。香槟酒没有像勃艮第那样的AOC支持,所有产于香槟地区的香槟酒在其酒标上都是仅以“香槟”标注,即香槟地区只有一个AOC,因此,在香槟酒酒标上也就省略了AOC这样的标注,这是法国葡萄酒产地中最为简单的AOC。

香槟酒本身没有法定的级别,是消费者对于品牌的共识形成了对香槟酒的

"等级划分"。每家香槟酒商都生产多个品牌的香槟酒,一般分为三个系列:

①精品级香槟酒(Prestige Cuvee):这是各家最好的招牌香槟酒。

②年份香槟酒:比例比较低,一般来说,每10年中,年份级香槟酒不会多于五次。

③无年份香槟酒:这是最普通的香槟酒。

由于酒商间在酿酒水平上存在或大或小的差异,因此特定酒商的无年份香槟酒可能比有的酒商所出的年份香槟酒还要昂贵。

(3)香槟酒的分类。

①依据甜度划分可分为以下几种:天然(Brut),含糖最少,酸;特干(Extra Sec),含糖次少,偏酸;干(Sec),含糖量居中,有点酸;半干(Demi-Sec),半甜半酸;甜(Doux)。

②依据其原料葡萄品种划分可分为以下两种:用白葡萄酿造的香槟酒——"白白香槟"(BLANC DE BLANC),此酒是100%使用霞多丽或以霞多丽为主酿制的香槟酒;用红葡萄酿造的香槟酒——"红白香槟"(BLANC DE NOIR),此酒是用黑品乐(Pinot Noir)和/或莫尼艾品乐(Pinot Meinurs)酿制的香槟酒。

2. 香槟产区的区域细分

在法定的香槟大产区名下,可细分为5大法定次产区。兰斯山次产区(Montagne de Reims)、白丘次产区(Cote de Blanc)、马恩河谷次产区(Vallee de la Marne)、赛萨讷丘次产区(Cote de Sezanne)、欧布维亚次产区(Aube Vineyards)。

香槟产区也有自己的分级表,香槟产区最好的酒村有17个,称"Grand CRU"(参见附录——法国葡萄酒各产区等级表)。另外有44个一级酒村,称为"Premier CRU"。

3. 香槟酒酒标

香槟酒酒标见图3-6。

有些香槟酒的酒标带有颜色标示,如玫瑰红香槟则会在酒标上标上"Rose"的字样,但是白香槟不标颜色。

(四)其他产区

1. 隆河谷

隆河谷(The Rhone Vally)位于法国东南部,分南北两个产区。北部产区以生产红酒为主,唯一的葡萄品种是著名的西拉,酿成的酒颜色深,单宁重,风味浓厚,适合久藏,这里生产的顶级西拉红酒现在完全能够与波尔多的顶级酒和勃艮第的顶级黑品乐酒相比,其中,贺米塔希所产的西拉酒的知名度使得贺米塔希在葡萄酒中已等同于西拉;南部产区也以红酒为主,葡萄品种以歌海娜、慕尔韦度和仙梭(Cinsaut)这三种红葡萄为主,且酒也是多数是混合不同葡萄品种来酿制的。北部著名的村镇级产区有贺米塔希(Hermitage)、克罗兹—贺米塔希(Crozes-Hermitage)和罗蒂丘(Cote Rotie);南部著名的村镇级产区是教皇新城(Chateauneuf du Pape)。

图 3－6　香槟酒酒标[1]

1—品牌名　2—酒商名　3—具体产地名。除了标明“法国生产”外，还会有酒商所在城镇的表示　4—多数香槟酒是无年份的，不过这瓶香槟是 1995 年生产的　5—香槟酒都会在酒标上标明干甜程度　6—葡萄品种标示。葡萄品种通常是不标的，但由特别品种酿成时会有些特别说明，如“Blanc de Blancs”　7—无特别的 AOC 表示，不过只要有香槟（Champagne）的字样就自动被认为是 AOC　8—生产者代码　9—容量　10—酒精含量

2. 阿尔萨斯

阿尔萨斯（Alsace）地处法国东北部，与德国莱茵隔河相望。阿尔萨斯在葡萄品种的栽培和酿酒风格上与德国更为接近。阿尔萨斯的葡萄品种以雷司令、琼瑶浆、白麝香和灰品乐为主，是阿尔萨斯的四大明星葡萄品种。阿尔萨斯基本上只生产白葡萄酒，除通常的干白之外，还生产两种不同甜度的甜白葡萄酒：一类是由自然高糖量的葡萄品种，或以迟采摘的方式来浓缩葡萄中的糖分和风味来酿制的甜白葡萄酒；另一类则是以贵腐的方式来酿制的甜白葡萄酒。所有这两类甜白葡萄酒都必须用前述的 4 种葡萄品种来酿制。阿尔萨斯葡萄酒的酒标上，葡萄品种也是 AOC 的组成部分。对于特等葡萄园 AOC 来讲，虽然葡萄品种不是 AOC 的组成部分，但是在酒标上仍然会标出葡萄品种，这在整个法国，唯阿尔萨斯特有。

---

❶ 郭征，《葡萄酒鉴赏宝典》，上海科学技术出版社，2005 年，P189。

第二节　意大利葡萄酒

一、意大利葡萄酒概述

意大利是世界最大的葡萄酒生产国,其出口量与法国同在世界前茅,产地面积仅次于西班牙。

意大利属地中海型的干热气候,适合葡萄生长,这一条件使意大利在葡萄酒产量方面可与法国一争高低。但由于历史文化上的原因,意大利葡萄酒的知名度却远不及法国,甚至在相当长的一段时间内,被认为是低档的葡萄酒。20世纪60年代,意大利对产区也运用了类似法国的法定产区管理法,引进大量的酿酒师及外国葡萄品种,大量减产,并以法国小橡木桶替换大型旧木槽来酿酒,显著提高了葡萄酒的质量,再加上较好的宣传和促销,意大利葡萄酒酒开始名声大振(意大利葡萄酒的年份表可参见附录四)。

意大利是世界上葡萄品种最多的国家之一,葡萄品种达几百种之多,但大多不为我们所熟悉,其中仅少数像桑娇维塞、内比奥罗、巴贝拉(Barbera)、白麝香、铁比亚诺(Trebbiano)等为外人所了解(意大利的葡萄品种可参见附录三)。

二、意大利葡萄酒的分级

意大利的葡萄酒也分四个等级:DOCG、DOC、IGT、VdT。

(一)DOCG

DOCG(Denominazione Di Origine Controllatae Garantita)即保证法定地区。1980年引进的控制保证级,仅授予最好的DOC产区,实施比DOC更严格的控制,以保证优质的DOC葡萄酒的可靠性。要求在指定区域内的生产者自愿地应用更严格的管理标准。无论在葡萄品种、采摘、酿造、陈年的时间、方式等方面都有严格管制,甚至有的还对葡萄树的树龄作出规定,葡萄酒要由专人试饮等。

DOCG等级是意大利葡萄酒的最高级别,比一般的AOC级别要高一个档次,相当于次产区的AOC级别。DOCG葡萄酒的瓶子上带有政府的质量印记(图3-7)。目前,意大利有21个DOCG级葡萄产区。

DOCG级别的葡萄酒,除了要满足当DOC级别葡萄酒的要求之外,还要符合下列规定:

(1)进入消费的葡萄酒基本是瓶装的,容器为5L以下的容量。

(2)每个瓶子都应该有国家的法定标识。在瓶颈处都有意大利政府认定的DOCG粉色封条。封条是按照产量配发给装瓶生产商的。

(3)要成为DOCG级葡萄酒产区,至少要有五年DOC级的经历。

(4)DOCG葡萄酒要经过两次品尝感受的检测,以确定其品质(DOC葡萄酒

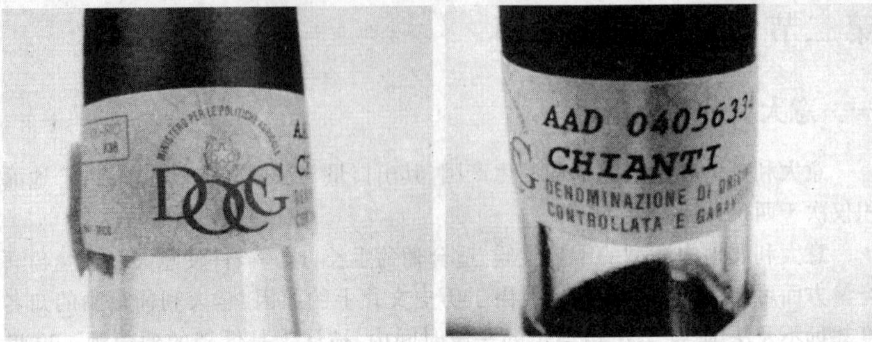

图 3－7　意大利葡萄酒的 DOCG 标志[1]

政府认定的 DOCG 标志为粉色，一侧有 DOCG 字样，另一侧是 DOCG 认定的产地名

进行一次品尝感受的检测）。

（二）DOC

DOC（Denominazione Di Origine Controllata）即法定地区。DOC 级别的葡萄酒要求种植者和生产者遵从以下规定：

（1）葡萄种植者必须按 DOC 酒法进行生产，即在指定的地区，使用指定的葡萄品种，按指定方法酿造及陈年。

（2）葡萄的产地应当遵守量化要求，葡萄到葡萄酒的产量应当在规定的数值之内。要向当地农业部门申报葡萄每公顷产量和总产量，如果这一数量超过了 DOC 酒法规定的最大允许量，此葡萄不能生产 DOC 酒，只能用于生产一般葡萄酒和蒸馏酒。

（3）葡萄酒的整个生产周期，从葡萄园到装进酒瓶，都要符合规定，按照规范行事。

DOC 等级相当于法国的法定产区酒的一般 AOC 等级。截至 2003 年底，意大利全国共有 300 个 DOC 级产区，主要覆盖传统的意大利葡萄产区。

DOCG 和 DOC 级别的葡萄酒约占意大利葡萄酒产量的 20%。另外需要说明的是，在意大利的 DOCG 和 DOC 中，针对特定葡萄种植区内的相同品种的葡萄酒间是无等级之分的，这一点与法国和德国是不同的。不过，意大利允许在酒标上标注各种不同的字样以对酒质进行特殊说明："Riserva"——特选，表示陈酿达到了法律规定的时间；"Riserva Speciale"——表示陈酿时间比法定时间长一年；"Stravecchio"——意为陈年老酒，极为罕见；"Superior"——优级，表示酒中的酒精含量比规定的最低要求要高；"Classico"——经典/传统，表示葡萄来自产

[1] 郭征，《葡萄酒鉴赏宝典》，上海科学技术出版社，2005 年，P122。

区中最好的地区，可用这些额外的标示以说明酒的特别之处。

（三）IGT

IGT（Indicazione Geografica Tipica）即特定地理标志。相当于法国的地区餐酒（Vins De Pays）。按规定IGT葡萄酒应使用产于特定地区的特定葡萄酿造，这一信息要在商标上注明，而且酿造IGT葡萄酒使用的在限定地区采摘的葡萄的比例至少要达到85%。

（四）VdT

VdT（Vino da Tavola）即佐餐葡萄酒。这是意大利产量最高、最大众化的葡萄酒，相当于法国的日常餐酒。在IGT酒法被采用前，适于所有的非DOC葡萄酒，泛指品质普通的葡萄酒，对葡萄的产地、酿造方式等规定得不是很严格。

需要说明的是，有些酿造精美的酒，由于所用的葡萄品种或酿酒方法不符合法律规定，未能获得较高的等级，但却在市场上深受消费者喜爱，售价也不低。

三、意大利葡萄酒的产区

意大利葡萄产区广布在全国各省，但通常将意大利分成北意大利、中意大利和南意大利。大致来说，在地图上用尺将地处西岸的海港城市热那亚（Genoa）和东侧的水城威尼斯连上后，连线以北就是北意大利产区；"连线"以南至罗马和那不勒斯的"中点"即是中意大利产区；再下面的区域就属南意大利。

（一）北意大利产区

在北意大利产区有六个省，葡萄酒产量为整个意大利的40%，且DOCG和DOC级的葡萄酒占全国的三分之二。

在北意大利诸多的葡萄酒产地中，以地处西北部的皮埃蒙特省（Piedmont）最为有名。皮埃蒙特与波尔多纬度相似，北纬45°线穿越省境。皮埃蒙特有7个DOCG产区，其出产的葡萄酒中84%属DOCG或DOC级。这里的葡萄品种除极为有名的内比奥罗外，其他主要红葡萄品种有巴贝拉和多尔塞托（Dolcetto），这里的葡萄酒基本都是由单品种葡萄酿制的。

境内的巴罗洛（Barolo）和巴巴瑞斯科（Barbaresco）两产区以出产顶级内比奥罗葡萄酒而享誉世界。由内比奥罗所酿成的葡萄酒，颜色深黑、单宁浓重、芳香复合、风味富有层次、耐存放、陈酿后口感圆润，是公认的佳酿。境内的阿斯蒂（Asti）产区则以气泡酒名扬世界，是除香槟外出产最好气泡酒的产区之一。这里的气泡酒是由白麝香酿制的，完全不同于香槟地区的葡萄品种。总之，皮埃蒙特是出产意大利顶级葡萄酒的故乡。

（二）中意大利产区

中意大利是典型的地中海型气候。这里种植最多的葡萄品种是铁比亚诺和桑娇维塞，前者被酿制成果香清淡、酸度高的白酒，后者则酿成色淡、单宁重的红酒。中意大利有产区有6个省,葡萄酒产量占整个意大利的20%,其中DOC和DOCG级的葡萄酒也占全国总产量的20%左右。

中意大利的各葡萄酒产地中,托斯卡纳(Toscana)是最具国际知名度的,可以说是意大利的葡萄酒之都。托斯卡纳现有6个DOCG产区,50%的酒属DOCG或DOC级。托斯卡纳的红酒主要以桑娇维塞为主,时常也混合些其他葡萄品种,甚至白葡萄品种。境内的奇安蒂(Chianti)产区是最佳产区,其知名度远在北意大利的巴罗洛和巴巴瑞斯科之上,成为意大利葡萄酒的象征。奇安蒂红酒的特点是,口感清淡、容易入口,适合趁新鲜时饮用,此酒与博若莱的佳美新酒有几分相似。不过,产于传统奇安蒂(Chianti Classico)区域的酒有所不同,那里的酒颜色较深,单宁也强劲,香气丰富雅致,口感厚重,能被陈酿。

蒙塔契奴(Montalcino)是托斯卡纳中的另一著名产区,尤以纯桑娇维塞酿制的红酒因酒质浓郁、耐久存而与巴罗洛的酒齐名。

(三)南意大利产区

阳光灿烂的气候使南意大利的葡萄酒要比其他两个产区的葡萄酒显得更加浓烈,酒精度数也高。南部意大利产区有6个省,葡萄酒产量占全国的40%,但DOCG和DOC级的葡萄酒仅占全国产量的13%~14%。总的说来,南意大利的葡萄酒比较普通,没什么知名度。不过从历史角度来讲,南意大利的葡萄种植史要比中意大利和北意大利悠久,是意大利葡萄酒的发祥地。

第三节 德国葡萄酒

一、德国葡萄酒概述

在德国,葡萄种植已有上千年历史,德国葡萄酒的生产量不是很大,大约是法国的十分之一,约占全世界生产量的3%。在如今人们普遍转向饮用红葡萄酒的时代,德国是少有的仍以出产白葡萄酒为主的国家。德国生产的葡萄酒大约有85%是白葡萄酒,类型非常丰富,从一般半甜型的清淡甜白葡萄酒到浓厚圆润的贵腐甜酒都有,另外还有制法独特的冰酒;其余的15%是玫瑰红酒、红酒及气泡酒。德国白葡萄酒有芬芳的果香及清爽的甜味,酒度低,特别适合不太能喝酒的人及刚开始喝酒者。

其特有的气候条件和土壤,许多名贵的葡萄品种,精心与完美的酿制方法以及严格的质量检验标准使德国葡萄酒独树一帜,在欧洲乃至世界上享有盛誉。德国是唯一以瓶中盛装的成品酒作为质量检测标准的国家。通常的做法是:所有成品酒装瓶后,生产者必须持样品和有关材料前往官方主管机构进行全面理化分析和感官测定;每种酒按照检查后所获评分得到相应可使用的酒标,同时官方颁发检测编号，贴上编号的瓶装葡萄酒才算得到进入市场的许可证，且所有的检测标准和程序都有案可查。

德国的葡萄酒产区分布在北纬纬度47°~52°，是全世界葡萄酒产区的最北限，虽然种植环境不佳，但凭着当地特有的风土和日耳曼人卓越的酿造技术，也酿造出了媲美法国的顶级葡萄酒，成为寒冷地区的葡萄酒典范。

德国葡萄酒有两大特色：第一，与其他国家的葡萄酒的显著区别是德国葡萄酒保持了天然的果味，因为所采收的葡萄通常保留十分之一不予发酵，直接做成葡萄汁存放在高压槽内，待装瓶时再掺入这些汁液。如此做出来的葡萄酒带有一股天然优雅的果香味，酒精含量低而酒味清醇，酸甜均衡适度，极适合初尝葡萄酒的人饮用。第二，由于气候寒冷，为了让葡萄充分成熟，一般采收时间较晚，以此酿成的葡萄酒具有一种新鲜活泼的酸味，有时还进行补糖工作。德国葡萄酒不论用作餐前醒胃还是佐以各款佳肴都堪称上品，因此成为本国及世界各地葡萄酒爱好者喜爱的佳酿。

德国葡萄酒之所以被誉为酒中上品，得益于出产名种葡萄。在众多的德国葡萄品种中雷司令是最有特色的，也最为驰名。德国是莱茵雷司令葡萄的故乡。它可以被酿制成干白、半甜、贵腐甜葡萄酒以及冰酒。用雷司令酿成的葡萄酒，酒香馥郁，果香扑鼻，口感清爽，有桃子的果香，酒质经过蕴藏后更能充分发挥。雷司令今天已经成为有着丰富特性的高雅葡萄酒的代名词。另一个重要的并被大量种植的是米勒—杜高（Muller-Thurgau），是人工嫁接的葡萄品种，有一半雷司令的血统，但是在个性上不如雷司令。雷司令和米勒—杜高这两个白葡萄品种的种植面积占了全德国葡萄种植面积的45%。德国红葡萄种植区较少，主要红葡萄品种是黑品乐、托林格（Trollinger）和莫尼艾品乐。

德国的葡萄酒著名产区主要为莱茵地区（Rhein）及其支流摩塞尔河地区（Mosel-Saar-Ruhr）。摩塞尔酒的酒瓶是绿色的，而莱茵酒的酒瓶是茶色的。从口味上来讲，莱茵酒的口味更浓郁。

二、德国葡萄酒的分级

德国于1971年对葡萄酒的分类进行了立法，将葡萄酒分成4个等级：QmP、QbA、Landwein和Tafewein。

（一）QmP

QmP（Qualitatswein mit Pradikat）即谓称特性品质的葡萄酒，或优质高级葡萄酒，类似法国的AOC，有时简写为“Pradikat”。这是最高级别的德国葡萄酒，占总产量的30%。严格的规定包括：特定的产酒区域，相应的生产条件，特选的葡萄品种，对采摘时间、方式和产量也有严格规定，视葡萄成熟程度的不同又细分为6种“谓称特性”，这些特性须在酒标上标出。

1. 头等酒

头等酒(Kabinett)的原料是按通常收获期采摘的成熟葡萄,其酿成的酒属干酒,酒精度数也较低,是典型的德国干葡萄酒。

2. 迟摘

迟摘(Spatlese)即待葡萄成熟后,过段时间再采摘,一般要求比正常采摘期推迟7天以上,使葡萄出现过熟。以迟摘葡萄酿成的葡萄酒通常仍属干酒,酒精含量比头等酒要高。在酒标上标明"Trocken"(干),如果酒标上没写"Trocken",则是款略带甜味的半干酒。

3. 精选

精选(Auslese)级葡萄酒所采用葡萄比"迟摘"更晚采摘,仅从葡萄树上采摘已充分成熟的葡萄串,在酿制此酒时要求必须用手工采摘并由精心优选的葡萄来酿制。此类酒可酿成半甜的酒,也可仍酿成干酒。如酿成干酒,则酒度较高,风味浓郁,回味时间长,并会在酒标上标明"Trocken"(干),如酒标上没写"Trocken",则酒中留有未完全发酵的糖分。

4. 逐粒精选

逐粒精选(Beerenauslese,BA)级葡萄酒所采用的葡萄仅从葡萄串上采摘熟透的葡萄粒。其与"精选"的差异在于葡萄更成熟,糖分更高,此类葡萄只被用来酿制甜酒。其酒色泽金黄,口味香甜,贮藏期可达10年以上。

5. 枯粒精选

枯粒精选(Trockenbeerenauslese,TBA)级葡萄酒即葡萄感染上贵腐菌后,从葡萄串上挑选已被贵腐的近似于葡萄干的葡萄果实,经逐粒精选后酿成的酒,此类酒属甜酒。前缀"Trocken"不是指酒的干性,而是指葡萄因贵腐所呈现的"干枯"。酿成的酒具有蜂蜜般的醇香,贮藏期长达数十年。

6. 冰酒

德国是冰酒(Eiswein)的发源地。没有染贵腐菌的葡萄一直保留在葡萄树上,直到天气转冷结冻后再采摘,一般在-7~-12℃逐粒采摘,并在结冰状态下进行榨汁。冰酒属甜酒。

葡萄越迟摘,葡萄果实中的水分蒸发得越多,葡萄果实中所含的糖分和其他成分就越浓缩,酿成的酒通常也就越甜,口味也越浓。但并非都是如此,有时"精选"级的酒仍会是干的,但从BA级起葡萄酒都是甜的。

(二)QbA(Qualitatswein bestimmter Anbaugebbiete)

QbA即特定产区品质葡萄酒或高级葡萄酒。高级葡萄酒占德国总产量的50%,这类酒所使用的葡萄必须百分之百产自某一特定区域,并直接在该产区酿造,这类酒必须来自德国13个产地(Gebiet),通常在酒标上写成"Qualitatswein"或"Qualitatswein bA"。

（三）Landwein

Landwein 即地区葡萄酒，类似法国的地区餐酒。这是德国自 1982 年才从 Tafewein 级中分离出来的新评定的一个等级，产量占德国总产量的 10% 以上，全德国有 17 个 Land 产区可生产此等葡萄酒。这种酒的生产程序和口味也有严格标准：必须是干型或半干型。

（四）Tafewein

Tafewein 即佐餐酒，类似法国的日常餐酒。这是德国最大众化的葡萄酒，其产量不到德国总产量的 10%。德国规定这类酒的产地只能是德国本土的葡萄庄园，葡萄品种也必须得到德国主管部门的认可。这类酒大多口味清新，适宜新鲜时饮用。

三、德国葡萄酒产区

德国葡萄园主要集中在西南部，在法兰克福和波恩以南，纽伦堡以西。主要的葡萄酒产地有 11 个：阿尔（Ahr）、中部莱茵（Mittelrhein）、摩塞尔—萨尔—鲁尔（Mosel-Saar-Ruhr）、纳赫（Nahe）、莱茵（Rhein）［莱茵又分为莱茵高（Rheingau）、莱茵黑森（Rheinhessen）和莱茵法兹（Rheinpfalz）三个产区］、海西榭—贝格斯塔赛（Hessische-Bergstrasse）、巴登（Baden）、乌腾堡（Wurttemberg）和法兰肯（Franken）。另外，在莱比锡附近还有两块小葡萄产地（原东德境内）。在这些产地中以摩塞尔河两侧的摩塞尔—萨尔—鲁尔（Mosel-Saar-Ruhr）和莱茵高（Rheingau）两个产地最为有名。

（一）摩塞尔—萨尔—鲁尔

摩塞尔—萨尔—鲁尔（Mosel-Saar-Ruhr）是被世界公认的德国最好的白葡萄酒产区之一，一般简单以摩塞尔（Mosel）称之。整个地区的葡萄园面积有 12000 多公顷，其中 54% 的面积种植贵族品种雷司令（Riesling），22% 种植米勒—杜高（Muller－Thurgau）。

在摩塞尔地区，萨尔河两岸的气候条件最为恶劣，但是这里却有最为精美也是最为昂贵的德国葡萄酒厂家依冈米勒（Egon Muller）。摩塞尔的白葡萄酒精致优雅，一般装在绿色的直型瓶子里，酒精度很少超过 10°，一般为 7.5°～8°。

此产区酿制的雷司令葡萄酒，拥有一种独特的烟熏味，相较于莱茵高葡萄酒，有着较爽朗的口感和清新的酸味。

（二）莱茵地区

1. 莱茵高

莱茵高（Rheingau）地区葡萄园面积不大，只有 3000 多公顷，但这里却出产世界级的葡萄酒。莱茵高地区内只有一个子产区——“约翰山”（Johannisberg），这里被认为是真正的雷司令的老家。在美国，很多雷司令葡萄酒的标签上都会使用“约翰山雷司令（Johnannisberg Riesling）”的名称来证明其是正宗的雷司令品种。全区还分为 10 个酒村和 119 个单一葡萄园。葡萄园面积的 81% 种植的是雷司令品种。

相比摩塞尔的白葡萄酒而言，莱茵高的白葡萄酒不论是颜色、香气、口感还是酒体都更重。莱茵高葡萄酒装在棕色的直型瓶子里。

2. 法兹

法兹(Pfalz)也被称作“莱茵法兹(Rheinpfalz)”，Pfalz 原为“宫殿”的意思，因古罗马皇帝奥古斯都在此建行宫而得名。葡萄园面积达 23000 多公顷，是德国第二大葡萄产区。这里葡萄种植的品种比较丰富，所产 77% 为白葡萄酒，其中雷司令和米勒—杜高的种植面积各占 21%。

最好的法兹酒来自该地区的北部那些种植雷司令和米勒—杜高的葡萄园。而南部则大量种植赛尔维纳(Silvaner)等品种，生产大量质量平平的葡萄酒。

3. 莱茵黑森

莱茵黑森(Rheinhessen)是德国最大的葡萄酒产区，葡萄园的面积有 26000 多公顷。其中 23% 种植米勒—杜高，13% 种植赛尔维纳，9% 种植雷司令。

莱茵黑森地区多数是富饶而平坦的土地，但出产的多是质量平平的酒，其中最具代表性的就是“圣母之奶”(Liebfraumilch)。

第四节　其他国家的葡萄酒

一、西班牙

西班牙的葡萄种植面积达 118 万公顷，为世界第一，但其葡萄酒的产量却排在法国和意大利之后，居世界第三。在西班牙栽种有数以百计的葡萄品种，但真正为世人所了解的主要是歌海娜和天帕尼洛(Tempranillo)这两个红葡萄品种。

(一)西班牙葡萄酒分级

西班牙的葡萄酒分为 4 等，由西班牙国家产区管制单位(INDO)负责监管。这 4 等分别为：

DOC(Denominacion de Origen Calificada)，1991 年引入，仅一个产区——里奥哈(La Rioja)；DO(Denominacion de Origen)，类似法国的 AOC；Vino de la Tierra，类似法国的地区餐酒；Vino de Mesa，这是等级最低的葡萄酒，类似法国的日常餐酒，主要是上述三类产区的葡萄酒中因品质达不到控制要求而被降级的酒，或来自不属上述三类产区的葡萄酒，或混合完全不同产区的葡萄酿成的酒。

(二)西班牙葡萄酒产地

西班牙大陆是个半岛，气候比德国和法国炎热，白葡萄品种占了葡萄园的 60%。西班牙几乎全国各地都生产葡萄酒，以里奥哈、安达鲁西亚、加泰隆尼亚三地最为有名。

西班牙最出名的葡萄酒产地是境内北部的里奥哈。这一产地又分成两部分:北部高地为上里奥哈,其葡萄酒由天帕尼洛品种酿制,果味浓、结构精细;东部地势较低为下里奥哈,气候炎热,以歌海娜品种为主,酒色淡,口味浓烈。

西班牙的里奥哈红酒,品质可堪比法国葡萄酒,但在价格上要更为合理。

二、美国

美国为新兴葡萄酒大国。最早酿酒始自16世纪中叶,近30年来迅速成为优良葡萄酒的生产国。今天美国葡萄酒在国际上的知名度从某种意义上来讲已超过了意大利,来自加州的顶级红酒已跻身世界名酒俱乐部。

90%的美国葡萄酒在加州酿造,主要产区为纳帕山谷(Napa Valley)、索诺马山谷(Sonoma Valley)和俄罗斯河谷(Russian River Valley)。

美国的葡萄酒品种非常多样化,从日常饮用的餐酒,到高级葡萄酒都有。主要葡萄品种为赤霞珠和霞多丽,金粉黛是美国自己培育的品种。

(一)美国葡萄酒产区体系

在美国虽有葡萄产区体系(AVAs——American Viticultural Areas),但这一体系并不像欧洲葡萄酒国家那样具法定产区控制的含义。美国的葡萄产区只具地理上的分界意义,并不表明葡萄酒的地域特征和质量保证,即仅对区域边界有限定,而葡萄品种、产量和酿制技术没有限定。如加州纳帕谷(Napa Valley)的赤霞珠是最著名的,如果是在法国,则就只有赤霞珠酿成的酒才可冠以“纳帕谷”产区名。但在美国只要是种植于纳帕谷范围内的葡萄,不论什么品种酿制的葡萄酒都可以在酒标上写上“纳帕谷”。实际上其规定要更为宽松:只要85%以上的葡萄来自纳帕谷,在产地栏上就可标以“纳帕谷”。

(二)美国葡萄酒产地

美国几乎每个州都或多或少有葡萄园,但绝大多数的州都处在起步阶段。美国95%的葡萄酒来自其中的4个州:加州、纽约州、华盛顿州和俄勒冈州。除纽约州在东海岸外,其他3个州均在太平洋的西海岸,其中加州又以占美国葡萄酒产量的91%、美国市场葡萄酒销量的72%、美国葡萄酒出口量的98%等一系列高比例数据而独占鳌头。并且加州葡萄酒的质量也属上乘,因此就葡萄酒而言,加州实际上可以代表美国。加州最主要的葡萄园在太平洋沿岸一带,即旧金山南北两侧的地带。从洛杉矶以北的圣巴巴拉(St Barbara)到旧金山南面是加州的中部海岸产区,旧金山的北面则是加州北海岸产区。加州最受瞩目的产区位于北海岸产区中的纳帕县(Napa County)和索诺马县(Sonoma County)。这两个县都在旧金山的北面,而且是东西接壤、平行排列的,只是索诺马在纳帕的西面,更靠近太平洋。

1. 索诺马县

索诺马县西北—东南走向,受旧金山湾的海风影响,气候呈南冷北热现象。

索诺马的葡萄园面积约1.5万公顷，酿酒厂约160家。主要的葡萄品种以白葡萄品种中的霞多丽、长相思、白诗南、哥伦巴（Colomband）、琼瑶浆以及红葡萄品种中的赤霞珠、增芳德、黑品乐、梅洛为主。境内著名的产区有索诺马谷（Sonoma Valley）、俄罗斯河谷（Russian River Valley）、亚历山大谷（Alexander Valley）以及著名的增芳德产区干溪谷（Creek Valley）。

2. 纳帕县

纳帕县也是西北—东南走向，同样是南冷北热。从行政面积上来讲，纳帕县只有索诺马县的一半，但境内葡萄园面积却是索诺马县的一倍，达3万公顷。其葡萄种植面积虽仅为加州葡萄园面积的十分之一，但酿酒厂商却占了加州的三分之一，有250家之多。在纳帕县中以纳帕谷最为突出，已成为美国高档葡萄酒的生产基地，知名酒厂非常集中。葡萄品种中的赤霞珠、霞多丽为其主要品种。

加州的葡萄酒特点为：第一，大部分葡萄酒都是由单一葡萄品种酿造的，以充分体现葡萄品种的魅力；第二，一个葡萄酒酿造厂不仅仅出一个品牌的葡萄酒，而是一个系列的葡萄酒，红、白葡萄酒都出，不同品种的葡萄酒都有。在法国选酒认准酒庄（园）和葡萄园即可（香槟酒例外），酒庄（园）和葡萄园的名字涵盖了多个因素（产地、品种、风格和质量）；而在加州，酒厂只是作决定的一个依据，关键是品牌。

三、澳大利亚

澳大利亚是个年轻并正在飞速成长的葡萄酒生产国，与美国并称两大新兴葡萄酒国。澳大利亚不论在气候或土壤条件上，都很适合栽种葡萄。从公元1788年最早一批移民来到澳洲，即开始酿造葡萄酒。在英殖民地时期，生产主力是雪莉和波特。1950年以后，则以无气泡葡萄酒为主。澳大利亚葡萄酒出口量持续增长，在2003成为为世界第四大葡萄酒出口国。澳大利亚葡萄酒业的快速发展和出口业绩使澳大利亚葡萄酒在国际上的知名度有超越美国之势。

澳大利亚最具代表性的葡萄酒产地有南澳大利亚、新南威尔士，及维多利亚州。由于澳大利亚地处南半球，所以大约5月份左右便可以喝到新酒，可以说是全世界最早上市的新酒。

（一）澳大利亚葡萄酒的地理标志

澳大利亚葡萄酒不仅没有欧洲的法定产区控制体制，也没有美国的葡萄产区体系。澳大利亚的葡萄产地是个较模糊的概念，产地的面积会随葡萄种植范围的发展而变化。澳大利亚幅员辽阔，有几十个产地，彼此空间距离相差甚远，产地间不会混淆。

澳大利亚正在建立一套适合自己需要的产区管理体制，称为地理标志（Geographical Indications，简称GI）。这一体制类似美国的AVAs，对产地的边界做出明确的规定，但在葡萄栽种和酿酒工艺上有较大的自由度，体系参照了至少

85%的葡萄来自特定产区的产区命名控制法。设计中的体系分4级:州(特区)级GI,以澳大利亚8个州和特区的行政区域为单位,如南澳洲GI;产地级GI,如南澳洲中的勃罗萨产地GI;产区级GI,如勃罗萨产地中的伊甸谷产区GI;子产区级GI,如伊甸谷产区下的上伊甸子产区GI。

(二)澳大利亚葡萄酒的分级

目前,澳大利亚使用的是一个建立于1991年的民间葡萄酒分级体系——兰顿(Langton)澳洲葡萄酒分级。1991年兰顿葡萄酒拍卖行将当时澳大利亚最好的34种品牌葡萄酒分成3个档次;1996年作了修订,等级由3个档次变成了4个档次;2000年又公布了其第三次分级,这次共有89个品牌的葡萄酒入选,仍分为4个档次,一等(Exceptional)7个品牌,二等(Outstanding)24个品牌,三等(Excellent)29个品牌,四等(Distinguished)29个品牌。此分级体系已成为澳大利亚葡萄酒拍卖市场的标尺。

兰顿分级既不是针对葡萄园的,也不是针对酒厂的,而是针对某一特定品牌葡萄酒的。因此,著名的酒厂会有多个品牌的葡萄酒入围,像潘福茨(Penfolds)公司有5个品牌的葡萄酒入选,其中有两个还被同列为一等("农庄"和"Bin707")。

入选兰顿分级体系的一个条件是此品牌葡萄酒至少已有生产12个葡萄年(每一个葡萄丰收年,称为一个葡萄年)的产品历史,若想跻身一等行列,则至少要有生产15个葡萄年的产品历史。因此今天仍有许多非常好的葡萄酒因不符合这条要求而被拒之于兰顿分级体系之外。但是,兰顿分级体系仅是一家之言,既不具法定意义,也不属官方或半官方性质,因此在葡萄酒的酒标上不准印有与此有关的标志。

(三)澳大利亚葡萄酒产地

澳大利亚全国分成8个州和特别行政区(领地),葡萄园主要分布在南部,以新南威尔士州、维多利亚州、塔斯马尼亚州、南澳州和西澳州的葡萄园较为有名。澳大利亚不同产区的葡萄酒在风格上存在较为明显的差异。从澳大利亚最西部的玛格丽特河(Margaret River)产区到最东部的猎人谷(Hunter Valley)产区,有人做过这样的比喻,其差异如同从雪莉酒、波特酒、波尔多酒、勃艮第酒、托斯卡纳酒到莱茵酒、贵腐甜酒的差别。

1. 新南威尔士州

新南威尔士州(简称新州)在澳大利亚的东南部,是英国人最先登陆的地方。据记载,在1788年第一艘载着囚犯的船上,葡萄树也是所搭载的物品之一。2001年新州葡萄园面积34559公顷,占澳大利亚葡萄园面积的23.3%;葡萄酒产量占30.2%。澳大利亚第一个具商业意图和规模的葡萄园是在19世纪20年代建于悉尼以西100多千米处的猎人谷。今天,猎人谷已成为澳大利亚最著名的葡萄酒产地之一,同时又是上档次葡萄酒的产地。猎人谷的海拔高度为75~250m,属炎热型气候;葡萄品种以赤霞珠和赛美容最具特色。

2. 维多利亚州

维多利亚州(简称维省)地处澳大利亚大陆的东南角,在新州的南部。维省2001年葡萄园面积约为36940公顷,占澳大利亚葡萄园面积的24.9%,葡萄酒产量占15.4%。维省的著名葡萄园是雅拉谷(Yarra Vailey),建于1838年,海拔高度为50~400m,属温冷型气候。最好的葡萄品种是赤霞珠和黑品乐。

3. 塔斯马尼亚州

塔斯马尼亚州是与澳大利亚大陆相分离的岛,位于维省的下部。2001年葡萄园面积925公顷,仅占澳大利亚葡萄园面积的0.6%;葡萄酒产量占不到0.2%,但酒厂却占到了8%。该岛目前葡萄酒的产量较少,但是有较好的发展前景,一是因为该岛地处澳大利亚的最南端,寒冷的气候更适合雷司令和黑品乐等喜冷品种的生长,二是因为这里云集了许多小的新兴酒厂。

3. 南澳州

南澳州(简称南澳)在维省的西面。2001年葡萄园面积约为62164公顷,占澳大利亚葡萄园面积的41.9%,葡萄酒产量占50.6%。其葡萄园主要分布在州府阿得雷德周围和以东的区域。阿得雷德被称为澳大利亚葡萄酒之都,这里名园林立,如果看到笼统地介绍澳大利亚葡萄收成年份的评分,一般都是指这里。正是这个原因,所以一般不能以此来推断其他葡萄产地的收成,之间的差异之大如同拿着波尔多的年份表对托斯卡纳葡萄酒作评定一样。

这里最具国际知名度的产地有两个,距阿得雷德东北1h车程的勃罗萨(Barossa)和在阿得雷德东南360km处的库纳瓦拉(Coonawarra)。前者初建于19世纪30年代,海拔高度270m,属温带型气候,最好的品种是西拉,其特性能与原产地法国隆河谷的葡萄品种相抗衡。澳大利亚顶级的西拉酒都出自勃罗萨。库纳瓦拉建立的时间稍晚,在19世纪末,产区非常狭小,长约20km,宽仅1.5km,呈南北走向,海拔高度60m,属温冷型气候。这里的名品是赤霞珠,是出产澳大利亚顶级和一流赤霞珠的两个产区之一。

4. 西澳州

西澳州(简称西澳)在南澳的西面。西澳洲占澳大利亚国土面积的三分之一,但其葡萄酒种植面积却不大,在2001年是10917公顷,占澳大利亚葡萄总种植面积的7.4%,葡萄酒产量仅占3.6%。西澳最早的葡萄园建于19世纪40年代,但直到20世纪80年代,玛格丽特河产区出现后,西澳的葡萄酒才逐步被人认识。

玛格丽特河产区内的玛格丽特河是条仅几米宽的小河溪。第一块葡萄园建于1967年,是个非常年轻的葡萄酒产区。玛格丽特河产区的葡萄酒产量虽然仅占澳大利亚的1%,但其所产的优质葡萄酒却占澳大利亚优质葡萄酒的20%。这里的名种是赤霞珠和霞多丽。玛格丽特河的赤霞珠酒在风味的丰富性上不如库纳瓦拉,但在酒的结构和层次上比库纳瓦拉更致密和细腻。雪松和桂皮的芳香、纯正的果香、恰到好处的单宁和酸度，所有这些都使玛格丽特河的赤霞珠酒具有一流和顶级的特征。玛格丽特河的葡萄成熟后通常具有较好的单宁和酸度，这一特性与澳大利亚其他产区普遍存在的酸度不足形成了对比。

四、其他较有特色的生产葡萄酒的国家和地区

(一)葡萄牙葡萄酒

葡萄牙是个老牌的葡萄种植国，独有的葡萄品种不下百种。葡萄牙的葡萄种植面积与西班牙、法国和意大利相比是比较少的。葡萄牙红酒的特点是口味强劲，酒精度高，单宁的含量也高；白葡萄酒的口味则比较清淡，酸度高。

葡萄牙的葡萄酒分成以下4等：DOC(Denominacao de Origem Controlada)，类似法国的AOC；IPR(Indicca de Proveniencia Regulamentada)，类似法国的VDQS；Vinho Regional，相当于法国的地区餐酒；Vinho de Mesa，最低档的葡萄酒，类似法国的日常餐酒。

(二)智利葡萄酒

智利是世界上少有的没受根瘤蚜虫伤害的重要葡萄酒生产国，南美洲的第二大产酒国，产量仅次于阿根廷，但出口遥遥领先，其生产的葡萄酒一半以上用于出口。除殖民时期引入的西班牙葡萄品种外，当今国际流行的葡萄品种赤霞珠、梅洛、黑品乐、霞多丽、长相思、赛美容等也都栽种。智利葡萄种植的最大特点是人工灌溉。为提升葡萄酒品质，智利本土的酿酒厂也征募法国的酿酒师，以及来自澳大利亚、新西兰、美国加州的“飞行酿酒师”来指导酿酒。

(三)阿根廷

阿根廷是南美洲第一大葡萄酒生产国，其第一块葡萄园建于16世纪中叶。阿根廷葡萄酒的产量比较大，但由于阿根廷的人均葡萄酒消费量非常高，因此，其葡萄酒产量的绝大比例在国内市场被消耗，出口量极少。阿根廷主要生产普通的红酒，以满足国内消费。在法国波尔多当小配角的马尔贝克葡萄品种被用来酿制最具阿根廷特色的葡萄酒，所酿成的酒结构好，颜色深，富含黑加仑子和辛香风味。

阿根廷葡萄酒的生产受西班牙和意大利影响较为深远，最有系统的葡萄园和酒厂均是由该两国的移民后裔设立的。

(四)南非

南非有300多年的酿酒历史，1652年，欧洲人在好望角建立东印度公司后不久便在南非种植了葡萄。由于葡萄种植季节较早，南非新酒上架的时间要比欧洲早6个月。品乐塔吉(Pinotage)是南非最有名的酿酒葡萄品种，它是南非自己培育的、让南非骄傲的、独特的酿酒葡萄品种。南非种植最多的葡萄品种是白诗南，而且也是少有的白葡萄酒产量高于红葡萄酒的国家。

(五)新西兰

1819年第一株葡萄树在新西兰落地生根。20世纪70年代前，以出产酒精

强化型葡萄酒中的雪莉酒和波特酒为主。新西兰的主要葡萄品种有霞多丽、长相思、赤霞珠、黑品乐和梅洛。新西兰是南半球纬度最高的葡萄酒产地,相对偏冷的气候条件非常适合长相思和黑品乐的生长。现在,新西兰的长相思白葡萄酒已相当有特色,黑品乐红葡萄酒也在国际市场上崭露头角。

(六)加拿大

加拿大所处的纬度其实已不适合葡萄的生长和成熟。加拿大全国仅在南部靠美国一侧的4个省有葡萄种植。但近年来,加拿大却独树一帜地以出产具有浓烈风味的冰酒而备受关注,成为世界稀有冰酒的最大出产地。

另外,瑞士和奥地利这两个国家的酿酒风格与德国比较接近,尤其是奥地利连分级都类似德国。

从地理位置上看,亚洲有相当大的区域落在了适宜葡萄生长的纬度带内。但事实上,到目前为止,亚洲葡萄酒的生产几乎都是乏善可陈,尽管亚洲的印度、中国和日本也种植葡萄,并出些葡萄酒,但与国际水准相比,仍有很大的差距。因此,并没真正引起国际社会的兴趣和关注。

◎本章小结

1. 法国是世界上著名的红葡萄酒生产国之一,其波尔多和勃艮第两个地区成为优质红葡萄酒的代名词,香槟酒则是世界上最为优秀的气泡葡萄酒。

2. 意大利红葡萄酒相对于法国葡萄酒,更体现了物美价廉的特点。

3. 德国以生产白葡萄酒而著称于世。

4. 西班牙、葡萄牙、美国加州、澳大利亚以各自具有特色的葡萄酒在葡萄酒世界占有重要的一席之地。

◎思考与练习

1. 简述酒水的概念及波尔多产区的主要葡萄酒品种。
2. 简述波尔多的“五大酒庄”和“八大酒庄”。
3. 简述勃艮第产区的主要葡萄酒品种。
4. 简述意大利葡萄酒的分级和知名产区。
5. 简述德国葡萄酒的分级和主要产区。
6. 简述美国葡萄酒的产区体系及主要产地。
7. 简述澳大利亚葡萄酒的地理标志、分级及主要产地。

◎实践作业

法国各级葡萄酒酒标的识别。

方式:准备法国四个级别葡萄酒的酒标以及香槟酒酒标,在教师的指导下,熟悉基本的葡萄酒酒标。

发酵酒知识

第四章 啤酒、黄酒和清酒

本章内容： 啤酒

黄酒

清酒

教学要求： 1.简单介绍啤酒的生产工艺，重点讲解啤酒的分类和啤酒的著名品牌。

2.介绍黄酒的分类及分类的根据，在讲授黄酒的酿造时，重点讲授绍兴黄酒之所以优质的要素。

3.要求学生了解清酒的分类及主要品牌。

4.使用实践操作的方式，教授学生啤酒、黄酒和清酒的饮用与服务。要求学生能够正确地提供服务操作。

教学课时： 4 课时

第一节 啤酒

啤酒是以麦芽为主要原料,添加酒花,经酵母发酵酿制而成的,是一种含有二氧化碳的、起泡、低酒精度的饮料酒。啤酒的酒精含量一般不超过4%。“啤酒”的名称是由外文音译过来的,如德国、荷兰称“Bier”;英国称“Beer”;罗马尼亚称“Berea”等。因为啤酒以大麦芽为主要原料,所以日本人也称啤酒为“麦酒”。

一、啤酒的起源与发展

国外学者认为啤酒的酿造,始于公元前8000~前6000年的某个时期,因为根据考古发现,古巴比伦王国有将啤酒作为献祭品的记载。很长的一段时间内,啤酒都是在家庭作坊内手工酿制的,生产技术和酿造设备都很落后,生产的酒液都是浑浊的,制成的酒无法久藏。直到公元8世纪,德国人首创加入啤酒花来酿制啤酒,酒花给啤酒带上了清爽的苦味和芬芳的香味,并使得酒液变得澄清,这对世界啤酒酿造业是一个巨大的贡献。到了16世纪的时候,亚历山大·诺威(Alexander Nowell)博士第一个把啤酒装入玻璃瓶中,并用软木塞封口,被誉为“瓶装啤酒之父”,1860年,法国科学家路易斯、巴斯德(Louis Pasteur)研究出了“巴氏灭菌法”,解决了防止酒液变质的技术,使啤酒的保质期得以延长。新技术的不断应用,使啤酒的工业化、科学化生产成为现实,经过漫长的历史积淀,啤酒形成了现在的美味口感,以及在全世界巨大的销量。

如今,啤酒是世界上产量最多、分布最广的酒精饮料。如今,世界啤酒大国以西欧和北美等主要生产大国为主。啤酒生产国中较为引人注目的有比利时、德国、荷兰、捷克斯洛伐克、英国、丹麦、爱尔兰、法国、瑞士、奥地利、美国、加拿大、墨西哥、古巴、日本、中国等。在这些国家中,啤酒产量最大的国家是德国,中国其次,而世界上啤酒产量最大的企业来自于美国——百威。

二、啤酒的生产工艺

(一)生产原料

1. 大麦

大麦(Malt)是啤酒的主要原料之一。在选麦的过程当中,要求大麦颗粒肥大,淀粉丰富,发芽力强,具有新鲜的麦秆香,咀嚼时要有淀粉味,淀粉含量要在60%以上(越多越好)。酿造啤酒时通常是选用二棱或六棱的大麦,将大麦发芽,然后制成“麦芽浆”,以备酿造。

2. 酿造用水

在啤酒中,水占到成品的90%~95%,对啤酒的口味和酿造过程有着极大的影响。因此,啤酒酿造用水相对于其他酒类酿造要求要高得多。水中六大主要的盐对啤酒的质量有不同的作用:碳酸氢盐的高低会影响麦芽汁的酸性;钠盐是赋予啤酒浓郁、厚泽的物质;氯化物能使麦芽挥发出甜度,提高口感和柔和度;硫酸盐影响着酒花的滋味;钙盐可以在啤酒酿造的沸腾阶段引起蛋白质沉淀;镁盐对啤酒酵母起着滋养的作用。

3. 啤酒花

啤酒花(Hops),又称蛇麻草,是啤酒生产中不可缺少的原料。啤酒花本身含有丰富的苦味质、单宁以及酒花油,其中,苦味质含量占到4%左右,形成酒液中清爽的淡苦味,它还可以防止啤酒中腐败菌的繁殖,杀死啤酒发酵中产生的乳酸菌和醋酸菌以及增加啤酒泡沫的持久性。单宁含量约占啤酒花的13%,它使麦汁中的蛋白质沉淀,起到净化的作用。酒花油是芳香油的混合物,在啤酒花中的含量只有0.3% ~1%。

4. 酵母

酵母(Yeast)的种类很多,啤酒发酵需要用专用的啤酒酵母。啤酒酵母的作用是把麦芽糖转化成酒精、二氧化碳和其他副产品。它又可以分为上发酵酵母和下发酵酵母两种。上发酵酵母应用于上发酵啤酒的发酵,发酵时产生的二氧化碳和泡沫将酵母漂浮于液面,最适宜的发酵温度为10 ~25℃,发酵期为5 ~7天。下发酵酵母应用于下发酵啤酒的发酵,发酵时悬浮于发酵液中,发酵终结后凝聚沉于底部,发酵温度为5 ~10℃,发酵期为6 ~12 天。这两种酵母没有优劣之分,被发酵的啤酒在口味、酒体和酒香上各有千秋。

(二)啤酒的生产过程

啤酒的生产过程可以分为以下几个步骤。

1. 选麦及发芽

按照一定的标准选择优质的大麦,并按颗粒大小分类清洗。然后将大麦浸泡3 天,送发芽室发芽,经过严格的温度控制和湿度控制,便可生长出麦芽。到麦芽产生的淀粉酶达到要求的量,大约需要1 周的时间。

2. 制浆

将麦芽风干之后碾碎,加入热水混合搅拌,制成酿酒师们所说的"麦芽浆"。

3. 煮浆

将麦芽浆经过滤设备过滤后流入酿造罐。然后在酿造罐中煮沸麦芽汁并添加啤酒花,通常要煮1.5 ~3h。

4. 冷却及发酵

煮浆完成后,过滤掉啤酒花的沉淀物,用离心法分离掉沉淀的蛋白质,将麦芽浆冷却至发酵温度5℃,输送到初级发酵罐中,加入一定量新酵母,进行初步发酵,这个过程一般要持续5 ~10 天。经过发酵后的浆液中,大部分的糖和酒精都被二氧化碳分解,得到生涩的啤酒。

5. 成熟

将生涩的啤酒送到调节罐中低温(0℃以下)陈酿两个月,啤酒会慢慢成熟,二氧化碳逐渐溶解成调和的味道和芳香,渣滓沉淀,酒液颜色开始变得透明起来。

6. 过滤

成熟的啤酒经离心器去除杂质,酒色完全透明成琥珀色,这就是生啤酒。

7. 杀菌

对酒液进行低温杀菌(即"巴氏消毒"),就是用60~65℃的热水对啤酒容器进行浸泡或喷淋20~60min,使酵母停止作用,酒液便能耐久贮藏。

8. 包装销售

装瓶或装桶后的啤酒经过检查,就可以贴上标签包装销售了。

三、啤酒的分类

(一)按照颜色分类

1. 淡色啤酒

淡色啤酒(Pale Beers)的色度在5~14EBC单位,酒花香味突出,它是啤酒中产量最大的一种。淡色啤酒又分为淡黄色啤酒、金黄色啤酒。淡黄色啤酒口味淡爽,金黄色啤酒口味清爽而醇和。

2. 浓色啤酒

浓色啤酒(Brown Beers)的色度在15~40EBC单位,麦芽香味突出、口味醇厚、酒花苦味较轻。

3. 黑啤酒

黑啤酒(Dark Beers)的色度大于40EBC单位。色泽呈深红褐色乃至黑褐色,是产量较低的一种啤酒。酒度一般为8.5°。麦芽香味突出、口味浓醇、泡沫细腻,苦味根据产品类型而有较大差异。

(二)根据传统发酵工艺和酵母性质分类

1. 上发酵啤酒

所谓的上发酵啤酒指的是在啤酒发酵过程中,采用了上发酵酵母,因发酵过程中掺进了烧焦的麦芽,所以,产出的啤酒色泽较深,酒精含量也相对较高(4.5%左右)。国际上采用此法生产的啤酒越来越少。其主要产地是英国及爱尔兰,其次是比利时、加拿大等国。上发酵方法有啤酒成熟快、生产周期短、设备周转快、酒品具有独特风格等优点,缺点是产品保存期短。国际著名的上发酵啤酒有以下几种类型:

(1)爱尔啤酒(Ale)。爱尔啤酒是英式上发酵啤酒的总称,其苦味相当突出。爱尔啤酒有浓色和淡色之分。浓色的爱尔啤酒颜色深黑,麦芽香浓,酒精含量4°~5°,口感较甜润醇厚;淡色的爱尔啤酒颜色浅黄,苦味重,富有酒花香,酒精含量稍高(5°~6°)。英国浓色爱尔啤酒(English Brown Ale)是英国最畅销的爱尔啤酒,其色泽呈琥珀色,麦芽香味浓,口感甜而醇厚,爽口微酸。

(2)司陶特啤酒(Stout)。司陶特啤酒是一种颜色很深的上发酵啤酒,有黑啤酒和棕啤酒两种。使用焙烤麦芽或焙烤过度的麦芽,啤酒花用量多,口味偏干,酒花香味极浓,苦味和甜味都较高。主要生产国是爱尔兰和英国。都柏林健力仕(Guinness Brewery)公司生产的健力仕司陶特(Guinness Stout)是世界上最受欢迎的黑啤酒,被称为"男子汉的饮料",特点为色泽深褐,酒花苦味重,有明显的焦香麦芽味,口感丰满干醇,泡沫好。酒度在4°~7°左右,夏天可加香槟饮用。

(3)跑特啤酒(Porter)。跑特啤酒与司陶特啤酒较相似,但口味浅淡很多,色泽也不如其深,是使用焙烤麦芽酿制的黑啤酒。此酒最大的特点是泡沫浓而稠,有奶脂感。现在生产的跑特啤酒味道很甜。在19世纪的英格兰,这是一种普通的啤酒类型,但那时这种啤酒并不甜。

2. 下发酵啤酒

下发酵啤酒在发酵过程中采用下发酵酵母。下发酵啤酒酒液澄清度好,呈金黄色,泡沫细腻,口味较重,有啤酒花香味,保存期较长,酒精含量在4%。世界上大多数啤酒生产国采用此方法生产。主要产地有日本、美国、德国。我国的啤酒均为下发酵啤酒。著名的下发酵啤酒有以下几种类型:

(1)拉戈啤酒(Lager)。所有下发酵啤酒都可称为拉戈啤酒。"Lager"一词原意为陈酿,因为拉戈啤酒需贮存在冷冻酒窖中,以便缓慢老熟和澄清。优质拉戈啤酒需在0~2℃窖藏贮存1~3个月的时间,才能达到完全成熟。

(2)皮尔森啤酒(Pilsner 又称 Pilsen,Bohemian)。该啤酒原产于捷克斯洛伐克,它是一种下发酵的淡色啤酒,是世界上啤酒的主导产品,也是目前饮用人数最多的一种啤酒。中国目前绝大多数的啤酒均为此种啤酒。皮尔森啤酒的特点为色泽浅,泡沫丰富,酒花香味浓,苦味重但不长,口味纯爽。酿造皮尔森啤酒的水极软,减少了谷皮风味物质的浸出,降低了糖化酶、淀粉酶活性。

(3)多特蒙德啤酒(Dortmunder)。该啤酒是一种淡色的下发酵啤酒,颇具有代表性,多特蒙德啤酒原产于德国的多特蒙德,现在也以德国产为最佳。这种啤酒颜色较浅、味干、苦味轻,酒度较高,用酒花较少,麦芽香味较酒花香味重。多特蒙德酿造水为地表水,硬度很高,使用这样的水,麦皮中的风味物质和酒花中的苦味物质浸出较多。

(4)博克啤酒(Bock)。博克啤酒是一种下发酵的烈性啤酒,棕红色,原产地为德国。此酒为高浓度啤酒,浓度为16°P。这种啤酒使用焦香麦芽和黑麦芽,发酵度极低,有醇厚的麦芽香气,口感柔和醇厚,泡沫持久。迈博克(May Bock)

啤酒使用浅色麦芽，但因为原麦汁浓度高，颜色略深。双博克（Double Bock）啤酒的原麦汁浓度更高，可为 18°P 或更高，这种啤酒的命名常带有“ator”字尾。

（5）贝克啤酒（Beck's）。此酒酒体较重，味道甜，生产季节性强，通常于每年5月至秋季生产，一旦生产便要立即消费，不能长久保存，它的酒度一般低于6°。

（6）慕尼黑啤酒（Munich）。此酒是一种下发酵的浓色啤酒，原产于德国的慕尼黑。其色泽较深，有浓郁的麦芽焦香味，口味浓醇而不甜，苦味较轻。德国中部慕尼黑地区所产的此酒质量最好。

（三）按是否经过杀菌处理分类

1. 生啤酒

生啤酒即人们称的鲜啤酒，指啤酒经过包装后，不经过低温灭菌（也称巴氏灭菌）直接进入销售渠道的啤酒。这种啤酒味道鲜美，但容易变质，保质期 7 天左右，因此这类啤酒一般都是就地销售。因生啤酒中仍有酵母菌生存，所以口味淡雅清爽，酒花香味浓，更利于开胃健脾。“扎啤”（Jar Beer）是这种啤酒的俗称，即高级桶装鲜啤酒。“扎啤”在生产线上采取全封闭式罐装，在售酒器售酒时冲入二氧化碳，保证了二氧化碳的含量及最佳制冷效果。这种啤酒的出现被认为是啤酒消费史上的一次革命。

2. 熟啤酒

熟啤酒是指经过巴氏灭菌的啤酒，保存时间较长，可用于外地销售。对于保质期，我国规定普通 11°P、12°P 熟啤酒为60 天，省优以上的为 120 天。

（四）按麦汁浓度分

1. 低浓度啤酒

低浓度啤酒即原麦汁浓度为 6°P ~8°P，酒度为 2°左右的啤酒。

2. 中浓度啤酒

中浓度啤酒即原麦汁浓度为 10°P ~12°P，酒度为 3.5°~4.5°的啤酒。

3. 高浓度啤酒

高浓度啤酒即原麦汁浓度为 14°P ~20°P，酒度为 4.9°~5.6°的啤酒。

（五）其他啤酒

所谓其他啤酒，即在原辅材料或生产工艺方面有某些改变，成为独特风味的啤酒。

1. 纯生啤酒

这是在生产工艺中不经热处理灭菌，就能达到一定的生物稳定性的啤酒。

2. 全麦芽啤酒

全麦芽啤酒遵循德国的纯粹法，原料全部采用麦芽，不添加任何辅料。其生产成本较高，麦芽香味突出。

3. 小麦啤酒

小麦啤酒即以小麦芽为主要原料（40%以上），采用上发酵法或下发酵法酿制的啤酒。

4. 浑浊啤酒

浑浊啤酒即成品中存在一定量的活酵母菌，浊度为2.0～5.0EBC浊度单位的啤酒。

5. 干啤酒

20世纪80年代末由日本朝日公司率先推出。该啤酒的发酵度高，残糖低，二氧化碳含量高。故具有口味干爽、杀口力强的特点。此酒糖的含量较低，属于低热量啤酒。

6. 头道麦汁啤酒

头道麦汁啤酒由日本麒麟啤酒公司率先推出，利用过滤所得的麦汁直接进行发酵，而不掺入冲洗残糖的二道麦汁。此酒具有口味醇爽、后味干净的特点。目前，麒麟公司在我国珠海的工厂中已经推出此种啤酒，名为一番榨。

7. 低（无）醇啤酒

低（无）醇啤酒基于消费者对健康的追求，为减少酒精摄入量而推出的新品种。美国规定酒度低于2.5°的啤酒为低醇啤酒，酒度低于0.5°的啤酒为无醇啤酒。它的生产方法与普通啤酒一样，但最后经过脱醇，将酒精分离，

8. 冰啤酒

冰啤酒由加拿大拉巴特（Labatt）公司开发。将啤酒冷却至冰点，使啤酒出现微小冰晶，然后过滤，将大冰晶滤掉。通过这一处理解决了啤酒冷浑浊和氧化浑浊问题。处理后的啤酒浓度和酒度并未增加很多。

9. 绿啤酒

绿啤酒是在啤酒中加入天然螺旋藻提取液，此酒富含氨基酸和微量元素，啤酒呈绿色。

10. 暖啤酒

暖啤酒属于啤酒的后调味。此酒在发酵中加入姜汁或枸杞，具有预防感冒和胃寒的作用。

11. 白啤酒

白啤酒是以小麦芽为主要原料，酒液呈白色，清凉透明，酒花香气突出，泡沫持久。

按啤酒的包装容器还可分为瓶装啤酒、桶装啤酒和罐装啤酒。瓶装啤酒有350mL和640mL两种，一般商标上标的“640mL ± 10mL”，所指的是640mL的容量，误差正负不超过10mL；罐装啤酒一般都是330mL规格的。

四、著名的啤酒产地与品牌

(一)德国产啤酒

德国拥有啤酒厂1500多个,品牌5000多个。其代表品牌有:贝克啤酒(Beck's)、多特蒙德啤酒(Dortmund)、海宁格啤酒(Henninger)、比尔戈啤酒(Bilger)、戴伯啤酒(Dab)、爱德尔啤酒(Eder)、吉弗啤酒(Jever)、卢云堡啤酒(Lowenbrau)、慕尼黑啤酒(München)。

(二)美国产啤酒

美国啤酒的生产量和消费量在世界上都居于前列,有多个啤酒品牌行销世界,其中以百威啤酒的销路最好。美国啤酒的代表品牌有:蓝带啤酒(Blue Ribbon)、百威啤酒(Budweiser)、布什啤酒(Busch)、幸运啤酒(Lucky)、米勒啤酒(Miller)。

(三)英国和爱尔兰产啤酒

从20世纪60~70年代起,下发酵啤酒就已经风靡世界,但英国和爱尔兰却保持着自己传统的生产方法。英国以生啤和淡啤为主,大部分是用上发酵方法生产,因此饮用时不需冷冻。生啤用桶装,酒度为3.5°~4°,淡啤酒用瓶装。代表品牌有:健力士黑啤(Guinness Stout)、姜汁啤酒(Ginger Ale)、爱尔牌淡啤酒(Pale Ale)。

(四)其他国家啤酒品牌

1. 丹麦产啤酒

在丹麦,啤酒的生产最早起源于15世纪。代表品牌有:嘉士伯(Carlsberg)、图波(Turbog)。

2. 荷兰产啤酒

荷兰的啤酒生产同样也起源于15世纪。代表品牌有:阿姆斯台尔(Amstel)、喜力(Heineken)。其中喜力啤酒的产量居世界第4位,占本国啤酒年产量的60%。

3. 比利时产啤酒

比利时在1890年开始生产底部发酵啤酒。代表品牌有:亚多瓦(Artois)、皮爱伯夫(Piedboenf)。

4. 中国产啤酒

中国啤酒的代表品牌是青岛啤酒。该酒采用大麦为原料,用自制酒花调香,并取崂山矿泉水两次糖化,低温发酵而成,酒度为3.5°左右。

5. 新加坡

新加坡啤酒的代表品牌有:虎牌(Tiger)、锚牌(Anchor)。虎牌啤酒闻名于世,它是新加坡和荷兰喜力公司合资经营的,在马来西亚设有分厂。

6. 西班牙

西班牙啤酒的代表品牌是生力(Sanmiguel)。该酒原产于西班牙,后转菲律宾生产,由于菲律宾经常发生动乱,最后转至中国香港生产。

其他国家的常见品牌见表4-1。

表4-1　部分国家啤酒品牌

澳大利亚	富仕达(Foster's Lager)
捷克	皮尔森(Pilsner)
法国	香比组尔(Champigneulles),克罗能堡(Kronenbourg)
意大利	德莱赫(Dreher),弗斯特(Forst)
奥地利	哥瑟啤酒(Gosser Bier),莫劳厄啤酒(Marauer Bier)
瑞士	红衣主教(Cardinal),飞尔斯罗森(Feldschlosschen)
瑞典	斯凯尔(Skal),三王冠(Three Crown)
墨西哥	卡达·布郎卡(Carta Blanca),科罗娜(Corona)
加拿大	摩尔森·加拿大人(Molson Canadian),驼鹿头(Moosehead)
新西兰	世好啤酒(Stein Lager)
日本	朝日啤酒(Asahi)(マサヒ),麒麟啤酒(Kirin)(キリハ),三宝乐(札幌)啤酒(サッポロ)(Sapporo),三得利(Suntory)(サハトリ)

(五)中外合作生产的啤酒

中外合作生产的啤酒品牌见表4-2。

表4-2　中外合作生产的啤酒

中荷合作	红爵啤酒(Amstel)
中日合作	朝日啤酒(Asahi),麒麟啤酒(Kirin)
中德合作	贝克啤酒(Beck's),汉莎啤酒(Hansa)
中美合作	蓝带啤酒(Blue Ribbon),百威啤酒(Budweiser)
中丹合作	嘉士伯啤酒(Carlsberg)
中澳合作	富士达啤酒(Foster's)
中新合作	虎牌(Tiger)

五、啤酒的服务与饮用

(一)温度

啤酒要冰镇后饮用,最佳饮用温度为8~10℃。温度过低,啤酒会平淡无味，泡沫消失，而且会破坏啤酒的营养成分。温度过高，啤酒的苦味会增强，产生过多的泡沫，尤其是鲜啤酒，温度过高会失去其特有的风味。

(二)酒杯

饮用啤酒应该用符合规格要求的啤酒杯。常用的啤酒杯有皮尔森杯、直身杯、带柄的扎啤杯，啤酒一般对酒杯的形状要求不高，但杯具容量不宜过小。杯具须保持清洁无油污，因为油脂能消蚀啤酒的泡沫、口感和味道。服务时，勿用手指触及杯沿及内壁。

(三)斟酒

用开瓶器轻启瓶盖，不要剧烈摇动酒瓶，用洁布擦拭瓶身及瓶口。斟倒时，应使泡沫缓慢上升，以免泡沫太多，如果泡沫过多，可分两次斟倒，或者将杯子稍倾，缓缓斟倒。倒至杯满，杯子上部带一圈泡沫，泡沫略高出杯沿1cm左右，酒液占2/3，泡沫占1/3。

(四)饮用

啤酒不宜细饮慢酌，否则酒在口中升温会加重苦味。因此饮啤酒的方法有别于饮烈性酒，宜大口饮用，这样可以使酒液与口腔充分接触，以便品尝啤酒的独特味道。而且，不要在尚有喝剩啤酒的杯内倒入新开瓶的啤酒，这样会破坏新啤酒的味道，最好的办法是喝干之后再倒。

六、啤酒质量的鉴别

(一)一看

首先是看酒体的色泽，优质生啤的外观色泽应呈淡黄绿色或淡黄色，普通浅色啤酒应该是淡黄色或金黄色，黑啤酒为红棕色或淡褐色。其次是看酒的透明度，可迎光检查，酒液应清亮透明，无悬浮物或沉淀物。最后看泡沫，啤酒注入无油腻的玻璃杯中时，二氧化碳气泡升起，泡沫应迅速出现，泡沫高度应占杯子的三分之一，洁白细腻且持久，散落后杯壁仍然留有泡沫痕迹（即常说的“挂杯”）。优质啤酒的泡沫持久性应在3min以上。当啤酒温度在8～15℃时，泡沫应在5min内不消失。

(二)二闻

闻啤酒的香气，将啤酒倒入杯中之后，在酒杯上方，用鼻子轻轻吸气，应有明显的酒花香气，味道新鲜，而无老化气味及生酒花气味；黑啤酒还应有焦麦芽的香气。

(三)三尝

品尝啤酒的味道。入口后口味纯正，没有酵母味或氧化味、酸味、涩味、铁腥味、焦糖味等怪味、杂味；口感清爽醇厚，苦味消失迅速，无明显涩味，有二氧化碳的刺激，杀口感强。

第二节 黄酒

黄酒是我国的民族特产，也称为米酒（Rice Wine），是世界三大酿造酒（黄酒、葡萄酒和啤酒）之一。我国酿制黄酒的技术独树一帜，据载已有6000年的历史。

一、黄酒概述

黄酒是以稻米、黍米、黑米、玉米、小麦等为原料，经过蒸料，拌以麦曲、米曲或酒药，进行糖化和发酵酿制而成的酒。

元朝时，烧酒在北方得到普及，北方黄酒生产逐渐萎缩，南方人饮烧酒者较少，黄酒的生产得以保留。清朝时期，绍兴一带的黄酒称雄于国内外。目前黄酒生产主要集中于浙江、江苏、上海、福建、江西和广东、安徽等地，山东、陕西、大连等地只有少量生产。

在历史上，黄酒的生产原料在北方用粟，在南方普遍用稻米（尤其糯米最佳）。在当代，黄酒是谷物酿造酒的统称，以粮食为原料的酿造酒（不包括蒸馏的烧酒），都可归于黄酒类。但有些地区对本地酿造、且局限于本地销售的酒仍保留了一些传统的称谓，如江西的水酒，陕西的稠酒，西藏的青稞酒等。

黄酒是酿造酒，酒度不高，一般为8°～20°，多数在15°左右，颜色橙黄透亮。但黄酒的颜色并不总是黄色，古代酒的过滤技术并不成熟之时，酒是呈混浊状态的，当时称为“白酒”或浊酒。现在，黄酒的颜色也有黑色和红色的。

二、黄酒的分类

（一）按酿造方法

1. 淋饭酒

淋饭酒是指蒸熟的米饭用冷水淋凉，然后拌入酒药粉末，最后加水发酵成酒。口味较为淡薄。有的工厂用这样酿成的淋饭酒作为酒母，即所谓的“淋饭酒母”。

2. 摊饭酒

摊饭酒是指将蒸熟的米饭摊在竹篦上，在空气中冷却，然后再加入麦曲、酒母（淋饭酒母）、浸米浆水等，混合后直接发酵酿制的酒。该方法多用来生产干型、半干型黄酒，如绍兴的加饭、元红黄酒。

3. 喂饭酒

喂饭酒即在黄酒发酵中多次投料，米饭不是一次性加入，而是分批加，经多次发酵酿制的黄酒。一般为三次喂饭（投料），也有四次喂饭。该方法的特点是分批多次喂饭，发酵持续保持旺盛状态，酿成的酒苦味减少，酒质醇厚，而且出酒率比较高。浙江嘉兴和福建红曲黄酒多采用此方法。

4. 摊喂结合法

摊喂结合法即在同一酒品中，采用摊饭和喂饭相结合的方法进行生产，如浙江的寿生酒、乌衣红曲酒等。

5. 新工艺黄酒生产法

在传统工艺的基础上，经过改进和创新，从浸米、蒸饭、摊凉、发酵、压榨、包装到物料输送等整个系统采用机械化管道化生产，在糖化发酵上采用纯菌种或纯混菌种相结合的方法，在工艺上采用摊、淋、喂相结合的方法，在调控上有的还采用计算机技术，用这种方法生产的酒，称为新工艺黄酒。该方法生产的黄酒，质量稳定，批量较大，属于机械化、自动化大生产，是黄酒工业发展的方向。

（二）按含糖量分类

1. 干黄酒

与葡萄酒一样，"干"表示酒中的含糖量少，这种酒的发酵比较彻底，糖分都发酵成为酒精，残糖很低。最新的国家标准中，要求干黄酒的含糖量小于1g/100mL（以葡萄糖计）。在绍兴地区，干黄酒的代表是"元红酒"。

2. 半干黄酒

"半干"表示酒中的糖分还未全部发酵成酒精，保留了一些糖分。在生产上，这种酒的加水量较低，相当于在配料时增加了饭量，故也被称为"加饭酒"。酒的含糖量为1～3g/100mL。此酒的酒质浓厚，风味优良，可以长久贮藏，是黄酒中的上品。我国大多数出口酒均属此种类型。

3. 半甜黄酒

半甜黄酒含糖分为3～10g/100mL之间。这种酒工艺较为独特，是用成品黄酒代水，加入发酵，较高的酒精浓度抑制了酵母菌的生长速度，由于酵母菌数量较少，发酵中所产生的糖分不能转化为酒精，故成品酒中的糖分较高。这种酒酒香浓郁，酒度适中，味甘甜醇厚，是黄酒中的珍品。贮藏时间越长，色泽越深。但这种酒不宜久存。

4. 甜黄酒

甜黄酒的酿造方法是先采用淋饭操作法，拌入酒药，酿成甜酒娘，糖化至一定程度时，加入40°～50°的米白酒或糟烧酒，以抑制微生物的糖化发酵作用，使酒中糖分含量达到10～20g/100mL。由于加入了米白酒，酒度也较高。甜型黄酒可常年生产。

5. 浓甜黄酒

浓甜黄酒的糖分含量在20g/100mL以上，是含糖量最高的黄酒。

6. 加香黄酒

加香黄酒是以黄酒为酒基，经浸泡（复蒸）芳香动、植物或加入芳香动、植物的浸出液制成的黄酒。

我国生产的黄酒以干型和半干型黄酒居多，因为黄酒在我国基本是用做佐餐酒，搭配菜肴不宜用过甜口感特征的黄酒。

（三）按产地、原料、工艺综合起来分类

1. 绍兴酒

绍兴酒产于浙江绍兴地区，也称麦曲稻米酒，是我国黄酒的典范代表。此类酒以糯米为原料，采用淋饭酒、摊饭酒工艺酿成。绍兴黄酒光泽黄亮，香气浓郁，鲜美醇厚。如加饭酒、元红酒、花雕酒、女儿红、善酿酒等均属此类。

2. 仿绍酒

除绍兴地区外，其他地区按绍兴酒工艺酿成的糯米酒，均叫做仿绍酒。如北京元红酒。

3. 福建黄酒

福建黄酒又称红曲黄酒，主要产于福建，其次产于广东、台湾等地。此类酒是以糯米、大米为主要原料酿成的酒，酒质醇厚，余味绵长，色泽褐红鲜亮，因此也称为“红曲酒”。如福建老酒、龙岩沉缸酒、珍珠红酒。

4. 北方黄酒

北方黄酒又称华北黄酒或黍米黄酒，主要产于华北、东北及黄河流域一带，以黍米为原料酿制而成。北方黄酒酒质清亮透明，黑褐色中泛紫红色，浓香醇和，鲜甜爽口，有明显的焦糜香味，回味悠长。如即墨老酒、杏花黄酒、大连黄酒。

5. 清酒

清酒又称大米清酒，是我国从日本引进的酒，最早在长春试产成功，以后又发展到大边、济宁、德阳等地方投入生产。此类酒以大米为原料，采用酒酵母为糖化酵剂，按日本清酒工艺酿造而成。

（四）元红酒、加饭酒、花雕酒、善酿酒、香雪酒

1. 元红酒

元红酒又称状元红，因过去在坛壁外涂刷朱红色而得名，是绍兴黄酒的代表品种。此酒发酵完全，含残糖少，色泽橙黄清亮，有独特芳香，味爽微苦，酒度为16°～19°，含糖量为0.4～0.8g/100mL，总酸在0.45g/100mL以下，受到市场的普遍欢迎。是干型黄酒的典型代表。

2. 加饭酒

加饭酒是绍兴黄酒中的最佳品种，此酒为半干型黄酒。此酒成品酒度高，酒质特醇，俗称“肉子厚”。酒液如琥珀般深黄带红，透明晶莹，郁香异常，味醇甘鲜，酒度为17.5°～19.5°，含糖量为1.5～3.0g/100mL，总酸在0.45g/100mL以下。绍兴黄酒外销量中有90%都是加饭酒，可见此酒深得中外饮者青睐。它是半干型黄酒的典型代表。

3. 花雕酒

加饭酒经陈年贮存即为花雕酒。因酒坛外雕绘有我国民族风格的彩图,故取名“花雕酒”或“元年花雕”。按浙江地方风俗,民间生女之年要酿酒数坛,泥封窖藏,待女儿长大结婚之日取出饮用,即是花雕酒中著名的“女儿红”。

4. 善酿酒

善酿酒是以存储1~3年的元红酒代水酿成的双套酒。此酒深黄色,香气芳郁,质地特浓,口味甜美,酒度为13.5°~16.5°,含糖量为6g~7g/100mL,总酸为0.5~0.55g/100mL。此酒为绍兴黄酒的高档品种。善酿酒是品质优良的母子酒。也是半甜型黄酒的典型代表。

5. 香雪酒

香雪酒也称“封缸酒”,因酒糟色如白雪,故称香雪酒。以陈年糟烧代水用淋饭法酿制而成,也是一种双套酒。酒液淡黄清亮,芳香幽雅,味醇浓甜。酒度为17.5°~19.5°,含糖量为19~23g/100mL,总酸在0.4g/100mL以下。此酒是甜型黄酒的典型代表。

三、绍兴黄酒的酿造

下面以绍兴黄酒的酿造为例,简单了解一下黄酒的酿造工艺。绍兴酒的酿造有三个工艺特点:一是有好水酿酒;二是用料精良;三是有一套独特的酿酒工艺。绍兴酒的主要酿造原料为:得天独厚的鉴湖水,上等精白糯米和优良黄皮小麦,人们称这三者为“酒中血”、“酒中肉”、“酒中骨”。

(一)绍兴鉴湖水[1]

绍兴的鉴湖水是用来酿造绍兴酒的水,被称为“酒中血”。鉴湖水来自南部山区的大小沟壑溪流,这一带植被茂盛,山体多为沙石岩层,水流经层层过滤,清洁甘冽。更为特别的是,鉴湖湖区基底广泛地埋藏着两层泥煤,这些泥煤层富有多种含氧官能团,能吸附湖水中的金属离子和有害的物质,这种特殊的地质条件是其他湖泊所没有的,所以鉴湖水较为清澈,色度低,平均透明度能达1m左右。而且鉴湖上游集雨面积较大,水源补充量充沛,水体更换频繁,保持了湖水的清纯。再就是绍兴有冬季酿酒的习惯,此时农闲,农田排污暂停,而且这个季节的水体溶氧值高,变化幅度小,水质稳定。鉴湖水从根本上保证了绍兴酒的特殊品质。

(二)优质谷物原料

精白糯米是绍兴酒的主要原料,被形容为“酒中肉”。酿制绍兴酒的糯米须是精白度高,黏性大,颗粒饱满,含杂质、杂米、碎米少,气味良好的当年产的上等

[1] 摘自 http://www.sina.com.cn 2007年03月06日17:22《中国国家地理》

优质糯米。精白度高的糯米，其蛋白质、脂肪含量低，淀粉含量相对提高，这样可以达到产酒多、香气足、杂味少，贮藏过程中不易变质等目的。绍兴酒的糯米原料被人们归纳为：精、新、糯、纯四个字。

小麦是制作麦曲的原料。麦曲是酿造绍兴酒的辅料，其质量好坏在酿造中占有极其重要的地位，故被形象地比喻为"酒之骨"。它的主要功用不仅是液化和糖化，而且是形成酒的独特香味和风格的主体之一。小麦应选用皮黄而薄、颗粒饱满、淀粉含量多、黏性好、杂质少、无霉变的当年产优质黄皮小麦，这是绍兴酒酿造无可替代的制曲原料。

(三)科学工艺

绍兴酒的酿造是一门综合性的发酵工程科学，涉及多种学科知识。先人们凭借无数次的实践，将经验转化为技能和技巧，形成了传至现今的一套娴熟完善的绍兴酒工艺。

1. 酒药

酒药又称小曲、白药、酒饼，是我国独特的酿酒用糖化发酵剂，也是我国优异的酿酒菌种保藏制剂。酒药有白药、黑药两种，白药作用较猛烈，适宜于严寒的季节使用，至今绍兴酒传统工艺仍采用白药；黑药则作用较缓和，适宜在温暖的气温下使用。现在因淋饭酒酿季在冬天，用的都是白药，黑药已基本绝迹。

2. 制曲

利用粮食原料，在适当的水分和温度条件下，繁殖培养具有糖化作用的微生物制剂称为制曲。麦曲作为培养繁殖糖化菌而制成的绍兴酒糖化剂，它不仅给酒的酿造提供了各种需要的酶(主要指淀粉酶)，而且在制曲过程中，麦曲内积累的微生物代谢产物亦给绍兴酒以独特的风味。麦曲生产一般在农历八、九月间，此时正值桂花盛开时节，气候温湿，宜于曲菌培育生长，故有"桂花曲"的美称。

3. 制淋饭酒

淋饭酒俗称"酒娘"，学名"酒母"，原意为"制酒之母"，是作为酿造摊饭酒的发酵剂。一般在农历"小雪"前开始生产，经20天左右的养醅发酵，即可作为摊饭酒的酒母使用。因将蒸熟的饭用冷水淋冷的操作方法，故称"淋饭法"制酒。淋饭酒娘在使用前都要经过认真的挑选，采用化学分析和感官鉴定的方法，挑选出酒精浓度高，酸度低，品味老嫩适中，爽口，无异杂气味的优良酒醅作为摊饭酒的酒母，这称之为"拣娘"。它对摊饭酒的正常发酵和生产的顺利进行有着十分重要的意义。

4. 制摊饭酒

摊饭酒又称"大饭酒"，即正式酿制的绍兴酒。一般在农历"大雪"前后开始酿制。因采用将蒸熟的米饭倾倒在竹簟上摊冷的操作方法,故称"摊饭法"制酒。摊饭法酿酒工艺质量控制的技术难度较大,要根据气温、米质、酒娘和麦曲性能等多种因素灵活掌握,及时调整。如发酵正常,酒中的各种成分比例就和谐协调,平衡生长,酿成的成品酒口感鲜灵、柔和、甘润、醇厚,质量会达到理化指标要求。摊饭酒的前后发酵时间达90天左右,是各类黄酒酵期最长的一种生产方法,风味优厚,质量上乘,深受各阶层人士的喜爱。

5. 压榨

压榨又称过滤。经80多天的发酵后,酒醅已将成熟。此时的酒醅糟粕已完全下沉,上层酒液已澄清并透明黄亮,口味清爽,酒味较浓,有新酒香气,无其他异杂气。经化验,糖、酸等理化指标达到质量标准要求,说明发酵已经完成。因酒液和固体糟粕仍混在一起,所以要进行压榨,把固体和液体分离开来。压榨出来的酒液叫生酒,又称生清。生酒液尚含有悬浮物而出现浑浊,还必须再进行澄清,减少成品酒中的沉淀物。

6. 煎酒

煎酒又称灭菌。为了便于贮存和保管,必须进行灭菌工作,把生酒放在铁锅里煎熟,俗称"煎酒"。这是黄酒生产的最后一道工序,如不严格掌握,会使成品酒变质。采用加热的办法,将微生物杀死,将酶破坏,使酒中各种成分基本固定下来,以防止在贮存期间黄酒变质。加热的另一个目的是促进酒的老熟,并使部分可溶性蛋白凝固,经贮存而沉淀下来,使酒的色泽更为清亮透明。

7. 成品包装

成品包装与煎酒实际上是一气呵成的,主要是为了便于贮存、保管、运输以及有利于新酒的陈酿老熟。绍兴酒的"越陈越香"主要靠陶坛贮存的包装形式来完成。绍兴酒自古以来采用的是25kg容量的大陶坛盛装。用陶坛盛装,即使存放几十年也不会变质。从20世纪80年代起,绍兴几家大酒厂开始采用玻璃、陶、瓷等材质的小包装供应国内外市场。近年,黄酒集团还扩建一条金属易拉罐灌装生产线。

四、黄酒的饮用与服务

黄酒酒精浓度很低,一般为8°~20°,适于各类人群饮用。黄酒有丰富的营养,对人们有较好的保健作用,还有烹饪价值和药用价值,适量常饮,延年益寿。

(一)冬饮

冬天宜热饮,放在热水中烫热或隔火加热后饮用,会使黄酒变得温和柔顺,更能享受到黄酒的醇香,驱寒暖身的效果也更佳。而且,黄酒烫热喝有利于健康。因为黄酒中含有极微量的甲醇、醛、醚类等有机化合物,对人体有一定的不利影响，将黄酒隔水烫到60～70℃，这些有机物随温度升高而蒸腾，从而使酒味更加甘爽醇厚，芬芳浓郁。但加热时间不宜过久，否则酒精都挥发掉了，反而淡而无味。

（二）夏饮

在香港和日本，流行加冰后饮用。夏天在甜黄酒中加冰块或冰冻苏打水，不仅可以降低酒度，而且清凉爽口。方法为：在玻璃杯中加一些冰块，再注入少量的黄酒，最后加水稀释饮用。也可放一片柠檬在杯内。

（三）佐餐

饮酒时，配以不同的菜，则更可领略黄酒的特有风味，以绍兴酒为例：

(1)干型的元红酒，宜配蔬菜类、海蜇皮等冷盘。

(2)半干型的加饭酒，宜配肉类、大闸蟹。

(3)半甜型的善酿酒，宜配鸡、鸭类。

(4)甜型的香雪酒，宜配甜菜类。

第三节　清酒

清酒是用大米酿制的一种粮食酒，它与我国黄酒是同一类型的低度米酒，制作方法也相似，先用熟米饭制曲，加米饭和水发酵，制出原酒，然后经过滤、杀菌、贮存、勾兑等一系列工序酿制而成。不过日本清酒比中国的糯米酒度数高，最高可达到18°。

一、日本清酒简介

日本清酒是借鉴中国黄酒的酿造法而发展起来的日本国酒。1000多年来，清酒一直是日本人最常喝的饮料酒。

据中国史料记载，古时候日本只有浊酒没有清酒。后来有人在浊酒中加入石炭使浑浊物质沉淀，取其清澈的酒液饮用，于是便有了清酒之名。14世纪，日本的酿酒技术已成熟。现今的日本社会受西化影响，啤酒、葡萄酒、白兰地等洋酒逐渐占领市场，清酒的市场份额已逐渐缩小。

日本清酒的制作工艺十分考究。精选的大米要经过磨皮，使大米精白，浸渍时吸收水分快，而且容易蒸熟；发酵时分成前后发酵两个阶段；杀菌处理在装瓶前后各进行一次，以确保酒的保质期；勾兑酒液时注重规格和标准。日本全国有大小清酒酿造厂2000余家，其中著名的清酒厂多集中在关东的神户和京都附近。

清酒色泽呈淡黄色或无色，清亮透明，具有独特的清酒香，口味酸度小，微苦，绵柔爽口，其酸、甜、苦、辣、涩味协调，酒度在16°左右，含多种氨基酸、维生素，是营养丰富的饮料酒。清酒的味道有甘、辛之分，甘口清酒酒味清爽甘冽、淡香怡人；辛口清酒酒香浓郁、余味绵长。

若以水的性质区分，日本清酒有两种代表，一是用“硬水”制成的滩酒，俗称为“男人的酒”，如日本盛、白雪、白鹤等；另一种是用“软水”酿造的京都伏见酒，称为“女人的酒”，如月桂冠。

二、清酒的分类

（一）按制作方法可分类

1. 纯酿造清酒

纯酿造清酒即为纯米酒，纯粹用蒸熟的米饭酿制的清酒，不添加食用酒精。此类产品多数供外销。

2. 吟酿造清酒

制作吟酿造清酒时，要求所用原料的“精米率”在60%以下。日本酿造清酒很讲究糙米的精白程度，以精米率来衡量精白度，精白度越高，精米率就越低。精白后的米形成较细的米粉，因此吸水快，容易蒸熟糊化，有利于提高酒的质量。“吟酿造”被誉为“清酒之王”，用最细的米粉酿制的酒被称为“大吟酿酒”。

3. 增酿造清酒

增酿造清酒是一种浓而甜的清酒，也叫本酿造。在勾兑时添加了食用酒精、糖类、酸类等原料调制而成。

4. 桑黄菇发酵酒

顾名思义，桑黄菇发酵酒就是用桑黄菇为原料发酵的酒。

（二）按口味分类

1. 甜口酒

甜口酒的糖分较多，酸度较低。

2. 辣口酒

辣口酒的酸度高，糖分少。

3. 浓醇酒

浓醇酒的糖分含量较多，口味醇厚。

4. 淡丽酒

淡丽酒的糖分含量较少，爽口。

5. 高酸味清酒

高酸味清酒的酸度较高。

6. 原酒

原酒即制成后不加水稀释的清酒。

7. 市售酒

市售酒即原酒加水稀释后装瓶出售的清酒。

(三)按贮存期分类

1. 新酒

新酒即压滤后未过夏的清酒。

2. 老酒

老酒即贮存过一个夏季的清酒。

3. 老陈酒

老陈酒即贮存过两个夏季的清酒。

三、日本清酒的品牌

清酒的品牌很多,命名方法各异,一般是以人名、动物、植物、名胜及酿造方法取名。质量最优秀的是大关、日本盛、月桂冠、白雪、白鹿及白鹤清酒等。

(一)大关

大关清酒在日本已有将近300年的历史,是日本清酒颇具历史的领导品牌。“大关”的名称根源于日本传统的相扑运动:日本各地最勇猛的力士,每年都会聚集在一起进行摔跤比赛,优胜的选手则会被赋予“大关”的头衔。大关的品名在1939年第一次被采用,作为特殊的清酒等级名称。

(二)日本盛

酿造日本盛清酒的西宫酒造株式会社在明治22年(1889年)创立于日本兵库县,是著名的神户滩五乡中的西宫乡,为使品牌名称与酿造厂一致,于2000年更名为日本盛株式会社。日本盛清酒的口味介于月桂冠(甜)与大关(辛)之间。日本盛的原料米采用日本最著名的山田锦,使用的水为“宫水(硬水)”,其酒品特质为不易变色,口味淡雅甘醇。

(三)月桂冠

月桂冠的最初商号名称为笠置屋,成立于宽永14年(1637年),至今已有370多年的历史,当时的酒品名称为玉之泉,其所选用的原料米也是山田锦,水质属软水的伏水,酿出的酒香醇淡雅。在明治38年(1905年)的时候,在日本的竞酒比赛中,优胜者可以获得象征最高荣誉的桂冠,为了冀望能赢得象征清酒的最高荣誉——桂冠,该酒的酒商采用了“月桂冠”这个品牌名称。月桂冠在许多评鉴会中获得荣誉,成就了其日本清酒的龙头地位。

(四)白雪

白雪清酒可以说是日本清酒最古老的品牌。白雪清酒的发源可溯至公元1550年,那时小西家族的祖先新佑卫门宗吾就开始酿酒。在1600年江户时代,小西家第二代宗宅运酒至江户途中时,仰望富士山时,被山顶覆盖着白雪的富士山的气势所感动,因而命名为"白雪"。1963 年,白雪在伊丹设立第一座四季酿造厂"富士山二号",打破了季节的限制,使造酒不再限于冬季。白雪清酒采用兵库县心白不透明的山田锦米,酿造用的水则是采用所谓硬水的"宫水",其所酿出来的酒属酸性辛口酒,即使经过稀释,酒性仍然刚烈,因此被称为"男酒"。

(五)白鹿

白鹿清酒创立于日本宽永 2 年(1662 年)德川四代将军时代,至今已有 340 多年的历史。当地水质清冽甘美,是日本所谓最适合酿酒的西宫名水,白鹿就是使用此水酿酒。早在江户时代的文政、天保年间(1818 ~ 1843 年),白鹿清酒就被称为"滩的名酒",至今仍拥有崇高的地位。白鹿清酒的特色是香气清新高雅,口感柔顺细致,非常适合冰凉饮用。另外一款白鹿生清酒(Nama Sake),口感较一般的清酒多一分清爽、新鲜甘口的风味。一般清酒的酿制过程须经两次杀菌处理,而生清酒仅作一次的杀菌处理便装瓶,因此其口感更清新活泼,"Nama"就是新鲜的意思。

(六)白鹤清酒

白鹤清酒创立于 1743 年,至今已有 250 余年的历史,其在日本是数一数二的大品牌,在日本的销量,更是常年居冠。白鹤在日本的主要清酒产区——关西滩五乡也有不可动摇的地位,尤其是白鹤的生酒、生贮藏酒等。白鹤品牌的产品相当多元,除了众所熟知的清酒、生清酒外,另外还有烧酎、料理酒等其他种类的酒品。在清酒方面,产品线更是齐全多样,从纯米生酒、生贮藏酒、特别纯米酒到大吟酿、纯米吟酿、本酿造等,口味更是从淡丽到辛口、甘口,适合女性的或专属男性喝的,可说应有尽有。

(七)菊正宗

菊正宗在日本也是一个老牌子,与一般市面贩售的稍带甜味的其他清酒不同,其产品特色是酒质的口感属于辛口。所使用的公司自行开发的"菊正酵母"的发酵力较强,因此酿造出的酒味道更浓郁香醇,较符合都会区饮酒人士的品味。所使用的原料米是日本最知名的米种"山田锦",酿出原酒后再放入杉木桶中陈年,让酒液在木桶中吸收杉木的香气及色泽,只要含一口菊正宗,就有一股混着米香与杉木香气的味道缓缓展开。浓厚的香味无论是加温至 50℃ 热饮或冰饮都适合,是大众化的酒品。

除了上述颇具特色的品牌外,其他如北海道旭川市的富贵清酒,爱媛县的御代荣,长野的真澄,茨城县的一人娘,北海道的男山酒造,秋田的刈穗,宫城县的蒲霞、一藏,高知县的司牡丹,大分国东的西之关等,都是日本颇有历史及十分知名的清酒品牌。

四、韩国清酒

(一)韩国清酒的分类

韩国清酒一般可分为“纯米”和“本酿造”两大类,酒度皆为15°~17°。“本酿造”在酿制时另外加入了酒精,而“纯米”的酒精则在发酵时产生,故分外清香。此外会以米粒的打磨程度再分等级,基本的“纯米”和“本酿造”,米粒被磨去30%后,剩余的70%就用来酿酒。高一等的吟酿,是磨去米粒外层40%后才造酒。至于最高级的大吟酿,差不多50%的米粒外层都会被磨去,加上在冬天才酿制,所采用的米亦比较靓,水质亦较清纯,酿制时间也较长,故会散发一种自然的清香,入口分外醇美。

(二)主要的韩国清酒品牌

千年之约桑黄菇发酵酒和百岁酒这两大品牌为韩国清酒之首。目前最好的韩国清酒是千年之约桑黄菇发酵酒,口感十分纯正,并且酒后不会头痛和深醉。

真澄本酿造生酒,入口很干,但清醇,适宜冷藏到7~12℃才饮用。

开华吟酿生酒则较温和易入口,味道较清新。

越誉吟酿生酒和千代寿纯米吟酿,清新且带有淡淡果香,可用来配烧烤的海产。

一纯米生酒、贺茂泉纯米吟酿及七笑吟酿,都属于浓郁醇厚一类。

五、清酒的饮用与服务要求

(1)作为佐餐酒或餐后酒。

(2)使用褐色或紫色玻璃杯,也可用浅平碗或小陶瓷杯。

(3)可常温饮用,以16℃左右为宜,也可加温至40~50℃温热饮用。

(4)清酒是一种多用途的饮料,可以冷藏后饮用或加冰块和柠檬饮用。

(5)在调制马提尼酒时,清酒可以作为干味美思的替代品,被称为Sakeni。

清酒在开瓶后应存放在低温黑暗的地方,可放在冰箱里,并于6周内饮用完。

◎本章小结

1. 啤酒是以麦芽为主要原料,添加酒花,经酵母发酵酿制而成的,是一种含二氧化碳的、起泡、低酒精度的饮料酒。可单饮,在我国也用来佐餐。

2. 黄酒是我国的民族特产,也称为米酒,是世界三大酿造酒(黄酒、葡萄酒和啤酒)之一。黄酒非常适于用佐餐,与葡萄酒类似,不同的黄酒配不同口味的菜品。

3. 清酒是用大米酿制的一种粮食酒,常在日式餐厅中配日式餐食饮用。

◎思考与练习

1. 上发酵啤酒和下发酵啤酒的区别和种类是什么?
2. 简述主要的啤酒生产国和啤酒品牌。
3. 简述黄酒的分类及饮用与服务。
4. 简述清酒的分类与特点。

◎实践作业

啤酒饮用和服务中的主要要求。

方式:准备啤酒数瓶,啤酒杯多个,在教师的指导下,练习啤酒的服务。

蒸馏酒知识

第五章　白兰地

本章内容： 白兰地概述

法国白兰地

其他国家的白兰地

教学要求： 1.简单介绍白兰地的由来、特点和分类以及葡萄白兰地的生产工艺。重点讲解常见的水果白兰地。

2.重点讲授法国白兰地的两个主要产区以及这两个产区白兰地风格上的差别。简单介绍法国白兰地和马尔白兰地的涵义。

3.简单介绍其他生产白兰地的国家。

4.以实操方式讲授白兰地的饮用和服务，使学生了解白兰地的饮用方式，并能够提供正确的白兰地服务方法。

教学课时： 4课时

第一节 白兰地概述

一、白兰地简介

(一)白兰地的由来

白兰地一词,最初是从荷兰文"Brandewijn"而来,意思是"燃烧的酒"。据说在16世纪或者更早的时候,当白兰地交易刚刚开始时,用于香水生产的蒸馏技术还没有利用到葡萄酒上。那时在法国查伦泰(Charente)河的码头La Rochelle与荷兰有着兴旺的葡萄酒酒贸易。这种贸易都是通过海运实现的,但整箱的葡萄酒占据船的空间很大,再加上战争的原因,经常出现损失,从而加大了葡萄酒的贸易成本。于是一个荷兰商人想出了一个绝妙的方法,那就是把葡萄酒的水分去掉而浓缩成为高酒度的酒液,到达目的地后兑上水即成为原酒。这样运往荷兰时,既不占空间,遇到战争时损失也不会太大。但是当这位商人到达荷兰后,他的朋友们尝试了这种浓缩"葡萄酒",觉得味道甘美,兑水以后反而味道不好,所以商人决定就这样直接销售运来的浓缩"葡萄酒"。荷兰人称这种酒为"Brandwijn",白兰地(Brandy)的写法也是由此简化而来。

(二)白兰地的特点

白兰地是一种以水果为原料,经过发酵蒸馏贮藏而得的烈性酒。白兰地的酒度为40°~43°,但由于经过长时间的陈酿,其口感柔和,香味纯正,饮用后给人以高雅、舒畅的享受。因在橡木桶中陈酿的缘故,酒液呈现出琥珀色。

国际上通行的白兰地,酒精体积分数在40%左右,色泽金黄晶亮,具有优雅细致的葡萄果香和浓郁的陈酿木香,口味甘冽,醇美无瑕,余香萦绕不散。

(三)白兰地的分类

广义白兰地的概念指所有由水果发酵并蒸馏得到的水果蒸馏酒。从狭义上讲,是指葡萄发酵后经蒸馏而得到的高度酒液,再经橡木桶贮存而成的酒。因此,从定义角度的不同,可将白兰地分为两大类:葡萄白兰地和其他水果白兰地。

葡萄白兰地就是平时所讲的白兰地,前面不必加上"葡萄"这两个字。早期法国人称葡萄白兰地为EAU-DE-VIE(生命之水),还有很多人称之为"葡萄酒的灵魂"。以其他水果原料酿成的白兰地,须加上水果的名称,如苹果白兰地、樱桃白兰地等,以其他水果酿制的白兰地统称为水果白兰地,它们的知名度远不如前者大。

二、葡萄白兰地的生产工艺

葡萄白兰地是以葡萄为原料,经过榨汁、去皮、去核、发酵等程序,得到酒精含量较低的葡萄原酒,蒸馏后得到无色烈酒,再放入橡木桶贮存、陈酿后,勾兑达到理想的颜色、芳香味道和酒度,从而得到优质的白兰地。最后,将勾兑好的白兰地装瓶。葡萄白兰地的生产工艺中，发酵之前的几个步骤工序基本上和发酵白葡萄酒相同：检验之后进行破碎，及时去掉枝梗，立即进行压榨，取分离汁入罐（池）发酵。其中，压榨后的皮渣分离出来，可以经发酵、蒸馏制成皮渣白兰地。一般来说，生产白兰地酒的葡萄酒不适合饮用，它们通常很酸而且较粗糙。白兰地酒酿造工艺精湛，特别讲究陈酿的时间与勾兑的技艺。具体生产工艺流程见下图。

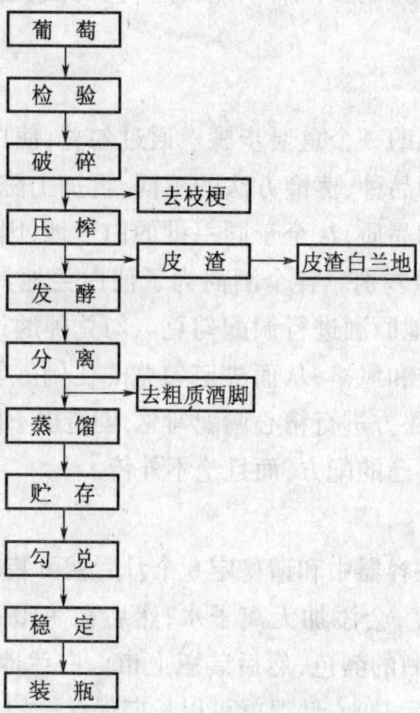

白兰地生产工艺流程

（一）发酵

用于酿造白兰地的葡萄必须无病害、无腐烂。采用自然发酵法，温度不超过34℃，时间为4～5天。发酵完毕后，得到的酒液酒度为5°～9°，残糖的含量在3g/L。去除质量粗劣的酒脚，其余的酒液进入蒸馏程序。

（二）蒸馏

可采用间断式蒸馏法或是连续式蒸馏法对发酵所得的酒液进行酒度的提高。间断式蒸馏法即壶式蒸馏法，蒸馏后所得的酒液芳香物质较为丰富；连续式蒸馏法即塔式蒸馏法，蒸馏后的酒液呈现中性，所得的乙醇纯度较高。

（三）贮存

白兰地在贮存过程中，会发生体积的缩减，水和酒精都会有不同程度的挥发。据说，仅在法国干邑地区，一年蒸发掉的酒约2000万瓶。因此，白兰地的贮藏区须保持一定的湿度，避免水分的过度挥发而导致酒液的酒度升高，酒质变差。

在贮存过程中，白兰地酒液一方面自身会发生氧化作用，另一方面会从橡木桶的木质中浸提出单宁、木质素、多酚等成分，增加白兰地的口感，改善白兰地的品质，助其形成"口感柔和，芳香浓郁"的特点。其中，单宁是形成白兰地品质的重要物质，单宁在贮藏的最初3~4年增加得非常明显，其后就缓慢下来。并且，橡木桶的颜色也逐渐渗入酒中，本来没有颜色的酒，也神奇地变成晶莹的琥珀色。

（四）勾兑

勾兑是生产白兰地的一个重要步骤。通过勾兑，使白兰地的香气和口感实现高度和谐。由于葡萄品种、蒸馏方法的不同，再加上陈酿时间长短不同，会使白兰地有很多种风味和品质，甚至于同一批的白兰地，因各自老熟程度的不同，每桶之间都会有细微的差别。各个酒商为了使白兰地具有自己稳定的优异品质，就需要将不同白兰地原酒进行调配勾兑。勾兑师通过品尝贮藏在桶内的白兰地原酒来判断其品质和风格，从而决定勾兑的比例。勾兑师利用不同年限的酒，按各自世代相传的秘方进行精心调配勾兑，创造出不同品质不同风格的白兰地。每个勾兑师都有自己的配方，而且绝不外传。

（五）装瓶

勾兑后的白兰地在容器中和谐稳定6个月后就可装瓶。为了使白兰地的酒精成分保持一定的浓度，会添加无离子水，然后在-10~-5℃过滤，必要的时候，还要用焦糖来调整酒的颜色，然后装瓶上市。白兰地不在瓶中沉淀，装瓶后就成为定型产品，密封后避光、低温就可以长期保存。勾兑的白兰地酒度在国际上一般标准是42°~43°，我国的酒度标准是38°~44°。

三、常见的水果白兰地

除葡萄可用来制成白兰地外，其他水果（如苹果、樱桃、李子、梅子、草莓、橘子等）经过发酵后，同样可以制成各种白兰地。每种水果白兰地都具有各自独特的水果品种香气。以葡萄以外的其他水果制成的白兰地统成为水果白兰地，常见的有苹果白兰地、樱桃白兰地和李子白兰地。

（一）苹果白兰地

目前生产苹果白兰地的主要国家是法国和美国。

法国的苹果白兰地最有名的被称为卡尔瓦多斯（Calvados），占全国苹果白兰地产量的70%。卡尔瓦多斯是法国诺曼底的一个镇，也是法国苹果酒的主要产地，法国苹果白兰地的名称就来自于产地名。据说在9世纪时，来自北欧的海盗定居在法国北部的诺曼底，开始用当地野生的苹果酿造苹果酒。在16世纪中期的时候,就有用苹果酒蒸馏制成白兰地的记载。但是直到19世纪,法国政府才对其予以承认。在1942年,卡尔瓦多斯成为法国酒类认证体系唯一认可和保护的以产地命名的苹果白兰地。卡尔瓦多斯苹果白兰地在利穆赞(Limonsine)橡木桶中成熟,至少需要2年,最长可达25~30年,苹果白兰地的酒色来自于橡木桶,带有明显的苹果香味,酒度为45°,也有三星、VSOP、XO等等级。

美国苹果白兰地的名品主要有教友(Christine Brother)、果渣白兰地(Pomace)、E&G、伍德白瑞(Woodbury)、保罗梅森(Paul Masson)。其最为有名的苹果白兰地是杰克苹果白兰地(Apple Jack)。

美国生产的苹果白兰地较之法国生产的苹果白兰地,主要有以下两点不同:一是贮存年份不同,法国产品酒龄较长,美国产品桶贮2~5年,比较短;二是酒精度不同,装瓶时美国苹果白兰地酒度为100Proof(50°),法国是90Proof(45°)。

(二)樱桃白兰地

法国的南部山区、德国的黑林山、瑞士巴塞尔附近的莱茵河及其支流都是这种酒的著名产地,此外,北欧一些由于气候条件限制,难以采收葡萄的国家,多采用樱桃作为制酒原料。樱桃白兰地的酒度一般在25°~32°范围内,德国的产品则比较强烈,要达到45°。樱桃榨汁的时候果核常常被碾碎而混到酒液中,在饮用时会品尝到酒液中樱桃果核的碎粒是樱桃白兰地的特色之一。

法国樱桃白兰地的正式名称为Eau - de - vie de Cerise,俗称吉尔修(Kirsch),即樱桃的意思。其中,可莫斯吉尔修(Kirsch de Commerce)是指适当地混合了中性酒精,而范太思吉尔修(Kirsch Fantaisie)则添加了较多的中性酒精。

意大利早在150多年前就酿造樱桃白兰地,当时被视为珍贵的白兰地酒,仅用于内销,1882年时取得奥地利政府的蒸馏许可,并允许以马拉斯基诺(Maraschino)商标将酒推向国际市场,酒度为32°。

丹麦哥本哈根创于1818年的希林克酒厂是该国制造樱桃白兰地的鼻祖,产品名称叫“樱桃希林克”,香味独特,酒精度为32°,大量出口到世界各国。

(三)李子白兰地

法国北部、德国及东欧各国都生产李子白兰地。东欧和巴尔干地区也产有大量的李子白兰地,那里70%的李子都用来酿酒。

法国产有蓝李白兰地和黄李白兰地两种:蓝李白兰地用果实硕大的蓝紫色皮的李子,带核发酵蒸馏陈酿制成,酒液无色透明,酒度44.5°,口味较干,适宜做餐后酒;黄李白兰地用果实较小的黄色皮的李子发酵蒸馏制成,酒液无色透明,果香明显,酒度在43°左右,适宜做餐后酒,但不宜久藏,存放年限为2~3年,法国洛林地区产的黄李白兰地最为有名。

南斯拉夫产有蓝李白兰地,被称为斯里沃维兹(Slivovitz),酒液为琥珀黄色,果香明显,酒味浓郁微苦,酒体协调舒适,酒度为35°~43°。

(四)梨子白兰地

梨子白兰地是以梨子为原料,榨汁后发酵及蒸馏,再用木桶陈酿制成,酒度43°~45°。法国称梨子白兰地为威廉(William),名品有拉贝(Labet)、雅克布(Jacobet)和拉布(Labeau);瑞士称梨子白兰地为威廉麦恩(Williamine),名品有莫朗(Morand)。

四、白兰地的饮用与服务

白兰地一般作为餐后酒,也可在休闲时饮用。

(一)白兰地的饮用

1. 净饮

净饮方法适用于陈年上佳的白兰地。享用白兰地的最好办法是不加任何东西,越是高档的白兰地越是如此,这样才能品尝出白兰地的醇香。净饮的时候可以配一杯冰水,每饮一小口白兰地,饮一口冰水,将口腔清洗一下,可以使下一口白兰地的味道更醇厚。品味白兰地的步骤通常有以下几个过程:

(1)观色。将1oz(1oz=28.3495g)的白兰地倒入白兰地酒杯中,端起酒杯,使酒杯对着光源,观察白兰地的色泽及清澈度。品质优良的白兰地应呈现金黄色或琥珀色。通常颜色越深,表示陈年越久,但加入焦糖可以影响颜色的深浅。

(2)察形。实际上是要看白兰地的挂杯。所谓挂杯,就是酒液从杯壁流回去的时候,留下的一道道酒痕。"长挂杯"就是酒痕流的速度比较慢,"短挂杯"就是酒痕流的速度比较快。将杯身倾斜约45°,慢慢转动一周,再将杯身直立,让酒液沿着杯壁滑落,观察杯壁上挂杯流动的速度。越好的白兰地,酒迹滑动的速度越慢,且形成的酒迹越圆润。

(3)闻香。轻轻摇动酒杯,逐渐靠近鼻子,在杯口深闻酒气。然后用手握杯腹部2min,用手心温度将白兰地稍微温一下,摇动后再闻香。优质白兰地的香气有淡雅的葡萄香味、橡木桶的木质风味、青草与花香的自然芬芳等。而极品的白兰地则会出现一种复杂的甘醇、丰腴感。

(4)品味。品尝时吸入一小口酒(2mL左右),从舌尖开始品尝白兰地,再顺着舌缘让酒流到舌根,然后在口中滑动一下,入喉之后趁势吸气咽下,让醇美厚实的酒味散发出来。通常香味越醇和停留越久越好。不够醇和或年份短的白兰地,会觉得酒气凶烈,缺乏芳醇的味道。

2. 混合饮用

饮用一般白兰地的时候,可以加冰或加水,英国人喝白兰地喜欢加水,中国人多喜欢加冰,在白兰地中加入饮用水,风味不变还可降低酒度。人们饮白兰地时往往加入冰块、矿泉水或苏打水,也有加茶水的,并且越是名贵茶叶越好,白兰地的芳香加上茶香,具有浓郁的民族特色。

白兰地还可以与其他软饮料混合在一起调制各种鸡尾酒。例如白兰地加可乐。

(二)白兰地的服务

1. 杯具

白兰地的饮用常常使用白兰地杯或郁金香形杯。

平时喝白兰地,多用球形白兰地杯。白兰地酒杯是为充分享用白兰地而设计的,其酒杯窄口的设计可让酒香尽量长时间地留在杯内;大肚杯的设计可以利用人手的温度来催使酒香散发,还可以扩大酒与空气的接触面,增加酒味的散发。

鉴赏白兰地应使用高身郁金香形杯,可使白兰地的香味缓缓上升。

2. 分量

白兰地酒饮用的标准分量通常以 1oz 为宜,将白兰地杯横置桌面酒液不溢为准(224mL 的白兰地杯只倒入 28mL 白兰地酒)。

郁金香杯,以斟倒杯子容量的 1/3 为宜,要让杯子留出足够的空间,使酒香环绕不散,达到最佳的品尝效果。

第二节　法国白兰地

世界上生产白兰地的国家很多,但以法国出品的白兰地最为驰名,法国白兰地也成为优质白兰地的代名词。而在法国产的白兰地中,尤以干邑地区生产白兰地品质最佳,被誉为“白兰地之王”,其次为雅文邑地区所产的白兰地。

一、干邑白兰地

(一)干邑白兰地简介

干邑(Cognac),有时也译为科涅克,是法国查伦泰河旁的一座古镇,位于法国西南部大西洋比斯开湾之滨,无论天气还是土壤,都得天独厚,适于良种葡萄的生长。干邑因而成为法国最著名的葡萄产区,所产的葡萄可酿制成最佳品质的白兰地。16 世纪,干邑镇就制作白兰地酒,18 世纪,该地区已出口白兰地酒。由于该地区生产白兰地工艺严谨,酒质优秀,使得干邑成为优秀白兰地的代名词。

“干邑”是一个以地名定酒名的专用名词,它的使用受法律保护。干邑只能是用在法国查伦泰河流一带干邑地区种植的葡萄,并在当地采摘、发酵、蒸馏和贮存所得的白兰地酒。干邑酒在世界上赢得了极高的声誉,这与它非常严格地控制质量有关。它明确规定葡萄酒的种类、品质,清楚界定种植葡萄的地区,规定酿酒的具体细节等。

1938 年,法国原产地名协会和干邑同业管理局根据 AOC 法和干邑区内的土质及生产的白兰地的质量和特点,将干邑区分为 6 个等级不同的酒区。见表 5-1。

表 5-1　法国干邑产区酒区等级

一等产区	大香槟区(Grande champagne),小香槟区(Petite champagne)
二等产区	波尔得里区(香槟边缘区,Borderies),芳波亚区(优质林区,Fin Bios)
三等产区	邦波亚区(优良林区,Bon Bios),波亚奥地那区(普通林区,Bios Ordinaries)

最好的白兰地产地是干邑区中心种植地带,称“大香槟区(Grand Champagne)”,其次是“小香槟区(Petite Champagne)”,也是在干邑区的心脏。这两个区的面积很小,只占全干邑区的百分之九,但其出产的白兰地却是干邑的精华。

为了保证干邑白兰地的优良品质和形象,法国法律规定,选用大小香槟区的酒液调配酿造而成,且其中大香槟区的酒液占到50%以上的干邑白兰地被称为特优香槟干邑(Fine Champagne Cognac)。这个称号是法律上的规定,酒商不能任意使用。目前,仅有17%的干邑能够享有这一称号。

需要注意的是,干邑的这两个区之所以称为大小香槟,是因为上述两个地区内的土壤中含有极其丰富的石灰岩成分,其土质与生产香槟酒的香槟区的土质很相似,所以以此命名。干邑白兰地酒标中“香槟”与香槟气泡酒标上的“香槟”指的是两个地理位置。

干邑白兰地酒体呈琥珀色,清亮透明,酒度一般在43°左右。具有柔和、芳醇的复合香味,口味精细讲究。

干邑白兰地的原料主要是选用圣·爱米伦(Saint Emilion)、哥伦巴(Colombard)、白福尔(Folle Blanche)三个著名的白葡萄品种。

(二)干邑的酒质标志

干邑酒商们为了保护自己的品牌、便于消费者识别,开创了干邑的等级标示。其后,法国政府为保证酒质,制定了严格的监督管理措施,要求酒商将白兰地的等级、年份用相应字母进行标示。

1. 星级表示法

星级表示法是轩尼诗(Hennessy) 公司于1865年首创的表示方法。在轩尼诗家族的慕利士·轩尼诗的创意下,将轩尼诗干邑分成了一星、二星和三星,以帮助人们分辨干邑的品质。但是“星”的标示只能用来粗略的标示酒的品质,并不能说明贮存年份,当星的个数发展到5颗后,就不得不停止加星,因而无法表示更长贮藏时间、更高品质的干邑。再加上由于竞争,更长桶贮年份、更高质量的干邑不断出现,这就需要寻找一种新的表示方法,以系统的标示白兰地的品质。于是出现了后来的字母表示法,但以星级标示酒质也仍在使用。

2. 字母表示法

到20世纪70年代时,人们开始使用字母组合来更精确地标示不同的酒质。V代表Very(纯真的),E代表Especial(特别的),F代表Fine(好),O代表Old

(老的),S 代表 Superior(上好的),P 代表 Pale(淡的),X 代表 Extra(格外的),C 代表 Cognac(干邑)。常见的主要有以下几种:

普通干邑白兰地:V S 或三星(★★★),属于普通型白兰地。法国政府规定,干邑地区生产的最年轻的白兰地需要 18 个月的酒龄。但厂商为保证酒的质量,规定普通干邑白兰地在橡木桶中必须酿藏 2 年半以上。

中档干邑白兰地:VSOP,意思是 Very Superior Old Pale,属于中档干邑白兰地,享有这种标志的干邑至少需要 4 年半的酒龄。然而,许多酿造厂商在装瓶勾兑时,为提高酒的品质,适当加入了一定成分的 10 ~ 15 年的陈酿干邑白兰地原酒。

精品干邑白兰地:有 FOV(Fine Old Very)、Napoléon (拿破仑)、Cordon Blue (蓝带)、XO(Extra Old 特陈)、Xertra(极品)等。依据法国政府规定此类干邑白兰地原酒在橡木桶中必须酿藏 6 年半以上,才能装瓶销售。但著名酒商往往会对自己的白兰地提出更高的要求。那些酿藏时间大于 20 年的称顶级(Paradise),或称路易十三(Louis XIII)。需要说明的是,在这里,"拿破仑(Napoléon)"是一种酒质等级的标志,与酒厂用来作为品牌的"拿破仑(Courvosier)"不是一个概念,对此要注意区分。

需要说明的是,以上等级标志仅仅说明每个等级中用于勾兑的酒的最低酒龄,不能说明参与混配的酒的最高酒龄,参与混配的酒的最高酒龄在标志上看不出来。也就是说,一瓶 XO 级的白兰地,用以混配的每种蒸馏葡萄酒精,在橡木桶中的存贮期都必须在 6 年半以上,其中存贮年份最长久的,可能是 20 年以上,也可能是 40 年,由各酒厂自行掌握,不体现在标示上。但是著名的老牌酒商为了保证良好的品牌信誉,以保证质量来赢得顾客的信任,一般都会用贮存年份很久的老龄酒来进行勾兑,而且只有老牌酒厂才会有贮存年份很久的老龄酒,因此,一般来讲,同样字母标示的干邑,老牌酒商的干邑白兰地中,其老龄酒的年份会更长。

(三)干邑的主要酒厂和产品

1. 人头马集团(Remy Martin)

人头马集团由创始人雷米·马丁(Remy Martin)于 1724 年创立,以希腊神话中的半人半马"肯达尔斯"作为家族的象征符号,是著名的老字号干邑白兰地制造商。人头马香槟干邑系列是世界公认的最著名的白兰地。其产品采用产自大香槟区及小香槟区的上等葡萄酿制而成,并始终严格控制品质,所以被法国政府冠以特别荣誉的名称——"特优香槟干邑"。到目前为止,只有人头马的全部产品冠以此称号,使得带有人头马星座图案的人头马干邑声名远扬,在国际优质干邑市场上稳占重要一席。表 5-2 为人头马干邑主要酒品说明。

人头马集团执行着比干邑产区生产法令规定更高的标准:陈化期 7 年以下

的是 VS，达到 7 年的是 VSOP，超过 12 年的是 CLUB（即"人头马俱乐部"），达到 15 年的是 Napoléon（即"拿破仑"级），超过 20 年的是 XO，超过 40 年的是 L'AGED'OR（即"金色年代"），达到 50 年以上即路易十三。

表 5－2　人头马干邑主要酒品

酒　品	说　明
VSOP 特优香槟干邑	经过两次蒸馏，放入橡木桶蕴藏 8 年以上，为求酒质充分吸收橡木的精华，成为香醇美酒
CLUB 特级干邑	法国政府严格规定的拿破仑级
人头马特级	在桶内蕴藏超过 12 年，酒色金黄，通透宜人，被称为琥珀色，是最佳干邑的标志
极品 XO	采用法国大、小香槟区上等葡萄酿造并经多年蕴藏，酒味雄劲浓郁，酒质香醇无比，凹凸有致的圆形瓶身，典雅华贵，为极品干邑
人头马马标	采用由贝尔纳德公司制造的世界上少数具有烧焦痕迹的陶器酒瓶
金色年代	瓶颈部分用 24K 纯金镶嵌，并有线条细腻的花纹，显出高贵不凡的气派。秉承了人头马的特优香槟干邑的特性，在橡木桶里蕴藏逾 40 年之久，又经过三代酿酒师的精心酿制，酒质馥郁醇厚，酒香更是细绵悠长
路易十三	产量最稀少，品质最上乘的顶级名酿，酒质醇美无瑕，芳香扑鼻，达至酿酒艺术的最高境界，十分稀罕珍贵。设计独特的酒瓶采用驰名世界的法国巴克瑞特 Baccarat 水晶世家手工精雕细琢的水晶瓶，瓶身刻有巴洛克风格的百合花纹，瓶盖及瓶肩镶有 24K 纯金雕饰

2. 轩尼诗酒厂（Hennessy）

1765 年，曾经是路易十三世御林军军官的爱尔兰人李察·轩尼诗用自己的名字成立了一家酒厂，这就是轩尼诗酒厂，其酒标是一只手臂擎着一把斧头。轩尼诗从 1815 年开始被法国皇室选定为专门的酒类供应商达 26 年之久，随着法国上层政治外交活动从国内走向了国外，轩尼诗酒也从寻常百姓中走入了上流社会、皇族贵胄，这成就了轩尼诗高贵典雅、气度非凡的品牌特质与深厚内涵。经过六代人的努力，轩尼诗干邑的质量不断提高，产量不断上升，成为干邑地区最大的三家酒厂之一。

轩尼诗酒厂最早使用了以星的多寡来标示干邑酒质的优劣。在 1870 年，轩尼诗酒厂还首次推出了以 XO 命名的轩尼诗，并在 1900 年向法国政府正式登记"XO"这个级别，使之后所有具有相同特性的白兰地都可以被称为"XO"。轩尼诗 XO 具有醇美馥郁的优异品质，被誉为极品干邑，受到同业尊崇。

20 世纪末，轩尼诗开始进军亚洲市场。在进入日本市场时，同行并不看好轩尼诗在日本的销售,因为日本人普遍喝威士忌,但是在十几年的时间里,轩尼诗在日本的销售量却由6万瓶剧增至1000万瓶。目前该厂的产品已牢牢扎根在亚洲市场。

3. 马爹利公司(Martell)

1715年生于法国泽西岛的让·马爹利用自己的名字命名了第一瓶马爹利酒。马爹利酒的商标是长方形的蓝底金字上有一只飞翔的金雀。马爹利酒厂由马爹利家族经营了八代,成为主要干邑酿酒商中历史最为悠久的一家企业。于1988年被北美知名酒商施格兰(Seagram's)收购,又于2001年被转卖给法国保乐利加集团。无论经历怎样的转变,追求完美品质始终是马爹利的一贯原则。表5-3为马爹利干邑主要酒品说明。

表5-3　马爹利干邑主要酒品

酒　品	说　明
金王马爹利	马爹利公司极具代表性的经典品牌,彰显了马爹利干邑的尊贵内涵
XO马爹利	被称为"XO中的极品",是马爹利家族280多年酿酒艺术的集大成者,在积累了八代酿酒经验的基础上精心调制而成
金牌马爹利	马爹利酒厂集法国四大干邑产区佳酿调配而成的精品,色泽圆润丰满,韵味成熟芳香,无可争议地成为"醇厚优质干邑"系列中的翘楚
蓝带马爹利	全球最受欢迎的高级干邑之一
名士马爹利	拥有充满现代气息的瓶身设计,在中国极受欢迎
三星马爹利	最早成为衡量白兰地品质标准的产品之一
VSOP马爹利	日本的销量一直处于前三名,世界上最受欢迎的白兰地之一

4. 金花酒厂(Camus)

1863年,约翰·柏蒂斯·金花(Jean Baptise Camus)与他的好友在法国干邑地区创办金花酒厂,用"伟大的标记"(Lagrande Marque)为徽号。

金花白兰地酒厂是现在法国干邑地区中仅存的极少数家庭企业酒厂之一。酿造干邑时使用旧的橡木桶贮酒,尽量使橡木的颜色和味道少渗入酒液中,因而形成了品质轻淡的风格,比起那些特意使用新橡木桶酿制的干邑,风味比较别致。金花酒厂很重视酒瓶的包装,他们为打开亚洲市场,特别是为海峡两岸的中国市场推出了多种漂亮的瓷瓶包装,以专门吸引收藏家的兴趣,其中尤以书本型的设计包装最受欢迎。

金花酒厂在干邑的大香槟区及边缘区(Borderies)两个地区均拥有葡萄园。三星金花白兰地产量极少;VSOP级干邑,以边缘区所酿的原酒为主;拿破仑级金花,其原酒则分别来自大香槟区和小香槟区;更为高级的拿破仑特级(Napoleon Extra),选用另外两个干邑小地区的原酒为主要成分,精心调配而成。金花干邑始终以拿破仑产品及拿破仑特级佳酿最受欢迎。

此外,干邑还有奥吉尔(Augier)、百事吉(Bisquit)、拿破仑(Courvosier)、长颈(F. O. V)、御鹿(Hine)、拉森(Larsen)、金像(Otard)、路易老爷(Louis Royer)等著名酒商品牌。

二、雅文邑白兰地

(一)雅文邑简介

雅文邑(Armagnac)通常也译为阿尔玛涅克,是法国古老的白兰地之一,仅次于干邑白兰地。雅文邑位于法国波尔多地区东南部热尔省(Gers)境内,种植面积不到干邑的一半,该地区所采用的葡萄品种与干邑一样,主要是选用圣·爱米伦(Saint Emilion)、哥伦巴(Colombard)、白福尔(Folle Blanche)三个著名的白葡萄品种。

雅文邑酒自1422年以来就有生产,是世界上最古老的白兰地酒,17世纪中期首次出口到荷兰。雅文邑与干邑两地产的白兰地口味有所不同,主要原因是:首先,干邑酒的初次蒸馏和二次蒸馏分开进行,雅文邑则是一次性连续蒸馏,使蒸出的白兰地酒液具有更浓厚的香气。其次,干邑酒贮存在利穆赞木桶中,而雅文邑白兰地是贮藏在黑橡木桶(Black Oak)中老熟,由于黑橡木桶颜色黑、单宁多,有细小的纹理,因此酒液与木桶的接触面积大,从而形成了雅文邑复杂的风味和较深的颜色,陈酿时间相对也要短一些。

雅文邑酒体呈深琥珀色,酒液透亮,酒度为43°。陈年的雅文邑风格稳健,回味悠长,杯中留香久,有的可达一周。雅文邑酒主要供应内销,出口量较少,其知名度比不上干邑白兰地。但雅文邑酒质非常优秀,酒味较浓烈,曾有人评价,干邑是都会型的白兰地,雅文邑是田园风味的白兰地。

(二)雅文邑的酒质标志

雅文邑一般至少贮陈2年以上,否则雅文邑白兰地的名称上必须注明“未成熟”(Imature)等字样。雅文邑的酒龄一般为3~8年,许多著名品牌的白兰地可达到25年。雅文邑白兰地的酒质标志是以1年、2年、3年、4年、5年、6年的贮存年份为基础进行标示的。雅文邑陈酿一年是指从蒸馏完毕的5月1日起算,至第二年的5月1日为一年,用“1”表示,至第三年的5月1日为两年,用“2”表示,以此类推。

与干邑同样,雅文邑的酒质标志也是将年份和一定的字母表示联系起来,主要有以下几种:

(1)VS、Trois Etoiles(三星)、Monopole、Selection Deluxe 表示勾兑时所用的酒龄最短的白兰地酒至少已陈酿三年。

(2)VO、VSOP 或 Reserve 表示勾兑时所用的酒龄白兰地酒至少陈酿四年。

(3) Extra, Napoleon, XO vieillereserve 表示勾兑时所用的酒龄最短的白兰地酒至少已陈酿六年。

(4) Hors d'Age 表示勾兑时所用的酒龄最短的白兰地酒至少已陈酿 10 年。

法国政府对于佳酿雅文邑有着严格的立法规定:所有的佳酿雅文邑酒必须在酒标上注明生产的年限,不能同其他年份的雅文邑酒相混合;佳酿雅文邑酒酒标上注明的好酒酿成的年份,表示的是将酒进行蒸馏而不是葡萄收获的年份;生产商要注明佳酿雅文邑从桶中转移到玻璃瓶的年限;为了保证质量,佳酿雅文邑酒必须储藏 10 年以上才能出售。

(三) 雅文邑的主要酒厂

1. 夏博 (Chabot)

夏博是产自阿尔玛涅克地区加斯科尼省的法国著名的阿尔玛涅克白兰地酒,目前在阿尔玛涅克白兰地当中,夏博的销售量始终居于首位。种类有 VSOP、Napoleon 和 XO 以及 Chabot Blason D'or(夏博金色徽章)和 Chabot Extra Old(特级夏博陈阿尔玛涅克)。

2. 法国爱德诗酒厂 (Adet Seward)

法国爱德诗酒厂创立于 1852 年,由法国罗兰爱德和夏利诗两个青年人在波尔多合资设厂而生产,其后人秉承传统的酿酒技术使产品行销世界。该厂的产品有蜂巢大三星白兰地,蜂皇 VSOP 白兰地,多寿拿破仑白兰地以及特醇拿破仑白兰地。其中,蜂巢大三星白兰地选用波尔多最优良葡萄酿制,销售网遍布世界各地,在东南亚尤其受欢迎。

3. 卡尔波尼尔 (Carbonel)

由位于阿尔玛涅克地区诺卡罗城的 CGA 公司出品,该公司创立于 1880 年,在 1884 年以瓶装酒的形式开始上市销售。一般的阿尔玛涅克只经过一次蒸馏出酒,而该酒则采取两次蒸馏,因此该酒的口味较为细腻、丰富。常见的级别类型有:"Napoleon"(拿破仑)和"XO"(特酿)等。

此外,雅文邑白兰地的名品还有卡斯塔浓(Castagnon)、珍尼(Janneau)、索法尔(Sauval)、桑卜(Semp)、莱福屯(Lafontan)、莱波斯多(Lapostole)、麦尼本(Maniban)等。

三、马尔白兰地 (Marc)

法国人称这种酒为 Eau De Vie Marc,简称 Marc,因其最后一个"c"字不发音,故称为"马尔"。它是用制造葡萄酒时所剩下的葡萄渣蒸馏获得的,属于果渣白兰地,在法国全国都有生产,但都是在产地内销售。以勃艮第出产的质量最好,有丰富的麦秆和木料的味道。

马尔白兰地酒液透明无色,有明显的果香,酒度为 68°~71°,因此,口感非常猛烈,刺激性较大,后劲足,极容易上头,适宜做餐后酒。

此种酒的名品有勃艮第马尔白兰地(Marc de Bourgogne)、法兰西孔台马尔白兰地(Marc Franche Comtee)、香槟马尔白兰地(Vieux Marc de Champagne)等。

四、法国白兰地(French Brandy)

法国除干邑和雅文邑区外其他地区出产的葡萄蒸馏酒统称为法国白兰地(French Brandy)。其价格低廉,质量也不错。法国白兰地会模仿干邑的等级标志,如:"VSOP" 和"Napoleon"这样的写法,但这种标志与实际酒龄酒质无太大关系,法国普通白兰地一般放在橡木桶中储存 2 ~3 年就装瓶出售了。

第三节　其他国家的白兰地

除了法国白兰地以外,其他盛产葡萄酒的国家,如西班牙、意大利、美国、葡萄牙、秘鲁、德国、南非、希腊等国家,也都生产一定数量风格各异的白兰地。

一、西班牙白兰地

西班牙白兰地的质量仅次于法国,居世界第二位。它是用雪莉酒蒸馏,并用雪莉酒的混合方法进行混合,用旧的美国橡木桶贮存而成。西班牙白兰地常被作为生产杜松子酒和香甜酒的原料。西班牙白兰地具有独特的浓香、较显著的甜味和土壤味。由于西班牙盛产不经过发酵的甜葡萄酒(需要在葡萄榨汁后,马上添加白兰地以抑制其发酵),因此需要耗用的白兰地量很大。

西班牙白兰地根据陈年时间的不同,分为 3 种:至少 3 年陈(Solera Gran Reserva)、至少 1 年陈(Solera Reserva)和至少 6 个月陈(Solera)。

二、美国白兰地

与红葡萄酒一样,美国白兰地也是以加利福尼亚州产的白兰地为代表,在新泽西、纽约、华盛顿等地也有少量出产。大约 200 多年前,加州就开始出产白兰地,到 19 世纪中叶,白兰地已经成为美国最主要的酒类消费品之一。美国酿制白兰地所使用的葡萄酒品种主要是无核的汤普森(Thompson)、白玉霓(Ugni Blanc)、哥伦巴(Collombard)和白福尔(Folle Blanche)等品种,口味温和、甜蜜。

美国白兰地使用当地葡萄酒蒸馏得到的酒精,再贮存在威士忌酒桶中陈年。美国酒法规定白兰地的酒龄最少为 2 年,陈酿时间不足的需标"Immature"(未成熟)字样。美国出产的白兰地可分为佐餐酒、高级白兰地和烈性白兰地三类。

三、意大利白兰地

意大利是世界上白兰地生产和消费量都比较大的国家,而且也是出口白兰地最多的国家之一。意大利白兰地的口味通常比较清淡柔和，陈酿时间较长，一般标准是6年以上，但是很多酒甚至经过10年以上的贮陈。意大利白兰地也使用了法国的等级标准。

四、葡萄牙白兰地

葡萄牙白兰地也是用雪莉酒蒸馏而得的，与西班牙白兰地十分相似。该国的雪莉酒是用杜罗(Douro)地区栽培的葡萄酿制而成，然后再蒸馏成白兰地。在葡萄牙，当标上"aguardente vinica vitha"时，意思是"陈酿的葡萄酒生命之水"，其陈酿时间至少是1年。

五、秘鲁白兰地

在秘鲁，白兰地被称为皮斯科(Pisco)，生产的历史亦相当久远。Pisco是秘鲁一个南方港口的名字，秘鲁白兰地采用Pisco港口附近的伊卡尔山谷中栽培的葡萄为原料，经酿成白葡萄酒后，再蒸馏而成。它采用陶罐贮存，不使用橡木酒桶，贮存期限很短。Pisco也是南美洲一个会制作独特酒瓶的种族名字。这个民族善于制造一些黑色的造型陶器，而当地所产的白兰地，大多采用这种陶瓶来盛装，渐渐地大家便称这种酒为Pisco。

六、德国白兰地

德国白兰地的特点是醇美。德国生产葡萄酒的量较少，因此除了利用国内生产的少量葡萄酒来蒸馏白兰地外，多数是进口法国葡萄酒后再生产白兰地，同时也用法国的橡木桶来贮存白兰地。在德国，陈酿时间达到12个月时，就有权标示酒龄并不必明标陈酿时间。

七、南非白兰地

南非白兰地是采用白葡萄新酒蒸馏而成。在蒸馏前须经过政府许可才可动工。蒸馏得到的白兰地，须在橡木桶中陈酿3年以上，才可包装上市。陈酿5年的白兰地叫凯普白兰地(Cape Brandy)，可与任何著名的白兰地媲美。南非陈10年的白兰地，味道特别醇美可口，但很少出口，因此知名度不高。

八、希腊白兰地

希腊的白兰地大多数出口国外销售，很受欢迎。希腊白兰地味清美而甜润，用焦糖着色，因此酒色较深。麦塔卡(Metaxa)是希腊最有名的白兰地，麦塔卡由S. E. A. Metaxa酒厂制造。该厂建于1888年，用厂名做酒名生产了麦塔卡白兰地，在它的酒标上还特别的用7颗五角星来表示陈年久远。

◎本章小结

1. 白兰地是一种以水果为原料，经过发酵蒸馏贮藏而得的烈性酒。属于高档烈性酒，酿制工艺严格。

2. 白兰地以法国干邑和雅文邑最为有名。两产区的酿制工艺和风格各有不同。

◎思考与练习

1. 常见的水果白兰地有哪些？
2. 干邑白兰地的分级及常见厂商品牌有哪些？
3. 雅文邑白兰地的分级和主要厂商是什么？
4. 西班牙白兰地、葡萄牙及美国白兰地的特点有哪些？

◎实践作业

白兰地的饮用与服务。

方式：准备白兰地酒 2 瓶，白兰地杯多个，在教师的指导下，学习白兰地的饮用品鉴以及服务。

蒸馏酒知识

第六章　威士忌

本章内容： 威士忌概述

苏格兰威士忌

美国威士忌

爱尔兰和加拿大威士忌

教学要求： 1.在威士忌的概述中，重点介绍威士忌的特点和生产工艺。

2.重点讲述苏格兰威士忌的酿制特点，使学生理解其优质的原因，并简单介绍苏格兰威士忌的各著名品牌和产品。

3.在讲述美国威士忌分类时，与苏格兰威士忌的分类对比讲解。提醒学生注意区分美国威士忌与苏格兰威士忌的品牌。

4.简单介绍爱尔兰威士忌和加拿大威士忌。

5.以实操方式讲授威士忌的饮用和服务，使学生知道威士忌的饮用方式，并能够提供正确的威士忌服务方法。

教学课时： 4 课时

第一节　威士忌概述

一、威士忌简介

(一)威士忌的由来

威士忌 Whisky 源自于古代居住在爱尔兰和苏格兰高地的塞尔特人的语言。威士忌酒的由来是个意外——中世纪的炼金术士们在炼金的时候,偶然发现制造蒸馏酒的技术,还把利用蒸馏技术制造出来的可以焕发激情的酒以拉丁语命名为 Aqua - Vitae(生命之水)。这种"生命之水"的制造技术后来传至古爱尔兰,被用于当地麦酒的蒸馏,生产出强烈的酒精饮料,当地人将其称作"生命之水",并用自己的语言直接译为 Visage - beatha,这便是威士忌的起源,也被认定是威士忌名称的由来。但目前威士忌的拼写方法有两种:Whisky 是英国和加拿大的拼写方式,而 Whiskey 是美国和爱尔兰的拼写方式,尾音有长短之别。

(二)威士忌的特点

威士忌酒是以大麦、黑麦、燕麦、小麦、玉米等谷物为原料,经发酵、蒸馏后放入旧的橡木桶中陈酿,再经过勾兑而制成的烈性酒精饮料,是谷物蒸馏酒中最具代表性的酒品。其主要生产国多为英语语系国家和地区,主要产地有:苏格兰、爱尔兰、美国、加拿大和日本,其中苏格兰生产的威士忌最负盛名。

威士忌的酒度在40°以上,酒体呈浅棕红色,气味焦香。由于威士忌在生产过程中的原料品种和数量的不同比例、麦芽生长的程序、烘烤麦芽的方法、蒸馏的方式、贮存用的橡木桶、贮存年限及勾兑技巧等的不同,威士忌酒所有的风味和特点也不尽相同。通常苏格兰威士忌具有传统的麦芽与泥炭烘烤的香气,而其他地方生产的威士忌味道较柔和,各有特色。

威士忌不仅酿造历史悠久,酿造工艺精良,而且产量大,市场销售旺,深受消费者的欢迎,是世界最著名的蒸馏酒品之一,同时也是酒吧单杯"纯饮"销售量最大的酒水品种之一。

二、威士忌的生产工艺

一般威士忌的酿制工艺过程可分为七个步骤。

(一)发芽(Malting)

首先将去除杂质后的麦类(Malt)或谷类(Grain)浸泡在热水中使其发芽,一般而言约需要 1 ~ 2 周的时间。待其发芽后,将其烘干或使用泥煤(Peat)熏干,冷却后再储放大约一个月的时间,发芽的过程即算完成。值得一提的是,在所有的威士忌中,只有苏格兰地区所生产的威士忌是使用泥煤进行熏干的,因此赋予了苏格兰威士忌一种独特的风味,即泥煤的烟熏味,这是其他种类的威士忌所没有的。

（二）磨碎（Mashing）

将发芽的麦类或谷类放入特制的不锈钢槽中捣碎并煮熟成汁，所需时间约8～12h。在磨碎的过程中，温度及时间的控制是相当重要的环节，过高的温度或过长的时间都将会影响到麦芽汁（或谷类的汁）的品质。

（三）发酵（Fermentation）

将酵母菌加入冷却后的麦芽汁进行发酵。酵母将麦芽汁中的糖转化成酒精，在完成发酵过程后产生酒度为5°～6°的液体，被称为"Wash"或"Beer"。酵母的种类很多，对发酵过程的影响也不尽相同，各个不同的威士忌品牌都将其使用的酵母的种类和数量视为商业机密。一般来讲，在发酵的过程中，威士忌厂会使用至少两种以上不同品种的酵母来进行发酵，最多的有使用十几种酵母混合在一起进行发酵的。

（四）蒸馏（Distillation）

将麦类或谷类经发酵后所形成的低酒度的"Beer"经蒸馏，形成酒精浓度为60°～70°的烈酒，被称为"新酒"。麦类与谷类原料所使用的蒸馏方式有所不同：由麦类制成的麦芽威士忌是采取单一蒸馏法，即以单一蒸馏容器进行两次蒸馏。由谷类制成的威士忌酒则是采取连续式的蒸馏方法，使用两个蒸馏容器以串联方式连续进行两次蒸馏。蒸馏后，将冷凝流出的酒掐去头尾，只取中间60%～70%的"酒心"（Heart）部分作为威士忌新酒。要制造的威士忌酒品质越高，筛选"酒心"的比例越小。享誉全球的麦卡伦（Macallan）单一麦芽威士忌，只取17%的"酒心"作为酿制威士忌酒的新酒使用。

（五）陈年（Maturing）

蒸馏过后的新酒放入橡木桶中陈酿，吸收植物的天然香气，生成漂亮的琥珀色，逐渐降低高浓度酒精的强烈刺激感。

（六）混配（Blending）

调酒大师依其经验和本厂威士忌酒的酒质要求，将各种威士忌新酒按比例勾兑出自己与众不同的威士忌酒。各个品牌的混配过程及内容都被视为是绝对的商业机密。需要说明的是，这里所说的"混配"包含两种含义，即：谷类与麦类原酒的混配；不同陈酿年代原酒的勾兑混配。勾兑威士忌不同于勾兑白兰地，白兰地是使用味觉，也就是舌头来判断味道进行勾兑的，而威士忌是用嗅觉，也就是用鼻子来判断味道进行勾兑的。当气味分辨遇到困难时，取一点酒液涂于手背上，使其香味挥发，再仔细嗅别鉴定。然后按照剂量配方，把不同的威士忌注入混合器（或者通过高压喷雾）调匀，然后加入染色剂（多用饴糖），最后入桶陈酿贮存。

（七）装瓶（Bottling）

将混配好的威士忌再过滤一次，去除杂质，即可由自动化的装瓶机器将威士忌按固定的容量分装至酒瓶中，再贴上各自厂家的商标，即可装箱出售。

三、威士忌的主要产地

威士忌酒在原料方面不如白兰地那么严格，因此，威士忌的品种比较多，许多国家和地区都有生产威士忌的酒厂。最著名且最具有代表性的威士忌分别是苏格兰威士忌、爱尔兰威士忌、美国威士忌和加拿大威士忌。

(一)苏格兰威士忌

苏格兰威士忌原产苏格兰，用经过泥炭熏焙干燥产生独特香味的大麦芽做原料制成。苏格兰威士忌具有独特的风格，色泽棕黄带红，清澈透亮，气味焦香，带有特殊的泥炭香，口感甘烈、醇厚、劲足、圆正绵柔，酒度一般为40°~43°，为威士忌中的上上品，是世界上最好的威士忌之一。衡量苏格兰威士忌的一个重要标准是嗅觉的感受，即那种独特的烟熏酒香气味。

(二)爱尔兰威士忌

爱尔兰威士忌原产爱尔兰，用小麦、大麦、黑麦等制成的麦芽做原料酿造而成，经过三次蒸馏，入桶陈酿8~15年，装瓶时需掺水稀释。爱尔兰在烘焙麦芽时用煤作燃料，不用泥炭熏焙，所以爱尔兰威士忌没有焦香味，口感圆润柔和。此酒适用于制作混合酒与其他饮料共饮。

(三)美国威士忌

美国威士忌原产美国南部，特点是以玉米和其他谷物为原料，用玉米或其他谷物单独或混合地发酵，蒸馏后放入内侧熏焦的白橡木酒桶中陈酿4~8年，因此带有独特的发红色泽。装瓶时加入一定数量蒸馏水加以稀释，美国威士忌没有苏格兰威士忌那样浓烈的烟味，但具有独特的橡树芳香，以及香味独特的炭香。

(四)加拿大威士忌

加拿大威士忌用玉米、黑麦和大麦麦芽这三种原料混合酿制，采用二次蒸馏，在木桶中贮存4年、6年、7年、10年不等。出售前要进行勾兑掺和。加拿大威士忌气味清爽，口感轻快、爽适，在世界上四大威士忌系列中具有最温和的口味，受到很多北美人士的喜爱。

四、威士忌饮用与服务

威士忌多在消遣休闲时饮用。苏格兰威士忌、加拿大威士忌等适合在餐前或餐后饮用。

(一)威士忌的饮用

1. 净饮

高年份的威士忌宜以常温净饮的方式，这样才能够更充分地享受其细致与香醇。

(1)观色。持拿酒杯时应拿住杯脚,而不能托着杯壁。因为手指的温度会让杯中的酒发生微妙的变化。在灯光下仔细观察手中的酒,威士忌的颜色从深琥珀色到浅琥珀色有很多种。酒的色泽和威士忌在橡木桶里存放时间的长短密切相关,通常存放时间越长,威士忌的色泽就越深。

(2)赏形。实际上是要看威士忌的挂杯。把酒杯缓慢轻柔地倾斜过来,再恢复原状。挂杯长意味着威士忌酒更浓、更稠,也可能是酒精含量更高,好的威士忌是一种非常醇厚的液体,所以优质的威士忌通常挂杯很长。

(3)闻香。威士忌有不同的嗅觉感受,主要有烟熏味、水果味、干果味、草香味等。轻轻摇动酒杯,逐渐靠近鼻子,在杯口深闻酒气,缓慢摇动后再闻香。不同产地的威士忌会有不同的香气,例如:产于苏格兰西部 Islands 的威士忌会有明显的辛辣气味和清新的海水味;"黑方"威士忌则充满了混合着来自苏格兰南部的香草味、北部的水果味和烟熏味;有些威士忌令人联想到古巴雪茄的迷人烟熏味,这是苏格兰特殊的泥煤烘干麦芽的效果。

(4)品尝。享用上好威士忌的时候,最好也准备一大杯冰冻纯净的水,每喝一口威士忌之前先喝一大口冰水,然后再细品酒液,小口啜饮,让酒在齿间和舌尖回荡。喝冰水有助于冲淡威士忌的强烈味道,延长其口感和香味。

2. 混合饮用

威士忌可以加冰块饮用。先在古典杯中放 4 ~ 5 块冰,然后将威士忌酒倒入古典杯中,不超过冰块之量。

威士忌也可与软饮料混合饮用,可加水、可乐、七喜或用来调制鸡尾酒。先将威士忌倒入果汁杯中,将冷藏过的矿泉水或汽水加到八分满。

威士忌的饮用方法在各个地区会有些差异。大部分欧洲人喝威士忌,通常就只加点水而已,兑水的喝法比较能展现威士忌的原味;在法国,人们往往什么都不加,喜欢威士忌原本的浓香醇厚;美国人则会先放大量冰块,然后倒入少量威士忌。

(二)威士忌的服务

杯具:在饮用威士忌时常用古典杯,这种宽大而不深的平底杯,更利于威士忌风格的表现。

标准用量:威士忌为每份 40mL(1.5oz)。

第二节　苏格兰威士忌

一、苏格兰威士忌简介

公元1171年,英国国王亨利二世(Henry Ⅱ,1154~1189年在位)举兵入侵爱尔兰,将蒸馏酒的酿造法带到了苏格兰,从而开始了苏格兰威士忌酒的早期酿造。公元1494年的苏格兰文献"财政簿册"上记载了苏格兰人蒸馏威士忌的历史。从有文献记载开始,苏格兰生产威士忌酒已有500年的历史。19世纪,英国连续式蒸馏器的出现使苏格兰威士忌进入了商业化的生产。苏格兰威士忌受英国法律限制:凡是在苏格兰酿造和混合的威士忌,才可称为苏格兰威士忌。

(一)苏格兰威士忌的酿制

威士忌的酿造相当讲究,以当地盛产的大麦为原料,加上本地带有特殊泥炭香味的地下水或清泉酿制而成。其工艺特征就在于使用当地的泥煤为燃料烘干麦芽,再粉碎、蒸煮、糖化,发酵后再经壶式蒸馏器蒸馏,产生70°左右的无色威士忌,再装入内部烤焦的橡木桶内,贮藏5年甚至更长一些时间。最后,由调酒师根据经验和配方进行勾兑混合,得到酒度为40°左右的苏格兰威士忌。

调制的苏格兰威士忌由麦芽威士忌供给其香味特色,谷物威士忌的酒味较淡,酿藏时间也较短,调和时占整个苏格兰威士忌的60%~70%。调制后的威士忌口味比较粗劣,仍需在橡木桶中贮存、陈酿。贮存过程中,粗劣的味道逐渐被橡木桶吸收,木桶的颜色也慢慢渗入酒中。这样制成的成品威士忌,颜色呈淡琥珀色,金黄透明,柔和爽口,有含蓄的泥炭香味。

在苏格兰地区,根据法律规定,每一种酒所标示的陈年的酒龄时间都必须是真实无误的。威士忌酒要在木酒桶中陈年至少3年以上,才能上市销售,有了这样的严格规定,一方面可保障消费者的权益,另一方面也帮助苏格兰地区出产的威士忌酒在全世界建立起了高品质的形象。苏格兰威士忌一般陈酿5年以上就可以饮用,陈酿7~8年的酒为成品酒,陈酿10~20年的酒为最优质酒,陈酿20年以上的酒,酒质会有所下降。

(二)苏格兰威士忌酒品质优异的原因

(1)苏格兰的气候与地理条件适宜原料大麦的生长。

(2)苏格兰蕴藏着一种称为泥煤的煤炭,是当地特有的苔藓类植物经过长期腐化和炭化形成的。在苏格兰制作威士忌酒的传统工艺中要求必须使用这种泥煤来烘烤麦芽,泥煤在燃烧时会产生特有的烟熏气味,使苏格兰威士忌酒具有独特的泥煤熏烤芳香味。

(3)苏格兰蕴藏着丰富的优质矿泉水,为酒液的稀释勾兑奠定了基础。

(4)苏格兰人传统的酿造工艺及严谨的质量管理方法。

(三)苏格兰威士忌的产区

在整个苏格兰有四个主要威士忌酒产区,即:北部高地(Highland)、南部低地(Lowland)、西南部的康贝镇(Campbell Town)和西部岛屿伊莱(Islay)。

1. 北部高地

北部高地产区约有近百家纯麦芽威士忌酒厂,占苏格兰酒厂总数的70%以上,是苏格兰最著名的威士忌酒生产区。该地区生产的纯麦芽威士忌酒酒体轻盈,色泽较淡,但酒香浓郁。

2. 南部低地

南部低地约有10家左右的纯麦芽威士忌酒厂。该地区是苏格兰第二著名的威士忌酒生产区。这里除了生产麦芽威士忌酒外,还生产混合威士忌酒。其生产的威士忌色泽较深,半透明,不适合用于调制混合饮料。

3. 康贝镇

西南部的康贝镇位于苏格兰南部,是苏格兰传统威士忌酒的生产区。生产的威士忌主要用于调制混合饮料,色泽淡,自然口味。

4. 伊莱

西部岛屿伊莱风景秀丽,位于大西洋中。伊莱岛在酿制威士忌酒方面有着悠久的历史,尤其是混合威士忌酒比较著名。该地区生产的威士忌酒有独特的味道和香气,别具特色,味道很烈,常用作调酒时加强酒的强劲之感。

二、苏格兰威士忌分类

苏格兰威士忌可分为纯麦芽威士忌、谷物威士忌和混合威士忌三种。目前,世界最流行、产量最大、品牌最多的是混合威士忌。

(一)纯麦芽威士忌(Straight Malt Whisky)

1. 纯麦芽威士忌简介

纯麦芽威士忌是只用大麦做原料酿制而成的。不同的品牌由于产地、水、泥炭、去皮和蒸馏过程的不同而各有特色。此酒具有泥煤所产生的丰富香味。纯麦芽威士忌深受苏格兰人喜爱,但由于泥煤味道过于浓烈,不宜被外人接受,所以只有10%直接在市场上销售,约90%作为勾兑混合威士忌酒的原酒使用。

2. 较著名的纯麦芽威士忌品牌

(1)麦卡伦(Macallan)。苏格兰纯麦芽威士忌的主要品牌之一。麦卡伦的特点是,在贮存、酿造期间只采用雪莉酒橡木桶盛装,因此具有白兰地般的水果芬芳,被酿酒界人士评价为"苏格兰纯麦芽威士忌中的劳斯莱斯"。麦卡伦采用古老珍贵麦种"千金一诺"(Golden Promise)大麦,其高昂的种植成本令其他酿酒商望而却步,但麦卡伦坚信只有用它才能酿出口感醇和、香气浓郁的威士忌。麦卡伦在陈酿分类上有10年、12年、18年以及30年等多个品种,以酒度分类有

40°、43°、57°等多个品种。麦卡伦的顶尖代表作为40年苏格兰威士忌,这款稀有的陈年瓶装酒是麦卡伦艺术和专业技艺的完美结合,仅限量发售450瓶。此款威士忌混合了柑橘、黑巧克力和桂皮的味道,尤其干果的口感使其回味更加悠长。作为世界最珍贵的威士忌,麦卡伦的经典品质多年来几乎在全球各个角落都赢得了美誉。

(2)格兰菲迪(Glenfiddich,又称鹿谷)。由威廉·格兰特父子有限公司出品,该酒厂于1887年开始在苏格兰高地地区创立蒸馏酒制造厂,其生产的威士忌酒是苏格兰纯麦芽威士忌的典型代表。格兰菲迪的特点是味道香浓而油腻,烟熏味浓重突出。品种有8年、10年、12年、18年及21年等。

(3)格兰利斐(Glen Livet,又称格兰利菲特)。该酒厂于1824年在苏格兰成立,是第一个政府登记的蒸馏酒生产厂,因此该酒也被称为"威士忌之父"。

其余的苏格兰纯麦芽威士忌名品见表6-1。

表6-1 威士忌名品

<table>
<tr><td>纯麦威士忌名品</td><td colspan="2">混合威士忌名品</td></tr>
<tr><td>芬德拉特(Findlater's)</td><td colspan="2">添宝15年(Dimple)、海格(Haig)、克雷蒙(Claymore)、克利迪欧(Criterion)</td></tr>
<tr><td>斯特莱斯佩(Strathspy)</td><td colspan="2">笛沃(Dewar)、登喜路(Dunhill)、赫杰斯与波特勒(Hedges & Butler)</td></tr>
<tr><td>巴贝利(Burberry's)</td><td colspan="2" rowspan="2">高原骑士(Highland Park)、苏格兰王(King of Scots)、老牌(Old Parr)</td></tr>
<tr><td>贝瑞斯(Berry's)</td></tr>
<tr><td>托玛亭(Tomatin)</td><td colspan="2">老圣·安德鲁斯(Old St. Andrews)、珍品(Something Special)</td></tr>
<tr><td>卡尔都(Carl Hu)</td><td colspan="2">王者(斯佩·罗伊尔)(Spey Royal)、泰普罗斯(Taplows)、先生(Teacher's)</td></tr>
<tr><td>不列颠尼亚(Britain Nia)</td><td colspan="2">白马(White Horse)、威廉·罗森(William Lawson's)</td></tr>
<tr><td>高地派克(High Land Park)</td><td>标准混合威士忌名品</td><td>高级混合威士忌名品</td></tr>
<tr><td>阿尔吉利(Argrli)</td><td>金铃(Bell's)</td><td>金玺百龄坛(Ballantine's Gold sed)</td></tr>
<tr><td rowspan="2">欧汉特尚(Auchentoshan)</td><td rowspan="2">红方(Johnnie Walker Red Label)</td><td>百龄坛30年(Ballantine's 30 Years Old)</td></tr>
<tr><td>海格天宝(Haig Dimple)</td></tr>
<tr><td rowspan="7">斯布林邦克(Spring Bank)</td><td>白马(White Horse)</td><td>格兰特(Grant's)、高级白马(Logan's)</td></tr>
<tr><td>龙津(Long John)</td><td>黑方(Johnnie Walker Black Label)</td></tr>
<tr><td>先生(Teacher's)</td><td>特级威士忌(Something Special)</td></tr>
<tr><td>珍宝(J and B)</td><td>高级詹姆斯·巴切南(Strat Bconon)</td></tr>
<tr><td rowspan="3">顺风(Cutty Sart)</td><td>百龄坛17年(Ballantine's 17 Years old)</td></tr>
<tr><td>老牌(Old Parr)</td></tr>
<tr><td>皇室敬礼(Chivas Regal Royal Salute)</td></tr>
</table>

(二)谷物威士忌(Grain Whisky)

谷物威士忌是以燕麦、小麦、黑麦、玉米等多种谷物为原料经威士忌酿酒工艺酿制而成。谷物威士忌只需一次蒸馏,用不发芽的大麦为原料制成麦芽,然后以麦芽为糖化剂。它与其他威士忌酒的区别是:酿制谷物威士忌的大麦大部分不发芽发酵,不必使用大量的泥煤来烘烤,所以谷物威士忌的泥炭香味非常清淡,口味上也就显得柔和细致了许多。谷物威士忌平淡的酒味几乎和食用酒精相同,属清淡味烈酒。谷物威士忌价格便宜,但市场上很少零售,多用于勾兑混合威士忌酒。

(三)混合威士忌(Blended Whisky)

1. 混合威士忌简介

混合威士忌也称兑和威士忌,是用纯麦威士忌和谷物威士忌(或食用酒精)勾兑而成的威士忌。勾兑时如加入的是食用酒精,一般在商标上都有注明。据不完全统计,苏格兰威士忌约有2000多种勾兑方式,但只有100种左右的苏格兰威士忌在勾兑后能达到卓越的水平,成为受欢迎的品牌。在英国名气最大,产量又最高的"红方"、"黑方"是由40种不同的原酒勾兑而成的。

兑和后的威士忌烟熏味被冲淡,嗅觉上更加诱人,融合了强烈的麦芽及细致的谷物香味,因此畅销世界各地。目前整个世界范围内销售的威士忌酒绝大多数都是混合威士忌酒。苏格兰混合威士忌的常见包装容量为700~750mL,酒度在43°左右。

2. 苏格兰混合威士忌的分类

根据兑和后的威士忌中纯麦芽威士忌和谷物威士忌的比例,混合威士忌可分为标准混合威士忌和高级混合威士忌两种类型。

(1)标准混合威士忌。谷物威士忌所占的比重大于纯麦威士忌,在兑和后贮存8年左右即可出售。

标准混合威士忌名品见表6-1。

(2)高级混合威士忌。纯麦芽威士忌用量为50%~80%,一般为窖藏12年的威士忌。纯麦芽威士忌的成分较多,因此高级威士忌具有更浓郁的酒香、更醇的口感及更具特色的风味。

高级混合威士忌名品见表6-1。

3. 苏格兰混合威士忌的主要品牌

(1)尊尼·获加(Johnnie Walker)。又称尊尼·沃克或约翰尼·沃克。尊尼·获加是苏格兰威士忌的代表酒,该酒以产自于苏格兰高地的四十余种麦芽威士忌为原酒,再混合谷物威士忌勾兑调配而成。其酒标上的尊尼·获加头戴绅士帽、眼镜,手中持杖的肖像是全球知名度最高的商标之一。

尊尼·获加是世界上销量最大的威士忌,年销售量超过1000万箱。早在

1920年,尊尼·获加就已向全球120个国家出口,在可口可乐走出亚特兰大之前便成为第一个真正的世界性饮料品牌。“红方”和“黑方”是尊尼·获加最早的产品,也是其最主要的产品,是目前世界上极为流行的苏格兰威士忌。尊尼·获加的主要酒品具体见表6-2。

表6-2 尊尼·获加威士忌的主要酒品

酒品	说明
红方或红标 (Johnnie Walker Red Label)	是尊尼·获加的标准品,全球销量最高的苏格兰威士忌,“红方”的口感比“黑方”更加热辣,可是价格却相对低廉得多
黑方或黑标 (Johnnie Walker Black Label)	采用12年陈酿麦芽威士忌调配而成的高级品,具有圆润可口的风味
绿方或绿标 (Johnnie walker Green Label)	精选苏格兰各地15年以上的大麦芽威士忌调制而成,层次丰富自然丰富
蓝方或蓝标 (Johnnie Walker Blue Label)	是尊尼·获加威士忌酒系列中的顶级醇醪,为威士忌鉴赏家所选
金方或金标 (Johnnie Walker Gold Label)	陈酿18年的尊尼·获加威士忌系列酒
尊豪 (Johnnie Walker Swing Superior)	威士忌的酒中极品,选用超过45种以上的高级麦芽威士忌混合调制而成,口感圆润,喉韵清醇,酒瓶采用不倒翁设计式样,非常独特
尊爵 (Johnnie Walker Premier)	属极品级苏格兰威士忌酒,酒质馥郁醇厚,特别适合亚洲人的口味

(2)百龄坛(Ballantine's)。百龄坛公司创立于1827年,是极负盛名的苏格兰威士忌品牌。其产品是以产自于苏格兰高地的八家酿酒厂生产的纯麦芽威士忌为主,再配以42种其他苏格兰麦芽威士忌,然后与自己公司生产酿制的谷物威士忌进行混合勾兑调制而成。具有口感圆润,浓郁醇香的特点。在每瓶百龄坛的瓶底,都印有一行拉丁文字“Amicus Humani Generis”即“全人类的朋友”,是世界上最受欢迎的苏格兰混合威士忌之一。其产品有:百龄坛特醇、金玺、12年、17年、30年等多个品种。

(3)芝华士(Chivas Regal)。芝华士由创立于1801年的芝华士兄弟公司(Chivas Brothers Ltd.)生产,是极负盛名的苏格兰混合威士忌。芝华士是世界上最早生产调和威士忌并推向市场的生产商。在1841年,兄弟中的一人詹姆斯·芝华士推出他的第一种混合型威士忌。在1843年和1923年,芝华士获得皇室颁发的特许状,分别作为维多利亚女王和国王乔治五世的御用酒。产品有芝华士12年(Chivas Regal 12)芝华士18年(Chivas Regal 18)和皇家礼炮(Royal Salute)等。

(4)金铃(Bell's)。金铃是英国最受欢迎的威士忌品牌之一,由创立于1825年的贝尔公司生产。其产品使用极具平衡感的纯麦芽威士忌为原酒勾兑而成,产品主要有:标准品(Extra Special)、金铃12年(Bell's Deluxe)、金铃20年(Bell's Decanter)、金铃21年(Bell's Royal Reserve)等。

(5)顺风(Cutty Sark)。又称帆船或魔女紧身衣,诞生于1923年,是具有现代口感的清淡型苏格兰混合威士忌,该酒酒性比较柔和,是国际上比较畅销的苏格兰威士忌之一。该酒采用苏格兰低地纯麦芽威士忌作为原酒,与苏格兰高地纯麦芽威士忌勾兑调和而成。产品有标准品(Cutty Sark)、10年(Berry Sark)、12年(Cutty),圣·詹姆斯(St. James)为此公司的顶级产品。

(6)格兰特(Grant's)。是苏格兰纯麦芽威士忌格兰菲迪的姊妹酒,均由英国威廉·格兰特父子有限公司出品,格兰特牌威士忌酒给人的感觉是爽快和具有男性化的辣味,因此在世界具有较高的知名度。其标准品为Standfast(意为其创始人威廉姆·格兰特常说的一句话"奋起吧"),另外还有格兰特世纪酒(Grant's Centenary)、皇家格兰特12年陈酿(Grant's Royal)和格兰特21年极品威士忌(Grant's 21)等多个品种。

(7)珍宝(J&B)。始创于1749年的苏格兰混合威士忌酒,由贾斯泰瑞尼和布鲁克斯有限公司出品,该酒取名于该公司英文名称的字母缩写,属于清淡型混合威士忌酒。该酒采用42种不同的麦芽威士忌与谷物威士忌混合勾兑而成,且80%以上的麦芽威士忌产自于苏格兰著名的斯比塞德(Speyside)地区。是目前世界上销量比较大的苏格兰威士忌酒之一。

(8)帕斯波特(Passport)。又称护照威士忌,是由威廉·隆格摩尔公司于1968年推出的具有现代气息的清淡型威士忌酒,该酒具有明亮轻盈,口感圆润的特点。非常受年轻人的欢迎。

(9)威雀(The Famous Grouse)。由创立于1800年的马修·克拉克公司出品,威雀为其标准产品,较高级的还有威雀绿牌12年(The Famous Grouse Vitange)和金雀12年(The Famous Grouse Gold Reserve)等。

(10)苏格兰牧羊犬(Scottish Collie)。此品牌的威士忌可以说是物美价廉,在免税店中十分常见。酒液气味芬芳清香,酒质香醇柔滑,色泽微黄泛金,加水、加冰或净饮,都是最佳选择。其标志性的酒标上有一只成年的苏格兰牧羊犬的图案。

第三节 美国威士忌

一、美国威士忌简介

美国是生产威士忌酒的著名国家之一,同时也是世界上最大的威士忌酒消费国。公元1700年以后，居住在美国宾夕法尼亚州和马里兰州的爱尔兰和苏格兰移民开始在那里建立起家庭式的酿酒作坊，从事威士忌酒的制作。1789年，欧洲大陆移民来到了肯塔基州的波旁镇（Bourbon County），开始蒸馏威士忌。这种后来被称为“肯塔基波旁威士忌”（Kentucky Bourbon Whiskey）的威士忌酒，以其优异的质量和独特的风格成为美国威士忌的代名词。

美国威士忌酒的生产仅有200多年的历史，但其产品类型不断翻新，紧跟市场需求，因此很受消费者的欢迎。美国威士忌酒以温和的酒质和带有焦黑橡木桶的香味而著名，尤其是美国的波旁威士忌（Bourbon Whiskey，又称波本威士忌酒）更是享誉世界。美国威士忌酒的酿制方法没有什么特殊之处，只是所用的谷物原料与其他各类威士忌酒有所区别，蒸馏出的酒酒精纯度也较低。美国西部的宾夕法尼亚、肯塔基和田纳西地区是美国威士忌的制造中心。

二、美国威士忌的分类

美国威士忌可分为三大类。

（一）单纯威士忌（Straight Whiskey）

单纯威士忌的原料为玉米、黑麦、大麦或小麦。它不像苏格兰纯麦芽威士忌那样只用一种大麦芽制成，而是以某一种谷物为主（一般不得少于51%），再加入其他原料。酿制过程中不混合其他威士忌酒或者谷类中性酒精，制成后在橡木桶中至少贮存两年。单纯威士忌又可以分为以下几类。

1. 波旁威士忌（Bourbon Whiskey）

波旁是美国肯塔基州一个市镇的名称。波旁威士忌原指的是在波旁生产的威士忌，后来，波旁威士忌成为美国威士忌一个类别的总称。美国法律规定，波旁威士忌不一定要限制在波旁镇内生产，只要以一定的原料和比例，按规定的要求和酿造法生产出来的威士忌都可以称为波旁威士忌。

波旁威士忌酒的原料是玉米、大麦等，玉米至少占原料用量的51%，最多不超过75%，经过发酵蒸馏后装入新的炭烧橡木桶中陈酿4年，陈酿时间最多不能超过8年，装瓶前用蒸馏水稀释至43.5°左右。波旁威士忌的酒液呈琥珀色，晶莹透亮，酒香浓郁，口感醇厚、绵柔，回味悠长。以肯塔基州出产的产品最有名，价格也最高。另外，伊利诺依、俄亥俄、宾夕法尼亚、田纳西、密苏里及印第安纳等州也有生产。

（1）四玫瑰（Four Roses）。创立于1888年，酒度43°。黄牌四玫瑰酒味道温和、气味芳香；黑牌四玫瑰味道香甜浓厚；而“普拉其那”则口感柔和，气味芬芳、香甜。

（2）吉姆·比姆（Jim Beam）。又称为占边，是创立于1795年的吉姆·比姆公司生产的具有代表性的波旁威士忌酒。该酒以发酵过的裸麦、大麦芽、碎玉米为原料蒸馏而成。具有圆润可口香味四溢的特点。常见的有白牌占边 Jim Beam White Label(4 年)和黑牌占边 Jim Beam Black Label(8 年)。

(3)桑尼·格兰(Sunny Glen)。桑尼·格兰意为阳光普照的山谷,该酒勾兑调和后,要在白橡木桶中陈酿 12 年,具有丰富而且独特的香味,深受波旁酒迷的喜爱,酒度为 40°。

2. 黑麦威士忌(Rye Whiskey)

黑麦威士忌也称为裸麦威士忌,是用不得少于 51% 的黑麦及其他谷物酿制而成的,酒液呈琥珀色,味道与波旁威士忌不同,具有较为浓郁的口感,因此不太受现代人的喜爱。其主要名品有:

(1)老奥弗霍尔德(Old Overholt)。由创立于 1810 年的 A. 奥弗霍尔德公司在宾夕法尼亚州生产,原料中裸麦的含量达到 59%,是不掺水的著名裸麦威士忌酒。

(2)施格兰王冠(Seagram's 7 Crown)。由施格兰公司于 1934 年首次推向市场的口味十足的美国黑麦威士忌。

此外,还有野火鸡(Wild Turkey)等品牌。

3. 玉米威士忌(Corn Whiskey)

玉米威士忌是用不得少于 80% 的玉米和其他谷物酿制而成的威士忌酒,酿制完成后用旧橡木桶进行陈酿。普莱特·沃雷(Platte Valley)是著名的玉米威士忌,由创立于 1856 年的马科密克公司生产,该酒的酿制原料中玉米原料的比重达到 88%,酒度为 40°,分为 5 年陈酿和 8 年陈酿两种类型。

4. 保税威士忌(Bottled in Bond)

保税威士忌是一种纯麦威士忌,通常是波旁威士忌或黑麦威士忌,但它是在美国政府监督下制成的,政府不保证它的品质,只要求至少陈酿 4 年,酒度在装瓶时为 50°,必须是一个酒厂制造,装瓶厂也为政府所监督。

5. 单一麦芽威士忌(Single Malt Whiskey)

美国的单一麦芽威士忌的品质非常好,堪与苏格兰产的纯麦芽威士忌相媲美。同样也是采用纯麦芽制作。

6. 田纳西威士忌(Tennessee Whiskey)

田纳西威士忌也是很有特色的美国威士忌,它的酿制与波旁威士忌很相似,原料中玉米需占 51% 以上,并要在经过碳化的新橡木桶中陈年 4 年以上。它和波旁威士忌不同的是,田纳西威士忌在陈年之前需经过枫木炭过滤,在这个过程中,威士忌酒液会被赋予特殊的风味。因为这个过滤程序最早是在田纳西州的林肯县(Lincoln)被应用,故此种过滤方式以林肯(Lincoln)命名。

其主要名品有:

(1)杰克·丹尼(Jack Daniel's)为最著名的田纳西威士忌。杰克·丹尼在十几岁的时候就买下了自己的酿酒厂,并在1866年第一个向政府注册。杰克·丹尼酿酒厂是美国最古老的注册酿酒厂,地处于田纳西州的林奇堡。田纳西山谷盛产的上好玉米、黑麦以及大麦芽,再配以清澈纯正的天然无铁质泉水,独特的糖枫木过滤方法,新烧制的美国白橡木木桶,就得到了散发着天然独特馥郁酒香及浓厚琥珀色的杰克·丹尼威士忌酒,这些因素也成为杰克丹尼的最大成功秘诀。

(二)混合威士忌(Blended Whiskey)

混合威士忌是用两种或两种以上的单纯威士忌以及20%的谷物中性酒精调和而成的威士忌酒。如果在酒瓶上标注"Blended Bourbon Whiskey"的字样,则波旁威士忌的含量应占51%。混合威士忌酒体丰满,装瓶时,酒度为40°,常用来做混合饮料的基酒,混合威士忌酒主要有以下几种。

1. 肯塔基威士忌

肯塔基威士忌用该州出产的纯麦威士忌和谷类中性酒精混合而成。

2. 纯混合威士忌

纯混合威士忌用两种以上纯麦威士忌混合而成,不加谷类中性酒精。

3. 美国混合淡质威士忌

美国混合淡质威士忌是美国政府认可的一种新威士忌酒,蒸馏时酒精纯度高达80.5°~94.5°。因口味清淡,被称为淡质威士忌。它是以纯麦威士忌混合蒸馏水制成,以旧橡木桶陈年。其中,淡质威士忌所加的50°的纯威士忌不得超过20%。

(三)其他威士忌

在美国,还有一种酸麦芽威士忌酒(Sour-Mash Whiskey),这种酒是用老酵母(即先前发酵物中提出的)加入到要发酵的原料里(新酵母与老酵母的比例为1∶2)进行发酵,然后再蒸馏酿制而得。用此种发酵方法造出的酒,酒液比较稳定。它是在1789年由爱里加·克雷格(Elija Craig)发明的。

第四节 爱尔兰和加拿大威士忌

一、爱尔兰威士忌

(一)爱尔兰威士忌简介

据说,爱尔兰制造威士忌至少已有700多年的历史了,有一些专家和权威人士认为蒸馏技术起源于爱尔兰,而后传到苏格兰的。

爱尔兰威士忌酒的生产原料主要有:大麦、燕麦、小麦和黑麦等,其中以大麦为主,约占80%左右。爱尔兰威士忌的制作程序与苏格兰威士忌大致相同,但前者较多保留了古老的酿造工艺。酿制爱尔兰威士忌酒在熏干麦芽时,所用的不是泥炭,而是无烟煤。因此,二者之间最明显的区别是爱尔兰威士忌在口味上没有烟熏的焦香味。爱尔兰威士忌酒三次蒸馏过程和长时间的酿制也形成了它独特的风格,口味比较绵润柔长,并略带甜味。蒸馏酒液一般高达86°,用蒸馏水稀释后入桶老熟陈酿。一般陈酿时间在8~15年,所以成熟度相对较高。爱尔兰威士忌酒也不像苏格兰威士忌那样要进行复杂的勾兑,只是在装瓶时为了保证其口味的一惯性,进行简单的勾兑与掺水稀释。国际市场上的爱尔兰威士忌的度数在40°左右。爱尔兰威士忌大部分是纯麦威士忌,但现在也出现了少量的混合威士忌。

爱尔兰威士忌口味比较醇和、适中,所以人们很少用于净饮,一般用来作鸡尾酒的基酒。比较著名的爱尔兰咖啡(Irish Coffee)就是以爱尔兰威士忌为基酒的一款热饮。

(二)爱尔兰威士忌名品

1. 约翰·詹姆森(John Jameson)

约翰·詹姆森是爱尔兰威士忌酒的代表,生产该酒的酒厂新米德莱顿蒸馏酒厂(New Midleton Distillery)1780年创立于爱尔兰都柏林。其标准品约翰·詹姆森(John Jameson),口感平润并带有清爽的风味,是世界各地的酒吧常备酒品之一;詹姆森12年威士忌酒"Jameson 1780"具有口感十足、甘醇芬芳的特点,是极受人们欢迎的爱尔兰威士忌名酒。

2. 布什米尔(Bushmills)

布什米尔以酒厂名字命名,布什米尔酒厂是爱尔兰历史最悠久的威士忌酒厂,至今已有超过400年的历史,除威士忌外,还生产高品质的雪莉酒。布什米尔威士忌酒以精选大麦为原料,生产工艺较复杂,有独特的香味,酒度为43°。分为布什米尔、黑布什(Black Bush)、布什米尔单一纯麦[Bushmills 10 Year Single Malt(10年)]三个级别。

另外比较有名的爱尔兰威士忌还有约翰波尔父子(John Power and Sons)、特拉莫尔露(Tullamore Dew)、帕蒂(Paddy)等。

二、加拿大威士忌

(一)加拿大威士忌简介

加拿大生产威士忌酒已有200多年的历史,是欧洲移民把蒸馏技术传到了加拿大。加拿大威士忌在国外比国内更有名气。加拿大威士忌酒在原料、酿造方法及酒体风格等方面与美国威士忌酒相似,原料构成也受到国家法律条文的制约。

加拿大威士忌酒体轻盈,酒香芬芳,口感轻快爽适,色泽较淡呈棕黄色,酒体丰满,以淡雅的风格著称,特别适合制作混合饮料,是世界上配制混合酒的重要基酒。加拿大法律规定威士忌要在烧焦的白橡木桶或波旁桶中贮藏至少3年,但大部分的加拿大威士忌实际贮藏都在6年以上。少于4年的,在瓶盖上必须注明。

加拿大的著名产品是裸麦(黑麦)威士忌酒和混合威士忌酒。裸麦威士忌酒以稞麦(黑麦)为主要原料,占51%以上。裸麦威士忌口味细腻,酒体轻盈淡雅,酒度在40°以上,特别适宜作为混合酒的基酒使用。加拿大的混合威士忌既可在窖藏之前混合,也可在窖藏期间进行混合。主要酿制原料为玉米、黑麦,再掺入其他一些谷物原料,但没有一种谷物超过50%。各酒厂都有自己的保密配方。加拿大混合威士忌在酿制过程中需两次蒸馏,然后在橡木桶中陈酿,再混合后装瓶,装瓶时酒度为45°。

据专家分析,加拿大威士忌味道独特的原因主要有以下三点:一是加拿大轻冷的气候影响谷物的质地;二是水质较好,发酵技术特别;三是蒸馏出酒后,马上加以兑和。

加拿大威士忌在餐前或餐后饮用,可纯饮也可兑入可口可乐或七喜汽水饮用。

(二)加拿大威士忌名品

1. 皇冠(Crown Royal)

皇冠是加拿大威士忌酒的超级品,以酒厂名命名。由于1936年英国国王乔治六世在访问加拿大时饮用过这种酒,因此而得名,酒度为40°。

2. 施格兰特酿(Seagram's V. O)

此酒以酒厂名字命名。施格兰原为一个家族,该家族热心于制作威士忌酒。1857年,家庭式的"施格兰"酿酒作坊在加拿大安大略省建立,从事威士忌的生产。1920年,山姆·布朗夫曼(Samuel Bronfman)接管"施格兰"的业务,创建了施格兰酒厂(House of Seagram)。他利用当地丰富的谷物原料及柔和的淡水资源生产出优质的威士忌,产品行销世界各地。该酒以裸麦和玉米为原料,贮存6年以上,经勾兑而成,酒度为40°,口味清淡而且平稳顺畅。

3. 艾伯塔(Alberta)

艾伯塔产自于加拿大艾伯塔州(Alberta),分为普瑞米姆(Premium)和泉水(Springs)两个类型,酒度均为40°。具有香醇、清爽的风味。

此外,加拿大威士忌还有著名的加拿大俱乐部(Canadian Club)、韦尔维特(Velvet)、卡林顿(Carrington)、米·盖伊尼斯(Me Guinness)、辛雷(Schenley)、怀瑟斯(Wiser's)、加拿大之家(Canadian House)、加拿大 O. F. C.(Canadian O. F. C.)等。

◎本章小结

1. 威士忌酒是烈性酒精饮料,是谷物蒸馏酒中最具代表性的酒品。主要生产国和地区有苏格兰、爱尔兰、美国和加拿大。

2. 苏格兰威士忌是优质威士忌的代名词，拥有多个世界知名的威士忌品牌。苏格兰威士忌有泥煤的味道。

3. 美国威士忌以波旁威士忌最为有名。也拥有较多的知名威士忌品牌。

4. 爱尔兰威士忌不具有泥煤的味道，这是它与苏格兰威士忌最大的区别。

5. 加拿大威士忌酒体轻盈，酒香芬芳，口感轻快爽适，色泽较淡呈棕黄色，酒体丰满，以淡雅的风格著称，特别适合制作混合饮料，是世界上配制混合酒的重要基酒。

◎思考与练习

1. 简述威士忌酒的特点和主要产地。
2. 简述苏格兰威士忌酒品质优异的原因。
3. 简述苏格兰纯麦威士忌和混合威士忌的主要品牌。
4. 简述美国威士忌的分类及波旁威士忌的分类和主要名品。
5. 简述爱尔兰威士忌的特点和名品。
6. 简述加拿大威士忌酒的特点和名品。

◎实践作业

威士忌酒的饮用和服务。

方式：准备红方威士忌 2 瓶，古典杯多个，在教师的指导下，学习威士忌的饮用、品鉴和服务。

蒸馏酒知识

第七章　其他蒸馏酒

本章内容： 金酒

朗姆酒

特基拉

伏特加

中国白酒

教学要求： 1.重点讲授金酒、朗姆酒、特基拉酒和伏特加酒的分类以及著名品牌。

2.简要介绍金酒、朗姆酒、特基拉酒和伏特加酒的由来、特点及生产工艺。

3.详细讲授从颜色、气味和口感等几个方面区分金酒、朗姆酒、特基拉酒和伏特加酒。

4.使学生掌握中国白酒的分类和著名品牌。

5.以实操方式讲授金酒、朗姆酒、特基拉酒、伏特加酒和中国白酒的饮用和服务，使学生知道这几种酒的饮用方式，并能够提供正确的服务方法。

教学课时： 4 课时

第一节 金酒

一、金酒概述

金酒(Gin),也译为“琴酒”“毡酒”或“杜松子酒”等,是蒸馏发酵谷物(主要有去皮的玉米和裸麦以及燕麦)而得的烈酒,用杜松子(金酒的主要香味来源)以及桂皮、甘草、当归、橘子或柠檬皮等多种香料,采取浸泡或串香工艺调香制成的酒精饮料。

作为已经享誉世界的著名酒品,金酒最先产于荷兰。17世纪60年代,荷兰来顿(Leyden)大学的医学教授西尔维斯(Sylvius)医生发现杜松子(Juniper Berry)油里含有一种成分可以利尿,于是加上纯酒精一齐蒸馏,以便得到较便宜的利尿药品。后来,人们发现这种药剂具有香气和谐、口味协调、酒体洁净的特点,体现出净爽的自然风格,慢慢地就将其作为一种正式的酒精饮料开始饮用了,这就是金酒。17世纪末,金酒传入英国,得到极大的推广流行和生产,逐渐成为世界第一大类烈酒。

金酒的特点表现为:无色透明,口味甘冽,杜松子香味浓郁,酒体风格独特。金酒的酒精含量为34%~47%,但实际上酒席超过45°的金酒是比较少的。金酒的主要生产国有英格兰、荷兰、加拿大、美国、巴西、日本和印度。

需要指出的是,虽然荷兰和英国同样把金酒作为国酒,并且都拥有许多早已世界闻名的品牌,但是真正使金酒得以在国际上大行其道的最为成功的金酒制造者出现在英国。

二、金酒的生产工序

金酒的主要生产工序有6道:

(1)浆化,将谷物捣碎,在热水里浸泡和加压蒸煮,并加入大麦芽。

(2)发酵,加入人工培养酵母。

(3)蒸馏,采用专利蒸馏器工序,获得一个高质量的中性烈酒(酒精含量96%)。

(4)精馏和加味,精馏是指除去蒸馏后仍然遗留在酒精中的杂质的工序过程。加味有两种方式:一是将杜松子和其他植物性药材连同被精馏烈酒一并蒸馏1次或几次;二是蒸馏植物性药材,然后将馏出物加入到被精馏的烈酒中。

(5)加水,加入软水来降低其酒精成分,以达到人们所需要的浓度。

(6)过滤和装瓶。

三、伦敦干金酒

伦敦干金酒(London Dry Gin)也称为英式干金酒,伦敦干金酒口味较干,与偏甜的荷兰金酒有很大差别。名称中的“伦敦”没有产地标示的意义,只是指一类金酒。

(一)伦敦干金酒简介

伦敦干金酒即英式干金酒,是英国的国酒。金酒以裸麦、玉米等为原料,经过糖化、发酵后,放入蒸馏酒器中,蒸馏出酒度很高的玉米、裸麦酒精,加入杜松子和其他香料,重新放入蒸馏酒器中蒸馏,得到金酒。

伦敦干金酒无色透明,气味清香,口味甘冽爽适,无甜味,略带辣味,酒度为43°。由于伦敦干金酒口味相对较清淡,易于被人们接受,因此它是金酒中的主要品种。世界上有许多国家生产这种酒。

(二)伦敦干金酒的品牌

哥顿金(Gordon's),1769年,金酒历史上最为显赫的代表人物亚历山大·哥顿在伦敦创办了他的第一家金酒厂。哥顿不仅开发并完善了不含糖的金酒,而且调制出了香味独特的哥顿金酒。哥顿金酒在1925年获得了皇家颁发的代表着至高荣誉的特许状,后来又以庞大的出口量位列英国各类金酒之首,也是世界上销售量第一的金酒。

此外,伦敦干金酒还有英王卫兵(Beefeater,也音译为必发达),老汤姆(Old Tom),怀瑟斯(Wiser's),上议院(House of Lords),伊丽莎白女王(Queen Elizabeth),仙蕾(Schenley),沃克斯(Walker's),伯内特(Burnett's),健尼路(Greenall's),水晶宫(Crystal Palace),吉尔贝斯(Gilbey's)等。

四、荷兰金酒及其他金酒

(一)荷兰金酒

荷兰金酒是荷兰的国酒,故也被称为Dutch Gin或Holland's Gin,在荷兰也被称为"Genever(杜松子酒)"。主要产区集中在阿姆斯特丹(Amsterdam)和斯希丹(Schiedam)一带。荷兰金酒是以大麦芽与裸麦等为原料,经发酵后蒸馏三次获得谷物原酒,然后加入杜松子与其他的香草类香料(如胡荽、苦杏仁、小豆蔻、桂皮、柠檬、橙皮等)再蒸馏,最后将精馏而得的酒贮存于玻璃槽中待其成熟,包装时稀释至酒度40°左右。受法律的约束,增陈的工序是在国家的监督管理下在橡木桶中进行的。

荷式金酒酒液无色透明清亮,富有浓郁香气,还带有麦芽的香味,风格独特,微甜,酒度一般都在52°左右。适于单饮,不适宜调制鸡尾酒。

荷兰金酒在装瓶之前,不可贮存时间过长,以免杜松子氧化而使酒的味道变苦,但装瓶后则可以长时间保存而不影响酒质。荷兰金酒多装在长形的陶瓷瓶中出售。新酒称为庄格(Jonge),陈酒称为欧德(Oulde),老酒称为子特欧德(Zeet Oulde)。

荷兰金酒的名品主要有波尔斯(Bols),波克马(Bokma),邦斯马(Bomsma),亨克斯(Henkes),哈瑟坎普(Hasekamp)等品牌。

(二)普利茅斯金酒

普利茅斯金酒(Plymouth Gin)是一种在英国西南港口城市普利茅斯生产的

金酒。相较于伦敦金酒，源自于芳香金酒（ Aromatic Gin）的普利茅斯金酒只使用带有甜味的药用植物作为材料，因此其杜松子的气味不如伦敦金酒明显。而且普利茅斯金酒严格规范必须在该城的范围内制造才可使用此名称。其主要名品为普利茅斯金酒（Plymouth Gin）。

（三）德国金酒

德国金酒制法比较特殊，是将未经加工的新鲜杜松子发酵蒸馏后，和另外大麦发酵蒸馏的烈酒混合而成。因此，德国产金酒在味道和香气上都比英国产的杜松子酒要温和，非常容易入口，它与德国啤酒是绝妙的搭配，可以暖和喝过啤酒后被冷却的胃。其主要名品酒有辛肯哈根（Schinkenhagen）、西利西特（Schlichte）、多恩卡特（Doornkaat）等。

（四）美国金酒

美国金酒因为要在橡木桶中陈年一段时间，所以酒液呈淡金黄色。美国金酒主要有蒸馏金酒（Distilled Gin）和混合金酒（Mixed Gin）两大类。通常情况下，美国的蒸馏金酒在瓶底部刻有字母“D”，这是美国蒸馏金酒的特殊标志，而有字母“R”的表示是精馏（Rectifier）而成的金酒。混合金酒是用食用酒精和杜松子简单混合而成的，很少用于单饮，多用于调制鸡尾酒。美国金酒较有名的为施格兰（Seagram's）。

（五）风味金酒

按照风格口味，金酒可分为辣味金酒（干金酒）、老汤姆金酒（加甜金酒）、荷兰金酒和果味金酒（芳香金酒）4 种。因此，从口味上来讲，除了伦敦干金酒和荷兰金酒之外，还有老汤姆金酒和果味金酒两种口味的金酒：老汤姆金酒是在辣味金酒中加入 2% 的糖分，使其带有怡人的甜辣味；果味金酒是在干金酒中加入了成熟的水果和香料，如柑橘金酒、柠檬金酒、姜汁金酒等。

其他国家金酒中较有名的品牌有，布鲁克人（Bruggman，比利时），克丽森（Claessens，法国）。

五、金酒的饮用与服务

在酒吧中，金酒 Gin 的标准用量为每份 28mL（1oz）。

（一）伦敦干金酒的饮用和服务

伦敦干金酒既可以冰镇后单独饮用，也可以与其他酒混合饮用，或作为调制鸡尾酒的基酒使用，由于用金酒调制的鸡尾酒数量众多，因此被称为“基酒之王”、“鸡尾酒的心脏”。金酒兑汤力水（Tonic Water）再加上柠檬片，即成为著名的“金汤力”。

服务时用利口酒杯或者是古典杯盛酒。

（二）荷兰金酒的饮用和服务

荷兰金酒因酒香与香料味过于突出，会破坏配料的香味平衡，因此不适宜作为混合酒的基酒来使用。荷兰金酒适合净饮,可适当冰镇或加冰饮用,作为餐前或餐后酒饮用。

荷兰金酒在东印度群岛还有一种比较流行的饮法:在饮用前用苦精(Bitters)洗杯,然后再倒入荷兰金酒大口快饮,饮后再喝上一杯冰水,感觉更加妙不可言。据说,这样饮用还有开胃的功效。

将荷兰金酒加冰块后再配上一片柠檬,就是著名饮品"干马天尼"(Dry Martini)的最好代用品。

服务时用利口酒杯或者是古典杯盛酒。

第二节　朗姆酒

一、朗姆酒概述

朗姆酒(Rum)也被称为"兰姆酒""罗姆酒"或"海盗之酒",因为据说过去横行在加勒比海地区的海盗都喜欢喝朗姆酒。朗姆酒是以甘蔗汁、蔗糖或废糖蜜为原料,经发酵蒸馏过滤等生产工艺制成的酒精饮料。朗姆酒属于天然产品,由制糖甘蔗加工而成。整个生产过程从对原料的精心挑选起,到随后生产中酒精的蒸馏,甘蔗烧酒的陈酿,把关都极其严格。

朗姆酒是世界上消费量最大的酒品之一。此酒在17世纪初就已经出现了,但是它的起源却众说纷纭。比较普遍的说法是,17世纪时,到达加勒比海西印度群岛上的欧洲移民利用当地盛产的甘蔗为原料,结合蒸馏技术酿造出了一种廉价的烈性酒。这种烈性酒被当时生活在岛上的人称为"Rumbullion",词首的"Rum"有"兴奋、骚动"之意。这种酒就是现今朗姆酒的雏形。当时这种酒的酿造方法非常简单,因此酒质不好,所以这种酒只有种植园的奴隶们喝,而奴隶主们喝葡萄酒。后来蒸馏技术得到改进,再把酒放在木桶里贮存一段时间,就成为现今爽口的朗姆酒了。18世纪,随着世界航海技术的进步以及欧洲各国殖民地政策的推进,朗姆酒开始在世界各地流行开来。

朗姆酒的原产地在古巴共和国。它在生产中保留的传统工艺,经过代代相传,保留至今。古巴朗姆酒在国际消费市场的影响越来越大,在欧洲和拉美市场占据了重要的份额。1966年和1967年,古巴朗姆酒酿造业开始实行产地名称管理制度,从那时起,古巴所有出口的朗姆酒都贴有原产地质量保证标记,以表明朗姆酒的高质量和真品。这种朗姆酒共有九个品牌,如混血姑娘(Mulata)、桑坦洛(Santero)等。朗姆酒的原料主要为甘蔗,世界上种植甘蔗的国家大多都酿造朗姆酒,主要生产国集中在加勒比海地区。主要产地有西半球的西印度群岛以及美国、墨西哥、古巴、牙买加、海地、多米尼亚、特立尼达、多巴哥、圭亚那和巴西等国家。另外，非洲岛国马达加斯加也出产朗姆酒。

朗姆酒是微黄、褐色的液体，具有细致、甜润的口感，芬芳馥郁的酒精香味，最为突出的特征就是具有一种甘蔗的浓郁香甜气息。朗姆酒的酒度多为43°，少数酒品超过45°。朗姆酒是蒸馏酒中最具香味的酒，在制作过程中，可对酒液调香，制成系列香味的成品酒。朗姆酒的颜色多种多样，它可以放在旧橡木桶中陈酿，无需用新橡木桶陈酿。朗姆酒的质量由陈酿时间决定，市面上销售的通常为3年和7年陈酿的，它们的酒度分别为38°和40°。

二、朗姆酒的酿制

(一)原料

生产朗姆酒的原料为甘蔗汁、糖汁或糖蜜。甘蔗汁原料适合于生产清香型朗姆酒。如果甘蔗汁经真空浓缩被蒸发掉水分，可得到一种较厚的带有黏性液态的糖浆，适宜于制备丰满型朗姆酒。

(二)预处理

在原料发酵之前，要对原料预处理。糖蜜的预处理可分成几个不同的阶段：要通过澄清去除胶体物质，尤其是硫酸钙，若不去除，则在蒸馏时会结成块状物质。糖蜜预处理的最后阶段是用水稀释，经冲稀后的低浓度溶液中，总糖含量为10～12g/100mL，是适宜的发酵浓度。

(三)发酵

朗姆酒的发酵过程中会加入一些重要的物质，这使每款朗姆酒都具有独特的口味与吸引力。纯净水和营养物质也一起被加入到糖浆中形成“糊状物”。然后这种糊状物在严密控制的条件下发酵30～35h。

(四)蒸馏和提纯

在蒸馏过程中把发酵的糊状物增温，流过不锈钢和铜的蒸馏室。这一步骤把水、酒精和最小的杂质分离出来。有的厂家还用木炭完美地从朗姆酒中过滤出最微小的杂质，使朗姆酒产生一种独特的平滑口感。朗姆酒的蒸馏酒度不得低于40°，而且必须保持原有的风味、芳香及特色。

(五)装桶和成熟

将蒸馏后的酒液放入内部炙烤过的橡木桶中，生产出复杂，有吸引力的口感丰富的朗姆酒。成熟是一个复杂的反应。空气渗透木桶，慢慢地使朗姆酒自己成熟。酒精吸取了木头的味道，产生丰富芳香和平滑的口感。

(六)混合和装瓶

贮存后，要对每个产品进行最终的混合，使其成为气味芳香、口感出众和色泽鲜明的杰作。混合后较为优质的朗姆酒还需要经过过滤，滤掉最小的杂质粒子，形成极为出众的幽雅和醇厚的口感。在混合和过滤之后，就可以装瓶了。

三、朗姆酒的分类

(一)根据风味特征分类

1. 清淡型朗姆酒(Light - bodied Rums)

清淡型朗姆酒以糖蜜或甘蔗原汁为原料,在发酵过程中只加酵母,发酵时间较短,一般发酵1~1.5天后,用塔式连续蒸馏,得到酒度在95°以上的原酒,再将原酒在橡木桶中贮存半年至1年以后,即可取出勾兑,酒度为45°~50°。成品酒酒体无色或金黄色。清淡型朗姆酒以古巴朗姆酒为代表,酒体轻盈,口味清香淡雅,风味成分含量较少,是多种著名鸡尾酒的基酒。

2. 丰满型朗姆酒(Full - bodied Rums)

丰满型朗姆酒的生产,首先是将甘蔗糖蜜经过澄清处理,再加入能产生丁酸的细菌和能产生酒精的酵母菌,把原料缓慢发酵10~12天以上,再用间断式蒸馏法制成无色的朗姆酒,得到酒度约为86°的无色原朗姆酒,然后将原酒放入炭化橡木桶中贮存至少5年,再进行勾兑,有时用焦糖调色,配制成金黄色或深棕色的朗姆酒。丰满型朗姆酒口味厚重,香味浓郁,酒质醇厚,糖蜜香和酒香浓郁,以牙买加朗姆酒为代表。

(二)根据制作工艺分类

1. 白朗姆酒(White Rum)

如果朗姆酒在未经烧烤炭化的橡木桶中贮存1年,就会成为酒体轻盈透明的酒,称为白朗姆酒。白朗姆酒是一种新鲜酒,酒体清澈透明,香味清新细腻,口味甘润醇厚,酒度为55°左右。这类酒以古巴朗姆酒和波多黎各朗姆酒为代表。

2. 淡朗姆酒(Light Rum)

淡朗姆酒是在酿制过程中尽可能提取非酒精物质的朗姆酒,陈酿1年,呈淡黄棕色,香气淡雅圆正,酒度为40°~43°,多作混合酒的基酒。

3. 老朗姆酒(Old Rum)

老朗姆酒也称为金色朗姆酒(Golden Rum),需要在经过炭化的橡木桶中陈酿3年以上,酒液呈橡木色,酒香醇浓优雅,口味较甜,香味较浓,酒度为40°~43°。古巴出产此类朗姆酒。

4. 传统朗姆酒(Traditional Rum)

传统朗姆酒陈年8~12年,呈琥珀色,在酿制过程中加焦糖调色,甘蔗香味突出,口味醇厚圆润,有时称为黑朗姆,也用来作鸡尾酒的基酒。

5. 浓香朗姆酒(Great Aroma Rum)

浓香朗姆酒也称为强香朗姆酒,是用各种水果和香料串香而成的朗姆酒,其风格和干型利口酒相似,此酒香气浓郁,酒度为54°。

四、著名朗姆酒品牌

(一)古巴朗姆酒

古巴朗姆酒是以甘蔗蜜糖制得的甘蔗烧酒,装进白色的橡木桶之后经过多年的精心酿制,使其产生一股独特的、无与伦比的口味,从而在国际市场上获得了广泛的欢迎。古巴朗姆酒酿造厂主要分布在哈瓦那、卡尔得纳斯、西恩富戈斯和圣地亚哥。

1. 百家得(Bacardi)

19 世纪 30 年代,从西班牙移民至古巴的葡萄酒进口商唐·法卡多·百家得·马修,对当时因制造方面过于粗糙而口味显得过于强烈刺激的朗姆酒进行了改良,经过一定程序的蒸馏和完美的混合,酿造出了口味醇正柔和、清淡无色的全新朗姆酒,他以自己的名字——“百加得”命名,以夫人阿玛利亚创作的蝙蝠象征记号作为商标,这就是百家得朗姆酒。百家得朗姆酒因其独特的酿造流程和严格的管理程序,深得世界各地朗姆酒爱好者的挚爱。

2. 混血姑娘(Mulata)

混血姑娘为甘蔗朗姆酒。由维亚克拉拉圣菲朗姆酒公司生产,将蒸馏后的朗姆酒置于橡木桶内熟成,有多种香型和口味。

此外还有:圣卡洛斯(San Carlos)、波谷伊(Bocoy)、老寿星(Matusalen)、哈瓦那俱乐部(Havana Club)和阿列恰瓦拉(Arechavala)等。

(二)牙买加朗姆酒

朗姆酒是牙买加名产。在离牙买加北部著名旅游城市蒙特哥贝约 1h 车程的艾普莱顿(Appleton)庄园,自 1749 年就开始生产朗姆酒。牙买加以深色、辛辣的朗姆酒出名。

1. 摩根船长(Captain Morgan)

摩根船长朗姆酒富有浓郁岛国风味,其命名是从一名曾经做过海盗的牙买加总督而来。三款摩根船长朗姆酒各具特色:摩根船长金朗姆酒酒味香甜;摩根船长白朗姆酒口味清淡;摩根船长黑朗姆则醇厚馥郁。

2. 雷蒙·哈特(Lemon Hart)

哈特是经营砂糖和朗姆酒的贸易商,曾经为英国海军供应过朗姆酒。1804 年开始创建经营此品牌,此酒为 75.5°的烈性朗姆酒。

3. 美雅士(Myer's)

美雅士是牙买加最上等的朗姆酒,并获优质金章奖,美雅士浓郁丰富的酒味是选用陈酿 5 年以上、品质最出众的朗姆酒调配而成的。

此外,牙买家朗姆酒还有皇家高鲁巴(Coruba Royal)、老牙买加(Old Jamaica)等。

(三)波多黎各朗姆酒

波多黎各朗姆酒(Puerto Rico Rum)以其酒质轻盈而著称,酒味淡而香,酒度在40°左右。

1. 唐 Q(Don Q)

唐 Q 产于波多黎各。此酒由塞拉内公司生产,商标中对香味和口味均有描述,此酒属浅色品种。此酒除金色外还有水晶色。

2. 朗利可(Ronrico)

朗利可产于波多黎各。1860 年创立,酒名是由"朗姆"和"丰富"两个词合并而成的。酒标有白色和蓝色。

(四)其他朗姆酒名品

1. 拉姆斯(Lambs)

拉姆斯是马铃薯朗姆酒。此酒的酒名是由海军士兵们起的,1655 ~ 1970 年,英国海军每一天都要发放朗姆酒。此酒属浅色品种。

2. 考克斯巴(Cockspum)

考克斯巴由巴录巴特出产。此酒是将制糖后的剩余材料作为朗姆酒的原材料生产,经过 2 次蒸馏,用 2 年的时间熟成。酒名也可直译为雄鸡爪。

3. 帕萨姿(Pusser's)

帕萨姿以前一直是英国海军的特供品。由帕萨姿公司生产,产品分为浅色和蓝色。

此外,朗姆酒还有:巴朋库(Barbancourt,海地)、卡沙可(Cachaca,巴西)、丹达(Tanduay,菲律宾)、巴达维亚(Batavia Arrack,印尼)、奇峰(Mount Gay)等。

五、朗姆酒的饮用与服务

(一)饮用

朗姆酒的饮用和使用是比较有趣的。在出产国和地区,人们大多喜欢喝纯朗姆酒,不加以调混,实际上这也是品尝和鉴赏朗姆酒最为适宜的方法,但在美国以及其他国家,一般把朗姆酒用来调制鸡尾酒。以朗姆酒为基酒的鸡尾酒,可在晚餐时作为开胃酒来喝,也可以在晚餐后喝;在重要的宴会上朗姆酒是极好的伴侣。朗姆酒还有其他的用途:可用作甜点、冰激凌等食品的调味品,也可在加工烟草时加入朗姆酒以增加风味。

1. 纯饮或加冰

陈年浓香型朗姆酒可作为餐后酒纯饮。朗姆酒也可加冰块饮用。

2. 兑饮

朗姆酒具有提高水果类饮品味道的功能,是调制鸡尾酒的重要基酒,尤其是白色淡香型朗姆酒,非常适宜做调制混合酒的基酒。朗姆酒可用来兑果汁饮料、碳酸饮料，并加冰块。朗姆和可乐的搭配十分受欢迎。

（二）服务

1. 杯具

朗姆酒纯饮的时候一般用利口酒杯，若加冰饮用，一般多用古典杯。

2. 标准分量

朗姆酒的标准分量一份是40mL（1.5oz）。

第三节　特基拉

一、特基拉概述

特基拉酒（Tequila）以仙人掌科的龙舌兰为原料制成，因此也被称为龙舌兰酒。此酒原产于墨西哥，是墨西哥地区最具世界知名度的一种特产，被称为墨西哥的灵魂。16世纪初，西班牙人入侵墨西哥，西班牙人模仿当地土著人用龙舌兰制酒，并使用蒸馏方式提高酒度，后来发现用蓝龙舌兰（Blue Agave）所制成的酒质量最好，并把这种酒命名为麦斯科（Mazcal Wine）。由于蓝龙舌兰主要生产于墨西哥西部的“特基拉”（Teqila）小镇，因此这种酒又被冠以特基拉的名字。特基拉城有两家世界知名度最高的酿酒厂：索查（Sauza）和奎尔沃（Cuervo）。世界上第一瓶特基拉就是奎尔沃生产的。

特基拉酒与法国的白兰地一样，采取了名称属地管理办法。墨西哥政府通过法律规定，只有采用蓝龙舌兰酿造的酒才可以称为特基拉，只有在墨西哥境内的几个指定地区，包括加利斯科（Jalisco），米却肯（Michoacan），瓜纳华托（Guanajuato），纳亚瑞特（Nayarit）和塔毛利普（Tamaulips），采用蓝龙舌兰酿造的酒才可以称为特基拉。法律对特基拉中龙舌兰的含量也进行了规定，含有蓝龙舌兰蒸馏酒（Mazcal Wine）60%以上的蒸馏酒才可以称为特基拉。标为“100%龙舌兰”的特基拉酒就表示其含有100%的蓝龙舌兰蒸馏酒，但须经过墨西哥政府指定的特级拉酒管理协会的认证，才可以这样标示。虽然多个州被允许生产特基拉，但到目前为止，大多数的特基拉生产商都在加利斯科境内，仅有两家位于其他州。

蒸馏后的特基拉酒为完全透明无色，金色的特基拉是因为新酒酿成后曾放在橡木桶中陈年贮存过，或者是添加了适量的酒用焦糖。在橡木桶中贮存15年以上的特基拉，可以被称为“老特基拉酒”。特基拉的酒度大多在40°~50°之间，与伏特加一样，特基拉具有口味凶烈的显著特点，并带有植物的独特香气及微弱的酸味。

二、特基拉的生产

(一)原料

特基拉的原料为墨西哥的蓝龙舌兰。在龙舌兰长满叶子的根部,经过10年左右的栽培后,会形成巨大的茎块,一般重45kg左右,将新鲜的龙舌兰割下后,切除全部叶子,就会露出菠萝形状的茎块,即龙舌兰果芯,该果芯被称为龙舌兰菠萝。

(二)发酵

将龙舌兰菠萝切成两半或四块后放进封闭的泥砖炉里蒸24h以上,将龙舌兰里的淀粉转化为糖分。龙舌兰菠萝蒸熟后就可以冷却榨成汁,再加入酵母和上一次的部分发酵汁,放在特殊的容器里发酵2~2.5天。有时为了补充糖分,还加入适量的糖。

(三)蒸馏

发酵结束后,发酵汁要留下一部分做下一次发酵的配料,其余的就在单式蒸馏器中蒸馏两次。第一次蒸馏后,会获得一种酒度约25°的液体;而第二次蒸馏,在经过去除首馏和尾馏的工序之后,会获得一种酒度约为55°的可直接饮用的烈性酒。此时的酒香气突出,口味凶烈。虽然是经过了两次蒸馏,但最后获得的酒液酒精含量仍然比较低,其中就含有很多原材料及发酵过程中所具备的许多特殊成分,这些特殊成分就使特基拉风味在特基拉酒中发挥得淋漓尽致。

(四)过滤

特基拉酒在完成了蒸馏工序之后,酒液要经过活性炭过滤以除去杂质。最后放入橡木桶中陈酿,装瓶时酒度一般为40°~50°。

三、特基拉的分类

根据特基拉酒的颜色以及酒液的贮存年份可分为以下几类。

(一)白色特基拉(Blanco or White Tequila)

白色特基拉被称为Blanco Tequila、White Tequila或Silver Tequila,是把经两次蒸馏后制成的特基拉贮存在瓷制的酒缸中,一直保持无色,此酒是完全未经陈年的透明新酒,通常蒸馏后就直接装瓶。但大部分的酒厂都会在装瓶前,以软化的纯水将产品稀释到所需的酒度(大部分都是37°~40°,少数酒度超过50°),并且经过最后的活性炭或植物性纤维过滤,将杂质完全去除。其酒液外观清亮透明,显得非常纯净,具有龙舌兰酒原有的芳香。

(二)淡色特基拉(Reposado Tequila)

淡色特基拉酒至少要在橡木桶中储存2个月以上。带有一定橡木桶的味道以及橡木桶的颜色,口感比白色特基拉柔和顺滑,是销量最大的特基拉酒。

(三)金色特基拉(Gold Tequila)

金色特基拉也被称为安乔特基拉(Anejo Tequila),属陈年特基拉酒,此酒至少要在橡木桶中贮存1年,但多数达3年甚至更长的时间。金色特基拉很多时候使用的是贮存过威士忌的橡木桶,因而有来自橡木桶的金黄琥珀色,它的颜色比淡色特基拉深,橡木味道更突出。酒质柔顺醇厚,酒香较浓,口感较圆润。

(四)香醇特基拉(Aroma Tequila)

香醇特基拉在橡木桶中的贮存期为2~4年,具有独特的色泽和香气。

(五)陈年特基拉(Old Tequila)

陈年特基拉在木桶中陈年1~15年,虽然陈年,但口味却不失柔和。

另外还有一种很特别的龙舌兰酒,称为带虫龙舌兰酒。所谓带虫龙舌兰酒是指在酒中加入生长在龙舌兰上的小虫Gusano Rojo,不同的品牌常可见到瓶内有一只甚至五只的虫在里面。

四、著名特基拉品牌

(一)索查(Sauza)

1. 金标(Gold Label)

索查金标酒采用金色商标。酒液呈浅琥珀色,在橡木桶中的贮存期至少为2年,也有酒龄在4年以上者,酒色泽更深。

2. 银标(Silver Label)

索查银标酒采用银色商标。该酒多出口至美国。不经橡木桶贮存,酒液呈无色,酒度为35°。

3. 纪念款(Commemorative)

索查纪念款酒先以白橡木桶贮存,再经多年老熟而成。这是在1963年为纪念墨西哥独立暨庆祝索查酒厂建立90周年而隆重推出的产品。

4. 世代交替(Generation)

索查世代交替酒是为庆祝索查的孙子主管酒厂而推出的名品。

(二)奎尔沃(Cuervo)

奎尔沃是墨西哥具有一定历史意义的特基拉酒品牌。取名自使特基拉酒最终得以商业化生产的荷塞·奎尔沃。

此外还有:特基拉·安乔(Tequila Aneio)、玛利亚西(Mariachi)、欧雷(Ole)、奥美加(Olmeca)、赫雷杜拉(Herradura)、胜利(Two Fingers)、斗牛士(El Toro)等。

五、特基拉的饮用与服务

(一)饮用

1. 净饮

特基拉酒的口味凶烈,香气很独特。特基拉酒是墨西哥的国酒,墨西哥人对此酒情有独钟,饮用方式也很独特。每当饮酒时,墨西哥人总先在手背虎口上倒些海盐细末来吸食，然后再将一小杯的龙舌兰酒一饮而尽，并用腌渍过的辣椒干、柠檬干佐酒，配合特基拉酒如火般的浓烈酒性，恰似火上浇油，美不胜言。也可用新鲜的柠檬片果肉佐酒。

2. 兑饮

特基拉酒也常作为鸡尾酒的基酒。比较有名的有玛格丽特和特基拉日出。还有流行的 Shoot gun 式饮用方法：将汽水混入酒中，然后用手掌盖住酒杯，再在吧台上用力扣一下，此时会有大量气泡冲出来，趁势一饮而尽。

(二)服务

1. 杯具

有一种叫做“马儿蹲”(Caballito)的杯子，是龙舌兰酒专用酒杯的名称，由玻璃制成，杯体成椭圆形，杯口弯曲较大。

2. 标准分量

特基拉酒饮用的标准分量为 40mL(1.5oz)。

第四节　伏特加

一、伏特加概述

伏特加(Vodka)被称为俄国的“生命之水”，从词源上来讲，“Vodka”来源于“Voda”，也就是俄语中的“水”。伏特加是俄罗斯和波兰的国酒，是北欧寒冷国家十分流行的烈性饮料。由于伏特加起源不明，因此在历史上曾出现过不同国家因此而打官司的事件。伏特加的起源有两种说法，一说源于俄罗斯，一说源于波兰。根据广为流传的一种说法，伏特加最早是 15 世纪晚期克里姆林宫楚多夫(Chudov)修道院为处理伤口而酿制出来的酒精。但直到 19 世纪中叶，“Водочка”(Vodka)一词才开始被收录于标准俄语词典中。

伏特加是以多种谷物(土豆、玉米)为原料，用重复蒸馏，精炼过滤的方法，除去酒精中所含毒素和其他异物的一种纯净的高酒精浓度的饮料。伏特加酒质晶莹澄澈，无色且清淡爽口，酒度为 40°~60°。伏特加没有明显的特性与味道，使人感到不甜、不苦、不涩，只有烈焰般的刺激，形成伏特加酒独具一格的特色。可以说伏特加酒的特点就在于它是无色、无味和无特性、口感纯净的烈酒，除了使软性饮料变烈，使烈性饮料变得更烈外，没有什么可以赞美的芳香气。

19 世纪 40 年代，伏特加成为西欧国家流行的饮品。俄罗斯是生产伏特加也是消费伏特加的最主要国家，后来，在第二次世界大战开始时，伏特加的生产技术被带到美国，随着伏特加在鸡尾酒中的广泛运用，使美国也一跃成为生产伏特加酒的大国之一。另外，德国、芬兰、波兰、日本等国也都能酿制优质的伏特加酒。

二、伏特加的酿制

(一)原料

伏特加主要以土豆、玉米以及大麦、小麦、黑麦等谷物为原料。

(二)酿制

伏特加的酿制工艺与众不同,重复蒸馏精炼过滤的方法除去了酒精中所含的毒素和其他异物,使伏特加成为一种酒度极高的酒,经过两次的蒸馏提炼,酒精纯度在190proof(95°)以上,兑以软水稀释装瓶时一般不低于90proof(45°)。

(三)过滤

伏特加最大的特色就在于其过滤工序。酿制后的伏特加需要经过白桦树的活性木炭过滤,或用精细石英砂过滤,将原酒中所含的杂醇油及其他微量物质去除,成为无任何杂味、无色透明的酒液。

三、伏特加的分类

根据原料和酿造方法不同,伏特加可分为以下两种。

(一)中性伏特加

该酒为无色液体,除了酒精味道外没有其他气味,是伏特加酒中最主要的产品。俄罗斯的伏特加多属于此类。

(二)加味伏特加

在橡木桶中贮藏或浸泡过药草、水果(如柠檬、辣椒)等,以增加芳香和颜色的伏特加。波兰伏特加多属此类。

四、伏特加著名品牌

(一)俄罗斯伏特加

现在的俄罗斯伏特加多用含淀粉的土豆和玉米酿制,其产品的特别之处在于:过滤时,将精馏而得的原酒注入白桦活性炭过滤槽中,经缓慢的过滤程序,使精馏液与活性炭分子充分接触而净化(每10L蒸馏液用1.5kg木炭连续过滤不得少于8h,40h后至少要换掉10%的木炭),将所有原酒中所含的油类、酸类、醛类、酯类及其他微量元素除去,便得到非常纯净的伏特加。俄罗斯伏特加酒液透明,除酒香外,几乎没有其他香味,口味凶烈,劲大冲鼻,火一般的刺激。

俄罗斯伏特加的名品有:波士伏特加(Bolskaya)、斯道利西那亚(又名苏联红牌,Stolichnaya)、莫斯罗夫斯卡亚(又名苏联绿牌,Mosrovskaya)、柠檬那亚(Limonnaya)、斯大卡(Starka)、朱波罗夫卡(Zubrovka)、俄国卡亚(Kusskaya)、哥丽尔卡(Gorilka)和AK-47伏特加(中俄合资)。

（二）波兰伏特加

波兰伏特加的酿造工艺与俄罗斯相似，区别只是波兰人在酿造过程中加入一些草卉、植物果实等调香原料，所以波兰伏特加比俄罗斯伏特加酒体丰富，更富韵味。

波兰伏特加的名品有：兰牛（Blue Rison）、维波罗瓦红牌38°（Wyborowa）、维波罗瓦蓝牌45°（Wyborowa）和朱波罗夫卡（Zubrovka）。

（三）其他国家伏特加

1. 瑞典

绝对伏特加（Absolute Vodka）。这是目前世界上营销策略做得最为成功的伏特加品牌。通过采用单一产地、当地原料来制造伏特加酒，使绝对伏特加公司（V&S Absolut Spirits）可以完全控制生产的所有环节，从而确保每一滴酒都能达到绝对顶级的质量标准。

如今，绝对伏特加家族拥有了同样优质的一系列产品，包括绝对伏特加（Absolute）、辣椒味绝对伏特加（Absolute Peppar）、柠檬味绝对伏特加（Absolute Citron）、黑加仑子味绝对伏特加（Absolute Kurant）、柑橘味绝对伏特加（Absolute Mandrin）、香草味绝对伏特加（Absolute Vanilia）、红莓味绝对伏特加（Absolute Rasberry）及蜜桃味绝对伏特加（Absolute Peach）。

2. 美国

美国伏特加主要有：宝狮伏特加（又名斯米诺夫，Smirnoff）、沙莫瓦（Samovar）和菲士曼伏特加（Fielshmann's Royal）。其中，宝狮伏特加是世界上销量最大的伏特加。

3. 芬兰

芬兰伏特加主要是芬兰地亚（Finlandia），其选用纯正的冰川水及最优等的大麦制造，品质纯净，是全球免税店中最受欢迎的酒类品牌。

4. 法国

法国伏特加主要有：卡林斯卡亚（Karinskaya）、弗劳斯卡亚（Voloskaya）、灰雁伏特加（Gray Goose）。其中，灰雁伏特加具有一种独特的奢华品质和口味。用法国著名的特级小麦产区勒柏斯（Le Beauce）的精选优质小麦、法国香槟区麦思福山（Massif Mountain）的天然泉水酿制，经过香槟区石灰石的自然过滤，保证了法国灰雁无与伦比的顺滑口感。

五、伏特加的饮用与服务

伏特加可作佐餐酒或餐后酒。

（一）饮用

1. 净饮

净饮时，可备一杯常温凉水配饮。快饮（干杯）是伏特加净饮的主要饮用方式。伏特加也可冰镇后干饮,仿佛冰溶化于口中,进而转化为一股火焰般的炙热。

2. 加冰

伏特加可加冰块饮用,在古典杯中放少量冰块和伏特加混合,另加一片柠檬。

3. 兑饮

可加苏打水、果汁饮料或番茄汁,或用于调制丰富的鸡尾酒。由于伏特加的纯正、没有杂味,使它具有容易和各种饮料混合的特性,故很适宜作为调制鸡尾酒的基酒。其比较著名的有:黑俄罗斯(Black Russian)、螺丝钻(Screw Driver)、血玛丽(Bloody Mary)等。在各种调制鸡尾酒的基酒之中,伏特加酒是最具有灵活性、适应性和变通性的一种酒。

(二)服务

1. 杯具

用利口杯或用古典杯服侍。

2. 标准分量

伏特加的饮用与服务标准用量为每人40mL(1.5oz)。

第五节　中国白酒

一、中国白酒概述

中国白酒有着悠久的酿酒历史。早在商代,古代中国人就用麦曲酿酒。自宋代以后,开始出现制造白酒的酿酒工业。近年来,中国的酿酒技术不断提高,白酒品种众多、市场竞争激烈。但由于降度技术的成熟及人们健康意识的提高,白酒开始向低酒度方向发展。

中国的白酒是以高粱、玉米、大麦、小麦、甘薯等为原料,经过发酵、制曲、多次蒸馏、长期贮存制成的高酒度的液体。酒度通常为38°~60°。由于中国酒大多无色,因此称为白酒。制曲方法的不同,发酵、蒸馏的次数不同以及勾兑技术的不同而形成了不同风格的中国白酒。

二、中国白酒的种类

中国白酒通常按香型可分为酱香型或浓香型、清香型、米香型和兼香型等。

(一)酱香型

酱香型又称为茅香型,以贵州茅台酒为代表。柔润是酱香型白酒的主要特点。酱香型的白酒气香不艳,低而不淡,醇香幽雅,不浓不猛,回味悠长,倒入杯中过夜香气久留不散,且空杯比实杯还香,令人回味无穷。

(二)浓香型

浓香型又称泸香型,以四川泸州老窖特曲、五粮液、洋河大曲为代表。浓香干爽是浓香型白酒的主要特点。浓香型的酒芳香浓郁,绵柔甘凛,香味协调,入口甜,落口绵,尾净余长,这也是判断浓香型白酒酒质优劣的主要依据。在名优酒中,浓香型白酒的产量最大,四川、江苏等地的酒厂所产的酒基本都是浓香型白酒。

(三)清香型

清香型又称汾香型,以山西杏花村汾酒为主要代表。清香型白酒酒气清香纯正,口味甘爽协调,酒味芬芳,醇厚绵软。

(四)米香型

米香型酒是指以桂林三花酒为代表的一类小曲米酒,是中国历史悠久的传统酒种。米香型的酒米香清柔纯正,幽雅纯净,入口柔绵,回味怡畅,给人以朴实淳厚的感觉。

(五)兼香型

兼香型通常又称为复香型或混合型,即兼有两种以上主体香气的白酒。兼香型白酒之间风格相差较大,有的甚至截然不同。兼香型白酒的酿造会各采用浓香型、酱香型或汾香型白酒中的一些酿造工艺,因此兼香型白酒的闻香、口香和回味香各有不同,具有一酒多香的风格。兼香型酒以董酒、西凤酒、白沙液等为代表。

三、著名中国白酒

(一)茅台酒

茅台酒为大曲酱香型白酒。茅台酒历史悠久,有近三百年的历史。产于贵州省仁怀市茅台镇,素以"低而不淡,香而不艳"著称于世,被尊为中国的国酒。1915年在巴拿马国际博览会上,茅台酒被评为世界名酒第二,仅次于法国白兰地,获得金质奖章,从此驰名中外。与英国苏格兰威士忌、法国干邑白兰地并称为"世界三大名酒"。

茅台酒香气柔和幽雅,郁而不烈,酒液晶莹透明,味感柔绵醇厚,回味悠长,饮后空杯留香不绝,为茅台酒的特殊风格。茅台有46°、53°、55°的高度酒,也有38°的中度酒。

茅台酒所以成为名酒,这和它的自然条件有极大关系。茅台镇海拔四百多米,四面群山环抱,气候温和,雨量充沛,终年无雪。夏天气温高,四面不透风,是一个天然的发酵场所。由山泉水汇合而成的赤水河,水清味美,是茅台酒品质特佳的一个重要因素。茅台镇的土壤为橘红色"朱砂土",有利于微生物的繁殖,酿制茅台酒的发酵池底都是用朱砂土砌成的。

茅台酒酿工艺复杂,操作要求极严。它用优良小麦制曲,精选的高粱作糟,用曲数量相当于作糟的原料,而且酿造有季节性,每年必须在重阳节前后投料,叫“重阳下沙”。经八次下曲，八次蒸馏。各次蒸馏所得的酒，品质都不相同，要分别进行处理，第一次蒸馏的酒全部回窖发酵。以后每次蒸馏的酒分别贮存，三年以后，再进行勾兑，勾兑好后再贮存一年装瓶出厂。茅台酒的勾兑，少则要用三四十种，多则要用七八十种单型酒。勾兑师分别采用不同生产轮次，不同贮存年份及不同酒精浓度的酒，加以调配，使酒的主体香气更加突出。

（二）五粮液

五粮液为大曲浓香型白酒，产于四川宜宾市五粮液酒厂，以其独特的喷香而成为酒中举世无双的妙品。五粮液在全国名酒评比中连续三届被评为国家名酒，并三次荣获国家金质奖。

五粮液以红高粱、糯米、大米、小麦、玉米五种粮食为制造原料，开瓶时“喷香”，是五粮液的最大特点。五粮液酒液清澈透明，浓郁扑鼻，饮用时满口溢香，盛杯时满室留芳，饮后余香不绝，在同类酒中有显著的风格。而且即使是高度五粮液酒，沾唇触香，也无强烈的刺激性，可感觉到酒体柔和甘美，酒味醇厚净爽，酒味全面。五粮液有52°的高度酒，也有38°的中度酒。

（三）泸州老窖特曲

泸州老窖特曲为浓香型白酒，也经常被称为泸州老窖、泸州特曲，产于四川泸州市酒厂，是中国历史名酒，被誉为“浓香鼻祖”、“酒中泰斗”。

泸州市酒厂的产品有老窖特曲、老窖头曲、老窖低度特曲等十五个品种，其中老窖特曲是泸州老窖大曲酒中品级最高的一种，传统酒度有60°和55°两个品种，同时生产有低度酒。泸州老窖特曲具有无色透明、窖香优雅、绵甜爽净、柔和协调、尾净香长、风格典型的特点，以独特的老窖发酵技术获得好评。

（四）洋河大曲

洋河大曲也是浓香型白酒中的名品酒，由江苏省泗阳县洋河镇酒厂生产。它以优质高粱为原料，以大麦、小麦和豌豆制曲，用当地“美人泉”泉水酿造，形成了“甜、绵、软、净、香”的独特风格，酒液清澈，口感甜润、香醇。洋河大曲有酒度62°、55°和38°等产品。

（五）古井贡酒

古井贡酒为大曲浓香型白酒，产于安徽省亳州古井贡酒厂。酒液清澈透明如水晶，香醇如幽兰，倒入杯中黏稠挂杯，酒味醇和、浓郁、甘润、味香悠长经久不息。安徽省亳县有一古井泉，清澈甜美，古井贡酒以此古井泉水酿造，在明、清两代均为宫中供品，故此而得名古井贡酒。

（六）汾酒

汾酒为清香型白酒，以地名命名，产于山西省汾阳县的杏花村酒厂。汾酒的酿造有悠久的历史，是中国白酒的鼻祖，素有色、香、味三绝之称。晚唐时期，诗人杜牧的一首《清明》诗吟出了千古绝唱“借问酒家何处有？牧童遥指杏花村”，汾酒借此声名远播。

汾酒以高粱为主要原料，其最大的特点是香绵、爽烈，其酒液晶莹透明，清香纯正，幽雅芳香，绵甜爽净，酒体丰满，回味悠长。其酒度为53°。

（七）剑南春

剑南春为大曲清香型白酒，产于四川省剑南春酒厂。酒液无色透明，芳香浓郁，醇和回甜，清冽净爽，余香悠长，并有独特的曲酒香味。剑南春具有芳、冽、醇、甘的特点，有52°的高度酒和38°的中度酒。早在明末清初时称其为绵竹大曲，后更名为剑南春。

（八）桂林三花酒

桂林三花酒为米香型白酒，早年就是广西名酒，远销港澳地区、东南亚国家和日本等国。因在摇动酒瓶时，只有桂林三花酒会在酒液面上泛起晶莹如珠的酒花，而且，入坛堆花，入瓶堆花，入杯也堆花，故名“三花酒”。

桂林三花酒的特点是米香纯正，以桂北优质大米为原料，小曲为糖化剂，配以漓江上游清澈澄碧，无怪味杂质的优良江水，陈贮于条件优越、冬暖夏凉的岩洞——象山岩洞内，加之工艺精湛，使酿得的酒香醇无比。桂林三花酒酒液清亮透明，有浓郁幽雅的蜜香，入口香醇甘爽，清冽回甜，饮后留香，酒度为56°。

（九）董酒

董酒为兼香型白酒，因产于贵州省遵义市北郊董公寺而得名，现为遵义市董酒厂产品。董酒生产工艺非常独特，选用优质高粱为原料，引水口寺甘洌泉水，大曲、小曲中都配入品种繁多的珍贵中药材，用小曲酒串蒸大曲酒，使董酒既具有大曲酒的浓香，又具有小曲酒的柔绵、醇和、回甜的特点，使董酒的香型介于清、浓之间，并带有奇特的使人心旷神怡的药香，因此被人们誉为兼香型白酒中独具一格的“药香型”或“董香型”。

董酒酒液晶莹透亮，浓郁扑鼻，香气幽雅舒适，饮用时甘美、满口醇香，还有淡雅舒适的药香和爽口的微酸，饮后回味香甜悠长。董酒的酒度为58°，其38°的低度酒名为飞天牌董醇。

（十）西凤酒

西凤酒为兼香型白酒，陕西省凤翔县柳林镇西凤酒厂出品。西凤酒历史悠久，是中国古老的名酒之一。

西凤酒以当地高粱为原料，以大麦、豌豆制曲。其特点是酒液无色，清凉透明，醇香芬芳，入口甜润、醇厚、丰满，有水果香，尾净味长，为喜饮烈性酒者所钟爱。西凤酒具有“凤型”酒的独特风格。它清而不淡，浓而不艳，酸、甜、苦、辣、香，诸味谐调，把清香型和浓香型两者的优点融为一体。

著名的中国白酒还有：北京二锅头、白沙液、杜康、长沙白沙液、孔府家酒、双沟大曲、郎酒、全兴大曲、酒鬼酒等。

四、中国白酒的饮用与服务

(一)饮用

1. 净饮

中国人饮用白酒的习惯是净饮,这样便于细细品味中国白酒的色、香、味等特色。

2. 兑饮

随着鸡尾酒在中国的推广,酒吧行业逐渐开始使用中国白酒作为基酒,调制各种鸡尾酒。中国马天尼、长城之光、太空星等一些鸡尾酒应运而生。

(二)服务

1. 杯具

中国白酒的饮用常常使用无柄利口酒杯和古典酒杯。

2. 标准分量

中国白酒饮用的标准分量为28mL(1oz)。

◎本章小结

1. 金酒也称“杜松子酒”,杜松子是生产金酒的重要原料。伦敦干金酒香气较淡,可用来调制鸡尾酒;荷兰金酒香气较重,一般是单饮;哥顿金是销量最大的金酒。

2. 朗姆酒由制糖甘蔗加工而成,具有一种甘蔗的浓郁香甜气息。主要产地在加勒比海地区,百加地和摩根船长为朗姆酒最著名的品牌。

3. 特基拉酒也被称为龙舌兰酒,以龙舌兰为原料制成,其中用蓝龙舌兰制成的酒质量最好。特基拉口味凶烈,带有植物的独特香气及微弱的酸味,原产于墨西哥。

4. 伏特加是以多种谷物(马铃薯、玉米)为原料制成的较为纯净的高酒精浓度的饮料。伏特加酒酒质晶莹澄澈,无色且清淡爽口,伏特加是俄罗斯和波兰的国酒,是北欧寒冷国家十分流行的烈性饮料。

5. 中国的白酒以高粱、玉米、大麦、小麦、甘薯等为原料,中国烈酒大多无色。通常按香型可分为酱香型、浓香型、清香型、米香型和兼香型等。

◎思考与练习

1. 简述伦敦干金酒和荷兰金酒各自的特点及两者之间的区别。
2. 简述金酒、朗姆酒、特基拉和伏特加各自的特点。
3. 简述金酒、朗姆酒、特基拉和伏特加各自的分类。
4. 简述著名的金酒、朗姆酒、特基拉和伏特加的品牌。
5. 简述中国白酒的五种香型,著名白酒的特点及产地。

◎实践作业

金酒、朗姆酒、特基拉、伏特加和中国白酒的饮用和服务。

方式:准备哥顿金、百加地、奥美加银牌和伏特加红牌各1瓶,古典杯、子弹杯多个,在教师的指导下,学习以上酒品的饮用、品鉴和服务。

配制酒知识

第八章　配制酒

本章内容： 开胃酒

甜食酒

利口酒

中国配制酒

教学要求： 1.简单介绍味美思的原料、种类和主要品牌；比特酒的特点和品牌；茴香酒的特点和主要品牌。

2.重点讲授雪莉酒和波特酒的有关内容，尤其是雪莉酒的特殊酿制工艺，概略讲述马德拉酒、马萨拉酒。

3.讲述利口酒的制作，利口酒的种类及著名利口酒。

4.在讲授中国配制酒时，重点讲授中国药酒的储存。

5.以实操方式讲授开胃酒、甜食酒、利口酒和中国配制酒的饮用和服务，使学生知道这几种酒的饮用方式，并能够提供正确的服务方法。

教学课时： 4 课时

第一节　开胃酒

开胃酒(Aperitif)又称餐前酒,是在正餐前饮用,增加食欲的酒精饮料。开胃酒是以葡萄酒或蒸馏酒为原料,加入植物的根、茎、叶、药材、香料等配制而成的,主要有味美思、比特酒、茴香酒。

一、味美思

(一)味美思概述

味美思(Vermouth)又译为苦艾酒,是以葡萄酒为基酒,配入苦艾等几十种植物后经蒸馏而成,有强烈的草本植物味道,酒度为17°~20°。

味美思分特干(Extra Dry)、干(Dry)、甜(Sweet)三种,主要是由酒中含糖量的多少来区分。从颜色上分有白(Bianco)和红(Rosso)两种。通常干味美思的颜色是无色透明或浅黄色的,甜味美思是红色的或玫瑰红色的。最好的味美思产自法国和意大利,目前几乎所有酒吧用的味美思也都来自于这两个国家。意大利以生产甜型红、白味美思著称,而法国则以生产干型味美思见长。

味美思的主要成分是葡萄酒,约占80%左右。味美思以白葡萄酒为基酒,个性不突出,中性干型的最佳。味美思酒的另一主要成分是各种各样的香料。由于各个味美思生产商对于自己的味美思酒的配方都是保密的,因此无法知道每个味美思的确切香料种类和用量。但大体上有这样一些品种,如:蒿属植物、金鸡纳树皮、木炭精、鸢尾草、小茴香、豆蔻、龙胆、安息香、可可豆、生姜、芦荟、桂皮、白芷、春白菊、丁香、苦橘皮、风轮菜、鼠尾草、接骨木、百里香、香草、陈橘皮、玫瑰花、杜松子、苦艾、海索草等。

(二)常见的味美思种类

1. 干味美思(Vermouth Dry 或 Secco)

干味美思中的含糖量不超过4%,酒度在18°左右。意大利干味美思酒呈淡白、淡黄色,法国干味美思酒呈草黄、棕黄色。

2. 白味美思(Vermouth blanc 或 Bianco)

白味美思中的含糖量在10%~15%左右,酒度18°,色泽金黄,香气柔美,口味鲜嫩。

3. 红味美思(Vermouth rouge, Rosso 或 Sweet)

红味美思中的含糖量为15%,酒度18°,色泽琥珀黄,香气浓郁,口味独特。

4. 都灵味美思(Vermouth de Turin 或 Torino)

都灵味美思的酒度为15.5°~16°,调香用量较大,香气浓烈扑鼻,有桂香味美思(桂皮),金香味美思(金鸡纳),苦香味美思(苦味草)等。

(三)主要的味美思品牌

世界上较为有名的味美思主要集中在意大利和法国。

1. 意大利的主要味美思品牌

以上介绍的4种味美思酒意大利都有生产，但其出产的白味美思，红味美思和都灵味美思3种甜型酒较为出名。著名意大利味美思酒名牌产品如下：

(1)仙山露(Cinzano)(干、白、红)。仙山露干威末，爽口、清淡的干白葡萄酒，用一种特别芳香的香草调味，口味独特；仙山露酸威末，清淡的果味白葡萄酒，有香草味，麦黄色，口感滑润，略带甜味；仙山露桃色威末，呈浓郁的红褐色，甜香草味。

(2)马提尼(Martini)(干、白、红)。这是目前世界上最为流行的味美思品牌。19世纪中期，意大利都灵市马提尼家族创制出了这种调制酒，并以自己的家族姓氏作了酒的名称。

此外，还有干霞(Gancia)(干、白、红)，卡帕诺(Carpano)(都灵)，利开多纳(Riccadonna)(白、红)等品牌和种类。

2. 法国味美思

法国生产除都灵味美思以外的3种类型的味美思，以干味美思最著名，法国味美思的名牌产品有香百丽(Chambery)，杜法尔(Duval)，诺瓦丽·普拉(Noilly Prat)等。

二、比特酒

(一)比特酒概述

比特酒(Bitters)也译为必打士，意为苦味酒，以葡萄酒或食用酒精为酒基，较多使用的是食用酒精，加入具有苦味的植物根茎和药材配制而成。比特酒是从古药酒转变来的，类似于中国的药酒，有药用和滋补功效。比特酒味道苦涩，药香和酒香突出。酒度为16°~45°。

比特酒的种类比较多，从香型上分，有清香型比特酒，浓香型比特酒；从颜色上分，有淡色比特酒，深色比特酒；从酒精含量上分，有含酒精成分的比特酒，不含酒精成分的比特酒。所有的比特酒都有一个共同点，就是苦味和药味。比特酒的主要生产国为法国和意大利，以及英国、德国、美国和匈牙利等国。

用于配制比特酒的调料和药材主要是带苦味的草卉和植物的茎根、皮表，如阿尔卑斯草、龙胆皮、苦橘皮、柠檬皮等。

(二)常见的比特酒品牌

1. 产于法国的比特酒

(1)杜本内(Dubonnet)。主要用金鸡纳皮浸于白葡萄酒中，再配以其他原料草药。酒色深红，药香突出，苦味中带有甜味，酒度为16°，风格独特。有红、黄、干3种类型，以红杜本内最为有名。美国也有生产。

(2)艾玛·皮孔(Amer Picon)。配制原料主要有金鸡纳霜、橘皮和其他多种草药。酒液浓稠，酷似糖浆，以苦著称，既苦又甜，酒度为21°。饮用时只用少许，再掺兑其他饮料。

(3)苏滋(Suze)。配制原料是龙胆草的根块。酒液呈橘黄色，口味微苦、甘润，糖分含量为20%，酒度为16°。

2. 产于意大利的比特酒

(1)金巴利(Campari)。产于意大利米兰。酒液颜色鲜红，酒度为26°，药味浓郁，口感微苦而舒适。配制原料中有橘皮及草药，苦味来自于金鸡纳霜，适于制作混合酒。

(2)西娜尔(Cynar)，又译为菊芋酒。是由蓟和其他草药浸泡酒中配制而成，酒中的蓟味很浓，微苦，酒度为18°。

(3)菲奈特·布兰卡(Fernet Branca)。是意大利最有名的比特酒，产于意大利米兰。此酒以多种草木根茎为调制原料，味甚苦，药用功效显著，酒度为40°，号称“苦酒之王”。尤其适用于醒酒和健胃及制作混合酒。

3. 产于其他国家的比特酒

安哥斯特拉(Angostura)。此酒产于中美洲的特立尼达，是世界最著名的比特酒之一。该酒以朗姆酒为基酒，以苦树皮、龙胆草为主要原料调制而成，药香悦人，味道微苦但十分爽适，有微量毒性，酒液褐红色，酒度为44°，140mL小瓶包装，调酒中常用，刺激性很强。

三、茴香酒(ANISE)

(一)茴香酒概述

茴香酒(Anise)以纯食用酒精或烈酒为基酒，加入茴香油或甜型大茴香子制成。一般用从八角茴香和青茴香中提炼得到的茴香油配制，45°的酒可以溶解茴香油。八角茴香提炼的茴香油多用于开胃酒的制作，而青茴香提炼的茴香油多用于利口酒的制作。主要生产国集中在地中海沿岸国家，其中以法国波尔多地区茴香酒较为有名。

茴香酒的口味香浓刺激，有无色和染色之分，酒液的颜色比较多，视品种不同而呈现不同色泽，酒度在25°左右，含糖量较高。

(二)主要的茴香酒品牌

1. 潘诺(Pernod)。法国著名的茴香开胃酒品牌，较浓的茴香味，加水后略显混浊。

2. 皮尔(Byrrh)。为具有法国专利权的一种开胃酒，酒度18°，香气舒缓柔和，余味绵长。

3. 圣-拉斐尔(Saint -Raphael)。产于法国，酒度16°，是将金鸡纳树皮、可可、橙子、八角茴香及其他香料预先浸泡在酒中串香而成的茴香酒。有红色和白色(呈淡金色)。可略微冰镇或加冰饮用。

4. 巴士蒂斯51(Pastis 51)。产于法国,酒度45°。将用甘草和焦糖串香的茴香浸入酒中而得。

此外,还有里卡德(Ricard,法国),白羊倌(Berger Blanc,法国),安尼索内(Anesone,意大利),辛(Cin,意大利),奥索(Ouzo,希腊)等。

四、开胃酒的饮用方法与服务

开胃酒的标准用量为42mL(1.5oz),具体而言,味美思的标准用量为50mL,比特酒为20~50mL,茴香酒为20~30mL。

1. 净饮

杯具:鸡尾酒杯,白葡萄酒杯等。

以白葡萄酒为基酒的开胃酒在净饮时可事先冰镇,或是用滤冰法将酒冰镇,加柠檬片或橘皮,以增加香味。

2. 加冰饮用

杯具:平底杯,高脚水杯等。

在平底杯加进半杯冰块,再量入1.5oz开胃酒,加柠檬片或橘皮。

3. 混合饮用

杯具:平底高身杯。

喝开胃酒时也经常兑水或掺入其他饮料混合饮用,尤其是比特酒和茴香酒,兑水量为所用酒量的5倍左右,或依个人口味适当增减。开胃酒与汽水、果汁等混合饮用,经常作为餐前饮料。如金巴利酒加苏打水,金巴利酒加橙汁。

第二节 甜食酒

强化葡萄酒如雪莉、波特、马德拉、马萨拉等,常作为甜食的配饮,因此强化葡萄酒常被称为甜食酒。强化葡萄酒在发酵的过程中要加入白兰地,酒精含量比一般的葡萄酒要高出许多,又因加入的白兰地终止了发酵作用,所以这种酒的含糖量也比较高。甜食酒陈年后的质量会更好,且能适应各种气温,由于酒度较高,开瓶后仍可保存。

一、雪莉酒

(一)雪莉酒概述

雪莉酒(Sherry)的法文为"Xeres",也译为"些厘酒"等,是西班牙的国酒。

雪莉酒产于西班牙的加地兹(Cadiz)省的赫雷斯(Jerez)市,阿拉伯名为"Sherish"(711~1264年,赫雷斯被阿拉伯人占领并统治),人们认为雪莉酒的名字就是来自于这个城市的阿拉伯语名字。雪莉酒14世纪时开始出口到英国,受到英国人的喜爱，并称之为“Sherries Sack”（雪莉白葡萄酒）。如今，英国仍是雪莉酒的最大市场（其次是挪威和德国）。

西班牙法律规定，赫雷斯—德·拉·弗隆特拉、圣玛丽亚港、桑卢卡尔—德·巴拉梅达这三座城市以及沿海地区在内的三角形区域被指定为雪莉酒的法定产区。1967年，英国的法庭颁布法令规定，只有西班牙赫雷斯区的葡萄酒有权称为“雪莉”，所有其他风格类似，并且带有“雪莉”一词的葡萄酒必须清楚说明其原产地，如塞浦路斯雪莉（Cyprus Sherry）。

（二）雪莉酒的酿造

1. 原料

赫雷斯帕罗米诺（Palomino de Jerez）、派得罗［PX（Pedro Ximenez）］和莫斯泰尔（Moseatel）这三种葡萄为酿制雪莉酒的法定葡萄品种。其中以赫雷斯帕罗米诺最佳。生产雪莉酒，原料中应含有此种葡萄85%～88%，而生产高级雪莉酒，此葡萄的用量高达98%。

赫雷斯的葡萄种植区的级别划分是根据土壤中所含的白垩成分决定的，艾尔巴瑞来（Albarira）区的土壤中含50%白垩，此区广泛种植优质葡萄赫雷斯帕罗米诺。另外两个区巴罗斯（Barros）和艾瑞纳斯（Arenas）含10%白垩，种植的葡萄以派得罗和莫斯泰尔为主。

2. 生产工艺

雪莉的生产时间一般从9月份开始。采摘下来的葡萄，白天在太阳下晒干，晚上用帆布盖好，以提高葡萄的含糖量。破碎葡萄时，依然采取古老的脚踩的方法，然后榨汁发酵。雪莉酒的前期酒精发酵酿制与白葡萄酒没有差异，主要是发酵和陈化混合这两个工序比较特别。

（1）发酵。葡萄汁完成酒精发酵后，转到橡木桶中培养。不同之处在于：一般葡萄酒在桶中培养时都会被灌满，以防氧化；而雪莉酒仅灌至橡木桶80%的容量，留下相当的空间与空气接触，使存在于空气中的酒花酵母发挥作用。雪莉酒在培养一段时间后，因在酒的表层发酵而产生厚厚的一层被称为“Flor”（菌花）的白色酒花泡沫，这种对于其他任何酒类而言都将极具危害性的东西，却既能给桶中的酒带来新的风味（类似气泡酒中的酵母），又会阻隔空气，使酒不再被氧化。菌花“Flor”的产生情况也是对雪莉酒进行分别处理的一个依据。

（2）陈酿混合。完成发酵的基酒在强化后被存放在橡木桶中培养陈酿。陈酿的时候，桶中同样要留有一定的空间。不同年份的基酒通过一种被称为索里来（Solera System）的混合法进行陈酿以及混合。橡木桶被叠一定的层数：最上层1个桶，下一层2个桶，再下层3个桶，每层递增1个桶，依此类推（图8－1）。新酿成的酒总是放在最上层，混合有上一年份酒的桶紧挨着放在新酒的下层，越老的酒放在越下面的位置。装瓶的时候，以5层高度来混合不同年份酒的为例：在最底层的5个桶中各放出五分之一量的酒，拼成成1桶酒用来装瓶；随后在上层的4个桶中各放出四分之一的量拼成一桶酒，再分成五份补满下层抽掉的酒；接着第三层的3个桶各放三分之一的量来补充下层桶中的缺量；再上层的2个桶各放一半的量给第三层；最后最上层新酒桶中的酒被平均分配到下层。如此复杂混合，那么酒瓶中混合的酒至少都已在桶中培养了5年（如果为3层，则为3年）。如果混合方法不变，则以后每年所出的酒中都有建窖那年所酿的酒，只是所占的量越来越少。这就是索里来混合法，还有其他变形混合法，如果将上述的混合法表示为（1、2、3、4、5），则还可以有（2、3、4、5、6），或（3、4、5、6、7）等。现在，索里来混合法也被应用在其他酒精强化型葡萄酒中。

图8－1　索里来的1、2、3叠放混合法

（三）雪莉酒的种类

雪莉酒的种类主要有：菲奴（Fino）、奥罗露索（Oloroso）和阿蒙提拉多（A-montillado）三种。

1. 菲奴（Fino）

菌花形成较多的将被制成菲奴。通常菲奴仅被强化到15°～15.5°，使酒精含量还不至于杀死形成泡沫的酒花酵母菌，这样酒仍可在桶中继续培养泡沫。菲奴在木桶中贮存的时间较短，仅3～7年。菲努酒色较淡，清亮透明，香味极细致，有青苹果或梨的风味；口感甘洌清淡、可口爽快；酒呈干性，酒度相对较低。质量最高的菲奴称为帕尔玛（Palma）。

2. 奥罗露索（Oloroso）

菌花形成较少的将被制成奥罗露索。其实奥罗露索的酿造有两种方法：一是在葡萄汁完成酒精发酵后立即将酒度强化到18°，没有酒花发酵这一环节；另一个是酒花泡沫形成不理想时，通过将酒液强化到18°的酒度杀死酵母，结束泡沫,制成奥罗露索。奥罗露索在木桶中陈酿时间较长,通常在10年以上。其酒色较深,从金黄色到深金黄色,香气浓郁;口味偏干果味,口感丰厚圆润,越陈越佳;酒度相对较高,一般为18°~20°。

3. 阿蒙提拉多(Amontillado)

阿蒙提拉多是琥珀色、带有干性坚果味道的陈年菲奴。当菲奴在索里来混合体系中贮存8年以上后,酒花泡沫因酵母死去而逐渐消失,酒也将失去新鲜的果味和清新感,不再适合制作菲奴酒。酿制阿蒙提拉多酒时,首先要将酒强化到18°(原酒度为15°~15.5°),之后的贮存和处理类似奥罗露索。由于桶中依然留有空气,酒会由于被氧化而变成深金黄色,甚至茶色,并产生坚果的风味,口感变得更丰富浓厚。这类酒在桶中的陈酿时间都在10年以上。阿蒙提拉多雪莉酒味道柔和浓厚,酒度为16°~18°。廉价的阿蒙提拉多是经过短暂的泡沫培养阶段后,通过杀死酵母并以加速成熟的方式得到的,这类阿蒙提拉多的酒标上会标示India(印度)或East India(东印度)。

(四)雪莉酒的保存和服务

雪莉酒是葡萄酒,适合葡萄酒的贮存条件都适用于雪莉酒。用顶端带有螺丝的桶或可以拧紧盖口的桶包装的雪莉酒,可以竖直贮存。装于瓶中的雪莉酒适合随时饮用,无须再行贮存以提高酒质。菲奴或阿蒙提拉多开瓶后应冷藏,并在三周内饮用完。

雪莉酒中的菲努酒通常以餐前开胃酒的角色出现在餐桌上,而甜雪莉酒则作为餐后酒。奥罗露索(Oloroso)应在室温下饮用,按照传统,它们适合于餐后饮用。

西班牙人饮用雪莉酒采用独特的"郁金香形"玻璃杯——可装6oz的称为Copa,能装4oz的称为Copita。这两种玻璃杯给雪莉酒提供了足够的空间散发葡萄酒的多种芳香。

二、波特酒

(一)波特酒概述

波特酒(Porto)是葡萄牙的国酒,并不产自葡萄牙的波特市,而是产自葡萄牙北部,距离波特市东面150km的杜罗(Douro)河流域,因为历史上出口英国的波特酒都是在波特港陈酿和装运而得此名。波特酒酒气香醇,酒质浓厚,口感圆润,甜而不腻,有红枣的味道。

根据葡萄牙政府的规定,要使用"波特"作为强化葡萄酒的名称,有三个条件:

(1)波特酒的基酒以及用来兑和的白兰地都必须用杜罗河上游的奥特·杜罗(Alto Douro)地域所种植的葡萄酿造。

(2)必须在杜罗河口的维拉·诺瓦·盖亚(Vila Nova de Gaia)酒库内陈化和贮存,并从对岸的波特港口运出。

(3)产品的酒度在16.5°以上。

(二)波特酒的酿造

波特酒是由不同品种的葡萄混合酿制的,可用来酿制波特酒的葡萄品种多达80余种。在发酵过程中,当确定糖分含量大约为10%之后(一般在5天之内),未成形的波特酒就被倒入预先装有葡萄牙白兰地的桶中陈酿。这种白兰地保持77°的酒度,因而会杀死酵母使发酵停止,保留糖分,并将酒度强化到20°~22°。

波特酒都是用非常陈旧的橡木桶培养陈酿的,大多波特酒在桶中陈酿后还要被装入瓶中至少贮存3年。

(三)波特酒的种类

1. 白波特酒

一般来说,白波特酒(White Porto)发酵的时间比红波特酒的发酵时间长。白波特酒比较干涩,略微冷藏后是极佳的开胃酒。在葡萄牙和法国销量较大,其他地方非常少见。白波特酒有干和甜两类,干酒要在发酵结束后再强化。

2. 红宝石波特酒

红宝石波特酒(Ruby Porto)是最普通的波特酒,从传统意义上讲,这种酒是最"年轻"的波特酒,它的名字来自于它的红宝石颜色。根据法律规定,红宝石波特需保存3年以上,并且需在它还保持着深红的颜色、味道上还保留着醋味的时候便装入瓶中,装瓶后即可饮用,不必保存。这是一种新鲜、口感简单、颜色较深的波特酒。

3. 茶色(陈年)波特酒

茶色陈年波特酒(Tawny Port)的名字来自于它类似于红茶的颜色。茶色波特酒在木桶中长期培养和陈酿失去了部分红颜色,酒色逐渐变浅而成茶色。茶色波特酒比红宝石波特酒柔滑得多,由于通常在桶中贮存至少6~8年,使酒产生滑顺的质感和香甜的味道。一些茶色波特酒还具有坚果的味道。

这类酒又分两种:普通茶色(陈年),酒标上仅标明"Tawny",混合不同年份的基酒在木桶中再培养2~3年后装瓶,装瓶后即可享用;多年茶色(陈年),混合不同年份基酒,并在木桶中培养和陈酿多年后才装瓶,视在桶中的平均时间又可分为10年陈(10 years old)、20年陈、30年陈和40年陈。陈年时间越长,酒的颜色越浅,酸涩的口感越弱,酒也越醇,价格也越贵。这种酒装瓶后无须再存放就可饮用。

4. 酒垢波特

酒垢波特(Crusted Porto)是一种掺配波特酒。原酒经桶中贮存4年左右装瓶,装瓶后放在酒窖中直到出现沉淀物。酒质上乘,接近于年份波特,但价格相对较低。

5. 晚装瓶年份波特酒(LBV – Late Bottled Vintage Porto)

一般来说,晚装瓶的年份波特酒是由不被宣称为陈酿的葡萄酒酿制的。这是有年份的波特酒,但为了能较早饮用,在木桶中培养、陈酿4~6年后才装瓶(故称为“迟装瓶”)。长期的木桶陈酿加速了酒的成熟,使酒色变浅,口感变醇。这种酒在酒标上除了标出年份外,还要标出“LBV”。装瓶后不久就适宜饮用。

6. 年份波特酒

年份波特酒(Vintage Porto)是波特酒中的精品,数量不足波特酒总产量的1%。这种酒只在被宣称为最好的年份,也就是葡萄收成特别好的年份里(一般10年里只有3个或4个葡萄收获年)才酿制。这类酒在木桶中培养2年后装瓶,但装瓶后不能马上饮用,至少还得在瓶中再陈酿5年后才可饮用。贮存年份短时,因气味辛辣而难以饮用,颜色也几乎是黑的。储存15~20年后方能成为极佳的波特酒。这类酒能存放几十年,酒标上除“Vintage Port”或“Vintage Porto”字样外,还有具体的年份数字。

7. 陈年年份波特酒

陈年年份波特酒(Colheita)也是年份波特酒,在桶中至少要陈酿7年以上,通常会贮存20~30年,期间每5年过滤一次,直到出运前才装瓶。装瓶后的酒可以即时享用。

8. 单酒厂年份波特酒

波特酒通常是混合不同年份的基酒而成的,即使是年份酒也会混合不同酒厂葡萄园中的葡萄酒。单酒厂年份波特酒(Quinta/Single)是指仅用某酒厂葡萄园中的葡萄酿制而成的年份波特酒,不混合不同酒厂葡萄园中的葡萄。其他一切与年份波特酒相似。酒标上会有“Quinta”字样。单酒厂年份波特酒的等级通常是介于年份波特酒和迟装瓶年份波特酒间。

(四)波特酒的服务与保存

波特酒的酒精含量和含糖量都比较高,因此适于在天气比较凉爽或比较冷的时候饮用。在开启陈酿波特酒之前,应让瓶子直立3~5天,使沉淀物沉到瓶底。开瓶后放置1~2h再饮用,以释放任何“变味”的气体。波特酒无须冷藏,最好是在地窖温度下饮用。

波特在英语系国家常作餐后酒,而在法国、葡萄牙、德国及其他国家则用作餐前酒。波特酒也可以佐餐用。

波特酒开瓶后的寿命很短,须在数周之内饮用完。其中,陈酿波特酒在开瓶后的8~24h之内就会变质。

三、玛德拉酒

玛德拉(Madeira)是处于大西洋中的一个岛,是葡萄牙属地,其生产的玛德拉酒(Madeira)是葡萄牙的另一著名酒品。玛德拉强化葡萄酒酒度为16°~18°,干型酒是优质开胃酒,甜型酒是著名的甜食酒。玛德拉酒是世界上寿命最长的酒之一,酒龄可长达100年,有些甚至可达200年。

(一)类型

玛德拉酒可分为4种,从最干的到最甜的依次为以下几种。

1. 舍西亚尔

舍西亚尔(Sercial)是最干的玛德拉酒,色泽艳丽,为金黄色或淡黄色,它有点像菲奴雪莉酒,但它尝起来稍甜一些。气味芬芳,人称“香魂”,在西餐中常用作料酒。

2. 弗戴罗

弗戴罗(Verdelho)是干型酒,颜色类似于白葡萄酒,为金黄色,味道清香优雅,口味甘冽醇厚,并具有温和柔滑的气味,是最精美的玛德拉酒。弗戴罗也是最适合用于烹饪的玛德拉酒,因为它能赋予菜肴足够的味道,同时,它也是配汤类菜肴的传统葡萄酒。

3. 布阿尔

布阿尔(Bual)为半干型酒,颜色通常为棕黄色或栗黄色,有黄油的香味,还有独特的甜味,口味甘润浓醇,可以和许多甜食搭配。

4. 玛尔姆赛

玛尔姆赛(Malmsey)是白葡萄酒,该酒是一种气味香甜醇厚的酒,颜色相当深,褐黄或棕黄色,口味极佳,甜润爽适,醇厚远超同类酒,个性非常明显。

(二)玛德拉酒的名品酒

玛德拉酒的名品酒主要有甘霖(Rain Water)、南部(South Side)、索里来(Solera),这三种酒的平均酒龄在80年以上。其中,索里来为此类酒中的精品。另外,还有玛德拉(Madeira Wine)、鲍尔日(Borges)、巴贝都王冠(Crown Barbeito)、法兰加(Franca)、马拉加(Malaga)等。

另外,其他国家生产的玛德拉名品酒有法国产的原甜葡萄酒(Vin Doux Naturel)、阿尔及利亚产的米斯苔尔(Mistelle)、葡萄牙产的莫斯卡苔尔(Moscatel)等。

(三)马德拉酒的服务和保存

马德拉酒是一种强化葡萄酒,比一般的餐酒保存的时间长。在饮用之前最好能将马德拉酒卧存放几天,然后把瓶直立起来直到所有的沉淀物沉到瓶底再慢慢倒出。开瓶之后,马德拉酒有6周的保存时间,但不可保存于高温或潮湿的地方。

饮用马德拉酒,舍西亚尔、弗戴罗应在冷藏之后作为开胃酒饮用,布阿尔和玛尔姆赛应在室温下于餐后饮用。

四、马萨拉酒

马萨拉酒(Marsala)取自地名,产于意大利西西里北部的马萨拉一带,首次酿制于18世纪60年代。是由葡萄酒和葡萄蒸馏酒勾兑而成的,它与波特、雪莉酒齐名。酒液呈金黄带棕色,香气芬芳,口味舒爽、甘润。

(一)类型和名品

根据1969年颁布的DOC酒法,马萨拉酒分为4种基本类型。

1. 特精酿马萨拉酒(Marsala Vergine)

此酒陈酿时间为5年,酒度不低于18°,通常做开胃酒。

2. 优酿马萨拉酒(Marsala Superiore)

此酒陈酿时间为2年,酒度不低于18°,甜型或半甜型,有爽口的苦味和焦糖风味。

3. 精酿马萨拉酒(Marsala Fine)

此酒陈酿时间为4个月,酒度不低于17°,常标以"I. P.",是 Italia Particolare 的缩写,风格从干性到甜性。

4. 加香马萨拉酒(Marsala Speciale)

此酒是指加入香料的马萨拉酒。

较为有名的马萨拉酒有厨师长(Gran Chef)、佛罗里欧(Florio)、拉罗(Rallo)、佩勒克利诺(Peliegrino)等。

(二)服务和保存

一般的葡萄酒的贮存过程都适用于马萨拉酒,马萨拉酒是装在顶端带有螺丝的桶中,因此可直立,以增加贮存空间。没有必要长期贮存马萨拉酒,因为它在装瓶前就已贮存了足够长的时间。开瓶之后,马萨拉酒应被冷藏,这样可以把它的寿命延长6个星期。

干马萨拉酒是极佳的开胃酒,适于冷藏饮用(不可加冰,会冲淡酒的味道),而甜马萨拉适于在室温下于餐后饮用。

总的来说,甜食酒中干型的用作开胃酒,甜熟型的用作餐后酒。

第三节　利口酒

利口酒(Liqueur),"Liqueur"在欧洲较通用,在美国一般被称为"Cordials",两个名称均来源于拉丁文,又译为利乔酒、力娇酒、香甜酒等,常在餐后饮用,所以被称为"餐后甜酒"。利口酒是以食用酒精或蒸馏酒为基本烈酒,通过浸泡或掺兑等方法加入各种香料并经过甜化处理的浓甜饮料酒。利口酒颜色艳丽丰富,口味香甜,被人们誉为"液体宝石"。

中世纪掌握酒精蒸馏法的教会僧侣们为了寻求不同的医疗效果,在酒中加入了草根、树皮、植物花叶、果皮、香料、果汁、金粉和咖啡等做实验,这些实验改善了酒的味道,丰富了酒的颜色,并因此创制了上百种的利口酒。很多利口酒都与修道院有一定的关系,一些有名的利口酒就是来自于修道院僧侣们研究的配方。

一、利口酒的制作

(一)原料

1. 基酒

白兰地、威士忌、朗姆酒、金酒和米酒等都可以作为利口酒的基酒。但是大多数的利口酒是用中性或谷物烈性酒作为基酒。为了生产精美的利口酒,使用的酒精越纯净越好。

2. 香料

香料主要来源于植物,也有来源于动物、矿物的。利口酒的配方差异很大,有的是用一种香味明显突出的香料制成的,有些则含有几十种以上的香料成分。

3. 甜化剂

甜化剂主要是甜浆和蜂蜜。

(二)生产方法

利口酒多以烈酒为基酒,再掺入各种香料和糖分配制而成。制造方法主要有以下三类。

1. 蒸馏法

有两种方式,一是将原料浸泡在烈酒中,然后一起蒸馏;另一种是将原料浸泡后,取出原料,仅将浸泡过的酒液蒸馏。蒸馏出来的酒液再添加糖和色素。蒸馏法适用于主要以香草类、柑橘类的干皮原料制成的利口酒。

2. 浸泡法

将原料浸泡在烈酒或加了糖的烈酒中,过滤取酒。适用于一些不能加热,或者加热后会变质的原料。

3. 渗入法

将天然的或合成的香料香精加入烈酒中,以增加酒的甜味和色泽,此方法多为贵族、修道院教士等以不公开的秘方来制作流传的甜酒。

二、利口酒的种类

利口酒根据加入的辅料的不同,可以分为果料利口酒、草料利口酒和种料利口酒。

(一)果料利口酒

果料利口酒(Liqueurs de Fruits)由三大主要成分构成:果料(果实、果皮)、糖料和基酒(食用酒精、白兰地或其他蒸馏酒)。酿制果料利口酒一般采用浸泡法。浸泡制成的利口酒具有口味清爽新鲜的特点。果料利口酒宜新鲜时饮用。

其名品有:橙皮利口酒(Curacao)、金万利(Grand Marnier)、君度香橙(Cointreau)、马士坚奴(Maraschino)等。

(二)草料利口酒

草料利口酒(Liqueurs de Plants)的配制原料由草本植物构成,制酒工艺颇为复杂,往往带有浓厚的神秘色彩,要想全部弄清楚草料利口酒的原料构成和生产方法是很困难的,因为生产者往往对此严加保密,人们只能了解其中的大概情况。其名品有:修道院酒(Chartreuse)、修士酒(BenedictineDOM)、杜林标酒(Druambuie)、薄荷乳酒(Crème de Menthe)等。

(三)种料利口酒

种料利口酒(Liqueurs de Grains)是用植物的种子作为基本原料配制的利口酒。可以用来做配料的植物种子很多,制酒者往往选用那些香味较强,含油较多的坚果种子进行配制加工。其名品有:茴香利口酒(Anisette)、可可乳酒(Crème de Cacao)、咖啡甜酒(Kaulua)、太玛丽(Tia Maria)、阿玛莱托(Amaretto)等。

三、著名利口酒

(一)荷兰蛋黄酒

荷兰蛋黄酒(Advocatt)是由鸡蛋黄和白兰地制成的。某些国家有销售用玉米粉和酒精生产的仿制品。

(二)阿玛莱托

阿玛莱托(Amaretto)为意大利杏仁酒,以萨若诺阿玛萨托(Amaretto Di Saronno)最为杰出。

(三)茴香利口酒

茴香利口酒(Anisette)法国、西班牙、美国均有产,有多种甜性。它被认为是法国香甜酒业的基础。

(四)修士酒

修士酒(Benedictine DOM)又称当酒或泵酒,是世界上最有名望的利口酒,在法国诺曼底附近的费康进行蒸馏。其来源可追溯到1510年,由一家名为本尼狄克汀(Benedictine)的修道院里的修士制作。1534年,该酒受到宫廷的赏爱,一时名声大噪。泵酒以白兰地为基酒,用27种香料调配,经2次蒸馏、2年陈酿而成。在其形状独特的酒瓶上标有大写字母DOM(Deo Optimo Maximo——献给至高无上的上帝)。饮用泵酒的流行做法是配上上等的白兰地,即"B&B"。酿酒公司现在也有一种正式的"B&B"酒销售。

(五)修道院酒

修道院酒(Chartreuse)与泵酒是两种最有名的餐后甜酒。该酒以白兰地酒为主要原料,配以100多种植物香料制成。有黄色和绿色两种,黄色酒味较甜,酒度约40°,绿色酒的酒度较高,约在50°以上,较干、辛辣,比黄色酒更芳香。

(六)樱桃白兰地利口酒

樱桃白兰地利口酒(Cherry Brandy Liqueur)最初出产于西班牙,大多数这类酒的标签为"Cherry Brandy",它是把水果浸泡在烈性酒中生产而成的,有时添加香草。颜色从白色至深褐色各异,分为四个品种:超干、干、中干和甜味。

(七)椰子利口酒

椰子利口酒(Coconut Liqueur)是把椰子香精浸泡在白色的朗姆酒中制成的。此酒目前可见的品牌有:马力布(Malibu,加拿大产椰子利口酒)和可可瑞布(Cocoribe,美国产椰子利口酒)。

(八)君度香橙

君度香橙(Cointreau)的原型是"Triple Sec"(橙皮酒)。第二次世界大战时,因仿冒生产"Triple Sec"的厂家太多,君度香橙公司做将其改名为君度香橙。它是著名的法国柑橘类利口酒之一。

(九)库拉索橘皮酒

库拉索橘皮酒(Curacao)是用葡萄酒、糖和橘子皮生产的一种甜性助消化利口酒,是最为杰出的柑橘类利口酒。颜色多样,有透明无色、绿色、蓝色等品种。橘香怡人清爽,味微若。

(十)奶油酒

奶油酒(Cream Liqueur)是由奶油、烈性酒和香料结合在一起而形成的稠性的、质地丰满的甜酒。最受欢迎的是爱尔兰著名的奶油酒百利甜(Balleys),它是目前世界上最受女士欢迎的利口酒,加冰饮用,口感更好。

(十一)奶油餐后甜酒

奶油餐后甜酒(Crème)的口味非常多,有香蕉利口酒(Crème de Banana),咖啡利口酒(Crème de Café),可可利口酒(Crème de Cacao),黑加仑酒(Crème de Cassis),薄荷酒(Crème de Menthe),杏仁味果核酒(Crème de Noyaux),玫瑰利口酒(Crème de Rose),香草利口酒(Crème de Vanilla),紫罗兰利口酒(Crème de Violettes)等。

(十二)杜林标

杜林标(Drambuie)是最古老的威士忌利口酒,其基本原料有苏格兰威士忌和石楠蜂蜜。

(十三)加利安奴

加利安奴(Galliano)是意大利生产的香草利口酒。

(十四)金万利

金万利(Grand Marnier)也称为香橙干邑,1880年发明的以干邑为基本原料的法国橙皮利口酒。产于法国的干邑地区。酒度在40°左右,分红、黄两种。橘香突出，口味凶烈，酒劲很大，但味道甘甜醇浓。

(十五)甘露咖啡酒

甘露咖啡酒(Kahlua)产于墨西哥，有浓厚的咖啡香甜气息。

(十六)马士坚奴

马士坚奴(Maraschino)是一种把含有碎核在内的马来思卡(Marasca)樱桃放入基酒中蒸馏而成的白色意大利利口酒。

(十七)飘仙

飘仙(Pimm's)是用金酒调制的一种水果烈酒，深红偏褐色。

(十八)黑刺李金酒

黑刺李金酒(Sloe Gin)是一种把黑刺李浸泡在金酒中，然后再在木桶中陈酿而成的深红色酒。其传统的英国名称为Stirrup Cup。

(十九) 添万利

添万利(Tia Maria)是一种以朗姆酒为基本原料，用蓝山咖啡香精和香料调味而成的牙买加利口酒，具有特殊的咖啡香味。

(二十)白橙利口酒

白橙利口酒(Triple Sec)是一种白色的橙皮利口酒。

四、利口酒的饮用和服务

(一)饮用

利口酒主要在餐后饮用，能够帮助消化。利口酒一般要求冰镇。香味、甜度大的利口酒品宜在低温下饮用，少部分利口酒可在常温下饮用或仅加冰块。

1. 净饮或加冰

纯饮利口酒将杯子斟满即可。

加冰饮用时，可加入半杯冰块，将28mL的利口酒倒入古典杯或葡萄酒杯中，用吧匙搅拌。

2. 兑饮

很多利口酒含糖量比较多，且比较黏稠，不适合净饮，需要兑和其他饮料后饮用。可以在杯中加冰后，用1oz的利口酒加4～5倍的苏打水或果汁饮料。如绿薄荷加雪碧汽水，绿薄荷加菠萝汁等。

利口酒开瓶后仍可继续存放，但长期贮存有失品质。利口酒瓶竖立放置，常温或低温下避光保存。

(二)服务

1. 杯具

净饮可用利口酒杯或雪莉杯，加冰可用古典杯或葡萄酒杯，兑饮可用果汁杯或高身杯。

2. 标准分量

利口酒的标准用量为每份28mL(1oz)。

第四节 中国配制酒

中国的配制酒是用发酵原酒(黄酒、葡萄酒、果酒)、蒸馏酒或食用酒精为基酒,加入香草、香料、果皮、中药或动植物,用浸泡、掺兑、煮沸、复蒸等不同工艺加工配制而成的饮料酒。中国的配制酒主要分为药酒和露酒两大类。两者并无本质上的区别,但药酒主要以治疗疾病为主,有特定的医疗作用;露酒以滋补养生健体为主,有保健强身作用。

一、药酒

(一)中国药酒概述

药酒是以白酒、黄酒或果酒为基酒,加入中药材(如人参、枸杞、五加皮、五味子等)经酿制或泡制而成的具有药用价值的酒。酒度随基酒而定,药用功能各有不同。

药酒在我国有悠久的历史。李时珍的《本草纲目》中就收集了大量古时和当时的药酒配方,据统计,共有200多种。这些配方大多数是便方,具有用药少、简便易行的特点。

酒有"通血脉,行药势,温肠胃,御风寒"等作用,酒可以使药发挥最佳的药效,使理气行血药物的作用得到更好的发挥,既可治疗疾病和预防疾病,又可用于病后的辅助治疗。而且酒是一种良好的有机溶媒,有助于药物有效成分的析出。中药的多种成分都易于溶解于酒精之中。

(二)药酒的种类

1. 按使用方法分类

根据药酒的使用方法可分为内服药酒、外用药酒和既可内服又可外用的药酒三大类。

2. 按功效分类

根据药酒的功效分类,药酒可分为药性药酒和补性药酒(滋补酒)两大类。前者以治疗疾病为主,有特定的医疗作用,如:史国公酒、茸参虎骨酒等;后者以辅助性治疗为主,可预防疾病,或用于病后的辅助治疗,如:蜂王浆补酒、雪蛤大补酒,其中的一部分可作为日常饮料酒使用。

(三)常见的中国药酒

药酒常见的品牌有人参酒、参茸酒、首乌酒、五加皮酒、三蛇胆汁酒、虎骨酒、史国公酒、十全大补酒、龟龄酒、蜂王浆补酒、雪蛤大补酒等。广西梧州市的三蛇酒、蛤蚧酒、毛鸡酒等动物药酒,驰名粤港澳,远销20多个国家和地区。

(四)中国药酒的泡制

(1)泡药酒的白酒度数不宜过高。因为药材中的有效成分,有的易溶于水,有的易溶于酒,如果酒的度数过高,虽然可以增加酒精溶性成分的析出,但却不利于水溶性成分的溶解。因此一般而言,泡药酒的白酒度数在40°左右最好。

(2)泡药酒时应将动植物药材分别浸泡,服用时再将泡好的药酒混合均匀。这是因为动物药材中含有丰富的脂肪和蛋白质,其药性需要较长的时间才能泡出来,而植物药材中的有效成分能迅速溶解于水或酒精中。分开浸泡,便于掌握浸泡时间。

(3)泡药酒最好用陶瓷或玻璃瓶子。不宜用塑料容器,其中的有害物质易溶解于酒里,对人体造成危害。

(4)泡药酒应尽量避免阳光照射或高温。

(五)中国药酒的贮存

药酒如果贮存保管不善,不但影响疗效,而且会造成药酒的变质或污染,使药酒不能再饮用。贮存药酒需注意以下几点:

(1)凡是用来配制药酒的容器均应清洗干净,再用开水煮沸消毒。

(2)配制好的药酒应及时装进细口长颈的玻璃瓶中,或者有盖的容器中,并将口密封。

(3)药酒贮存宜选择在温度变化不大的阴凉处,室温以10~25℃为好,不能与汽油、煤油以及有刺激性气味的物品同放。

(4)夏季贮存药酒要避免阳光的直接照射,以免有效成分被破坏,使药酒的功效减低。

二、露酒

(一)露酒概述

露酒又叫香花药酒,是以蒸馏酒、发酵酒或食用酒精为基酒,加入食用动植物,及香料、糖料、色素等食品添加剂,按一定生产工艺加工制成的具有水果风味的饮料酒。露酒改变了原基酒的风格,具有营养丰富、品种繁多、风格各异的特点。

(二)制作露酒的辅料

制作露酒的辅料品种繁多(枸杞、人参、蛇、当归、动物的骨骼等),凡是中医能够入药的品种,基本能够用于浸泡露酒。近几年,随着科技的发展,原料的应用范围不断扩大,野生资源类如红景天、沙棘、绞股蓝、刺梨等野生果;花卉类如玫瑰、茉莉、菊花、桂花、红花等;含有丰富的营养成分并有特殊的医疗价值的昆虫类的肌肉、皮质等;新资源有超氧化物歧化酶(SOD)等。

(三)中国著名的露酒品牌

1. 山西竹叶青酒

山西竹叶青酒以山西省汾阳杏花村酒厂生产的最为有名。它以汾酒为原酒,用竹叶等10余种香料的浸液和冰糖配制而成,酒度为45°,含糖10%。酒液色泽金黄,微绿透明,有药材形成的独特清香,口味绵甜、微苦、温和,无刺激感。酒性温和,有疏气润肝、调和腑脏、解毒利尿、健脾强体之功效。在夏季,可以兑入冰水或苏打水,加糖调拌,并加入一两颗红色樱桃。

2. 广东五加皮酒

广东五加皮酒产自广东省广州市制酒厂,以五加皮为原料,加入当归、砂仁、豆蔻、丁香等近30种中药材,以经过加工的白酒分别热浸后配制而成。酒度为40°,含糖6%,呈褐红色,清澈透明,具有多种药材综合的芳香,入口酒味浓郁,调和醇滑,风味独特。

3. 北京莲花白酒

北京莲花白酒为明朝的宫廷御酒。早在明朝万历年间,皇宫贵族就开始酿造宫廷御酒——莲花白酒。以陈年纯正的高粱酒为基酒,加入黄芪、砂仁、五加皮、广木香、丁香等20余种中药材,入坛密封陈酿而成,酒度为50°,含糖8%,无色透明,药香酒香协调,芳香宜人,滋味醇厚,甘甜柔和,回味悠长,具有滋阴补肾、健脾养胃、舒筋活血等多种功能。

4. 天津玫瑰露酒

天津玫瑰露酒的酿造历史已达600余年,是以华北特产高粱酿造的优质高粱酒为原料,配以海拔800m以上的良种玫瑰花蒸馏而成,酒液郁香蕴厚,香味绵长,而且有良好的养生效果。在国际上享有盛名,有"中国白兰地"的美誉。

此外,我国著名的露酒还有海南"鹿龟酒",湖北"中国劲酒",河南"中国养生酒",广东"金荔红酒",厦门"固本酒",山东"张裕"三鞭酒及宁波"永成"杨梅酒等。

三、中国配制酒的饮用和服务

(一)中国药酒饮用的要点

1. 正确的饮用时间

药酒通常应在饭前服用,或每日早晚饮用,一般不宜佐膳饮用,以便药物迅速吸收,较快地发挥治疗作用。

2. 正确的饮用温度

药酒以温饮为佳,这样能更好地发挥药酒的温通补益作用。

3. 服用药酒不宜过多

服用药酒要根据人对酒的耐受力,每次可饮10~30mL,或根据病情及所用药物的性质及浓度而调整。药酒多饮滥服会引起不良反应,例如,多服了含人参的补酒可造成胸腹胀闷、不思饮食;多服了含鹿茸的补酒可造成发热、烦躁,甚至鼻出血等。此外,饮用治疗效用的药酒应病愈即止,不宜长久服用,还要避免不同治疗作用的药酒交叉饮用。

服用药酒时,不宜加糖或冰糖,以免影响药效,可加适量蜜糖,因为蜜糖性温和,加入药酒后不仅可以减少药酒对肠胃的刺激,还有利于保持和提高药效。

(二)中国配制酒的服务

1. 杯具

利口酒杯、古典杯。

2. 标准分量

中国配制酒的标准饮用分量为30mL,或遵医嘱。

3. 露酒的一般饮用

露酒一般适合净饮,可根据需要温热或加冰。但也可与软饮料混合饮用,或是调制鸡尾酒。

◎本章小结

1. 开胃酒有味美思、比特酒和茴香酒三类。味美思最著名的品牌为马天尼,是世界上最受欢迎的开胃酒之一。

2. 西班牙的雪莉酒和葡萄牙的波特酒是最主要的甜食酒,酒精度数略高于一般的葡萄酒。

3. 利口酒常在餐后饮用,一般甜度较高。颜色艳丽丰富,口味香甜。

4. 中国的配制酒主要有药酒和露酒两种。

◎思考与练习

1. 简述味美思、比特酒和茴香酒的特点和主要品牌。
2. 简述雪莉酒的酿制和种类。
3. 简述波特酒的主要种类。
4. 简述玛德拉酒、马萨拉酒的主要种类。
5. 简述利口酒的种类及其著名品牌。
6. 简述常见的中国药酒和露酒。

◎实践作业

开胃酒、甜食酒和利口酒的饮用和服务。

方式:准备马天尼、雪莉酒、百利甜酒各1瓶,利口酒杯、鸡尾酒杯多个,在教师的指导下,学习开胃酒、甜食酒、利口酒的饮用和服务。

非酒精饮料知识

第九章　茶

本章内容： 茶的概述

茶的种类

茶艺服务

教学要求： 1.简单介绍中国饮茶的发展，茶叶的制作工艺，茶叶的保管。重点讲述品茶的要点。

2.在讲授茶叶的分类时，注意对比各种茶叶外形、色泽、茶汤、香气等方面的差别。

3.简单介绍茶艺的服务程序及要点。

4.以实操方式讲授绿茶、乌龙茶、红茶的泡饮。使学生掌握正确的泡饮方法，并能够提供正确的茶水服务。

教学课时： 4课时

第一节 茶的概述

茶是以茶叶为原料,经沸水泡制而成的饮品。茶作为三大嗜好饮料之首,风靡全世界,不仅有悠久灿烂的历史和文化,更是时下最健康时尚的饮料之一。中国是茶叶的故乡,也是世界上最早利用茶叶的国家。千年的饮茶史在我国形成了具有一定地域特色的茶文化,在饮茶过程中人们对水、茶、器具、环境都形成了一定的讲究和要求。

一、中国饮茶文化的发展

早在神农时期,茶的药用价值已被发现,《神农本草经》记载:"神农尝百草,日遇七十二毒,得茶解之。"中国的"茶圣"陆羽在其所著的《茶经》中也有"茶之为饮,发乎神农氏,闻于鲁周公"。因此,一般认为我国是最早饮茶的国家。

据史料记载,我国饮茶的发展过程大致经历咀嚼鲜叶、生煮羹饮、蒸青做饼、炒青散茶四个阶段。最初,人类直接咀嚼茶树鲜叶汲取茶汁,享受新鲜茶叶的芬芳、甘甜。到秦汉时期,人们将鲜叶制成茶团,饮用时将茶团捣碎放入壶中,注入开水并加上葱、姜和橘子调味。隋唐时,茶叶多加工成饼茶。饮用时,加入薄荷、盐、红枣等调味品,烹煮汤饮。在唐朝,饮茶蔚然成风。人们对茶和水的选择、烹煮方式以及饮茶环境和质量也越来越讲究,逐渐形成了茶道。陆羽《茶经》三篇,备言茶事,对茶的饮煮有详细阐述。"茶兴于唐而盛于宋"。在宋代,人们逐渐重视茶叶原有的色、香、味,调味品逐渐减少,出现了用蒸青的方法制成的散茶,茶的烹饮手法逐渐简化。明代时,多饮用散茶,烹茶方法也由煎煮的方式改为冲泡。人们发现,将茶叶冲以开水,更能领略茶的天然香味。明清后,茶类增加为六类,品饮方式各有不同,品茶方法日臻完善而讲究。由于各地区的地理环境、所产茶类以及风俗的不同,各地人们饮用的茶类也相异。如两广喜红茶,福建多饮乌龙,江浙则好绿茶,北方人喜花茶或绿茶,边疆少数民族多用黑茶、茶砖。

中国茶叶于8世纪传入日本,16世纪传入欧洲各国,18世纪传入美洲。由于各国文化和饮用习惯的差异,逐渐形成不同的茶文化,中国和日本擅长于自然茶叶类,其特点是香醇、朴素、有地区的风味。美国和欧洲一些国家则擅长配制茶,其品种繁多,如:水果茶、草药茶、花茶等。

二、茶叶的制作工艺

茶叶种类繁多,在制作程序上有很多不同之处,即使是同一大类的茶叶,在具体的制作上,也会有细节上的不同,但茶叶的制作多要经过杀青、萎凋、揉捻、发酵、干燥等几个过程,因此,我们需要了解这几个程序名词所指的具体的工序内容。

(一)杀青

用高温破坏鲜叶组织,称为杀青。

(二)萎凋

将鲜叶摊薄一定时间,蒸发部分水分,使之失去新鲜状态,称为萎凋。

(三)揉捻

如果是人工制茶,就是用双手在加热的铁锅中将叶子搓揉成条。机器揉捻是利用机械旋转的摩擦力把茶叶揉成条索。

(四)发酵

发酵是区别茶类的主要因素之一,如绿茶是不需要经过此道工序的茶种,但是对于红茶来说,这道工序就是形成其品质的关键。

(五)干燥

去除茶叶中多余的水分,这是制成毛茶的最后工序。

三、品茶

(一)审茶名

茶叶的名称是茶文化的一部分,茶叶名称有的是出自产地,有的源于传说,有的以茶叶形状、茶叶的色香味或茶树品种命名,还有的以采摘时期、制作技术以及销路等为命名依据,大多都有一定的历史文化背景。

1. 以茶叶形状命名

以茶叶形状命名的如瓜片、雀舌、毛尖、紫笋、珍眉等。

2. 以茶叶色、香、味命名

以茶叶色、香、味命名的较多,如:敬亭绿雪,取的是色泽;舒城小兰花,取的是香气;江华苦茶,取的是滋味。

3. 以茶叶产地命名

以茶叶产地命名的,如西湖龙井、武夷岩茶、安化松针、信阳毛尖、黄山毛峰等。

4. 以茶叶采摘时期命名

以茶叶采摘时期命名的,如云南的春尖,安溪的秋香、冬片等。

5. 以制茶技术命名

以制茶技术命名的,如炒青、烘青、蒸青、窨化茶等。

6. 以茶树命名

以茶树命名的,如乌龙、水仙、毛蟹等。

(二)观茶形色泽闻干茶香

对干茶的外形、色泽和香气等品质特征进行鉴赏。品质优良的茶叶,要求大小均匀,形状一致。条状的茶叶要长短相似,扁形的要厚薄相似,圆粒状的要颗粒均匀、大小相似。茶叶的颜色要正,光泽要均匀,明毫发光,这说明茶叶鲜嫩,制作工艺好。如:红茶以深褐色有光亮者为佳,绿茶要以碧绿晶莹者为佳,眉茶以银灰色略带绿色为佳,乌龙茶的茶色须鲜明略带红褐色为佳。优质的茶,干茶香气必然较高,而陈茶、劣质茶或水分含量多的茶,干嗅香气较淡。

(三)闻湿茶香看茶汤色泽

茶叶用开水冲泡3~5min之后,将茶汤倒出,可以闻湿茶叶香气。有茶香、花香、嫩香的为佳品,红茶甘香,绿茶清香,乌龙茶果香,花茶为花香,有烟、霉、油等异味的则品质下下。然后再观看茶汤色泽。茶汤色泽应清澈明净,短时间内汤色不变为上品。茶汤色泽因茶而异,大体上说,绿茶茶汤翠绿清透,红茶茶汤红艳明亮,乌龙茶茶汤黄亮浓艳,白茶浅黄。但是即使是同一种类的茶,茶汤色泽也有不同。如,龙井茶汤色碧绿,庐山云雾、黄山毛峰、都匀毛尖则汤色浅绿清澈。

(四)尝茶汤滋味看叶底

尝味是小口喝茶,细品其味。茶汤的味有甜、苦、涩、酸、鲜等几种,好的茶叶浓而鲜醇,有刺激感。使茶汤从舌尖到舌两侧再到舌根,可辨绿茶的鲜爽,红茶的浓甘带蜜糖香,乌龙茶浓烈悠长有兰香。茶汤正常的味道以不苦涩为上,应是先苦后微甜。叶底是指泡后的叶片。好茶叶的叶底细嫩、明亮、厚实、微卷,质量次的茶叶叶底则粗老、暗淡、单薄、摊张。绿茶叶底应肥壮黄绿透明,红茶叶底应红亮嫩匀,乌龙茶叶底应边红心绿、柔软明亮。

四、茶叶的保管

(一)茶叶保管的注意事项

茶叶的保管是依据茶叶的特性而确定的。茶叶具有较强的吸附性、易氧化性,会因吸收异味和潮湿而变质,色泽暗淡、香气散失,从而降低了品饮价值。因此,保管茶叶的第一要务是要购买含水量不超标的茶叶,在此基础之上要注意以下三个方面。

1. 避光

忌使茶叶直接暴露于日光下。

2. 密封

茶叶贮藏要密封,以达到防潮和防异味的目的。保存茶叶时,除抽真空外,一般还要检查茶罐的密封性,减少茶叶与空气的接触,减缓茶叶的氧化程度。

3. 低温

若温度偏高,茶叶易陈化,可密封后贮藏于冰箱冷藏柜中。

(二)茶叶的贮存方法

茶叶贮存很有讲究,在贮存过程中须注意防高温、防潮、防吸收异味及避光等几个环节,以避免茶叶发霉而无法饮用。常见的保藏方法有以下几种。

1. 罐藏法

采用双层盖马口铁罐贮存,方法简便,取饮随意,但是需要注意一定要保证密封。例如高档名优绿茶，通常可采用大、小罐分罐贮藏法：取大约一周用量的散装茶叶，装入小罐内；剩余部分散装茶叶，装入较大罐内；均密封置于冰箱冷藏室，温度调为0～5℃。每隔一周取适量茶叶放入小罐待饮，既方便日常饮用，又避免大罐茶叶与空气频繁接触，氧化变质。

乌龙茶、红茶、花茶等通常也是采用大、小罐分罐密封贮存，置于干燥、无异味的地方，并保持15℃左右的室温。

2. 塑料袋贮存法

选用干燥的高密度食品用包装塑料袋，放入茶叶后，挤出多余空气，封好或扎好口。如一时不饮用的茶叶，可再套入一只塑料袋密封好。

3. 保温杯、瓶贮存法

将茶叶放入新或旧的保温杯、瓶中贮存，若长期不饮用，可用白蜡密封瓶口。

贮存茶叶的时候，可以适量放一些干燥剂。贮存绿茶可用块状未潮解的石灰，红茶和花茶可用干燥的木炭，有条件的也可以用变色硅胶。

第二节　茶的种类

茶可分为自然茶和再加工茶两大类，通常所说的茶指的是自然茶。自然茶的分类较多，如：按采茶的季节不同，茶可以分为春茶、夏茶、秋茶、冬茶等；按照茶的发酵程度不同，茶可以分为不发酵茶、轻度发酵茶、半发酵茶、完全发酵茶、后发酵茶等；按照茶汤的颜色不同，茶可以分为绿茶、红茶、青茶、白茶、黄茶、黑茶等。而再加工茶主要有花茶、紧压茶、萃取茶、果味茶、药用保健茶、含茶饮料等。按照茶汤颜色来对茶进行分类是实践中最常见的分类方法，因此下面将详细介绍这种分类方式。

一、按发酵程度分

1. 不发酵茶

以采摘茶树新梢芽叶为原料，不经发酵，直接杀青、揉捻、干燥。干茶色泽和冲泡后的茶汤、叶底均以绿色为主。如绿茶。

2. 轻度发酵

发酵程度在5%～10%，干茶色泽和冲泡后的汤色均以淡黄或金黄为主。如黄茶、白茶。

3. 半发酵茶

发酵程度在15%～70%，干茶色泽为墨绿红镶边为主，汤色以琥珀色为主。如乌龙茶。

4. 完全发酵茶

发酵程度在80%～100%，干茶色泽以及茶汤为棕色。如红茶。

5. 后发酵茶

先是用不发酵茶类的做法，然后再经渥堆后发酵制成，发酵程度在80%～100%。如黑茶。

二、按采茶的季节分

茶随着自然气候的变化也会有差异，随着不同季节采摘和制造茶叶，就有了春茶、夏茶、秋茶、冬茶等不同类别。

1. 春茶

春季温度适中，雨量充沛，加上茶树经半年冬季的休养生息，芽叶肥硕，色泽翠绿，叶质柔软，富含氨基酸及相应的全氮量和多种维生素，春茶滋味鲜活，香气扑鼻，而且富保健作用。春茶依时日又可分早春、晚春、(清)明前、(清)明后、(谷)雨前、(谷)雨后等，占总产量的比例约35%。

2. 夏茶

夏季天气炎热，茶树新梢芽叶生长迅速，使得能溶解茶汤的水浸出物含量相对减少，特别是氨基酸及全氮量的减少，使得茶汤滋味、香气多不如春茶强烈。夏茶紫色芽叶增加，色泽不一，带苦涩味的花青素、咖啡因、茶多酚含量比春茶高，因此滋味较为苦涩。夏茶一夏可以产两次，共占总产量的比例约35%。

3. 秋茶

秋季气候条件介于春夏之间，茶树经春夏两季的生长、摘采，新梢芽内含物质相对减少，叶片大小不一，叶底发脆，叶色发黄，滋味、香气显得比较平和。秋茶也是一年产两次，共占总产量的比例约25%。

4. 冬茶

冬茶新梢芽生长缓慢，内含物质逐渐堆积，因此茶叶滋味醇厚，香气浓烈。但是产量较小，占总产量的比例约5%。

一般人多喜春茶，价格也较高，但并非每种茶都以春茶最优，乌龙茶、红茶就以夏茶为优，因夏季气温较高，茶叶中的儿茶素等含量较多，茶芽也较肥大。

三、按茶汤颜色分类

(一)绿茶

绿茶为不发酵茶，是我国出现最早，产量最多的一类茶叶，我国的产茶省都出产绿茶。在世界上，我国绿茶的产量、品种和品质都居前位。绿茶保持了茶叶的天然翠绿色，特点是清汤绿叶，自然、鲜醇而不带苦涩味，有清香或熟栗香、甜花香，滋味鲜醇。产区主要分布于浙江、安徽、江西等省。

根据最终干燥方式的不同，可分为炒青绿茶、烘青绿茶、晒青绿茶和蒸青绿茶。绿茶的名品较多，常见的如下。

1. 西湖龙井

西湖龙井,居中国名茶之冠,产于浙江杭州西湖龙井村一带,有1200多年的历史,在唐代时就享有盛名。历史上,西湖龙井茶以"狮(峰)、龙(井)、云(栖)、虎(跑)、梅(家坞)"排列品第,其中以产于狮峰的龙井品质最佳。龙井属炒青绿茶,以"色翠、香郁、味甘、形美"四绝享誉于世,即色泽翠绿、香气浓郁、甘醇爽口、形如雀舌。

2. 洞庭碧螺春

碧螺春驰名中外,自古就是茶中珍品,唐朝时就被列为贡品。产于江苏吴县太湖之滨洞庭山的碧螺峰,由于茶树、果树相间种植,令碧螺春茶独具天然茶香果味。相传曾名为"吓煞人香"。后康熙南下苏州,嫌其名不雅,赐题碧螺春为茶名。碧螺春茶叶选用春季从茶树采摘下的细嫩芽头炒制而成,采摘十分讲究,生产季节性很强。春分开始采茶,到谷雨采制结束,前后不到一个月时间。碧螺春即使用温开水冲泡,茶叶也照常坠落杯底;先冲水后放茶,依然散香展叶。这是茶叶芽头壮实的表现,是其他茶所不能比的。民间如此描述碧螺春:"铜丝条,螺旋形,浑身毛,一嫩(指芽叶)三鲜(指色、香、味)自古少"。

3. 黄山毛峰

黄山毛峰,又名黄山云雾茶,是我国极品名茶之一。黄山毛峰的产地海拔高,气候温和,雨水丰沛,终年云雾缭绕,加之山花烂漫,花香遍野,使茶树芽叶受到芬芳的熏陶,花香天成。黄山毛峰采摘讲究,非常细致,特级茶于清明至谷雨间采制。冲泡后,汤色清澈带微黄,叶底明亮,滋味醇厚可口,茶香清高如玉兰。黄山毛峰冲泡五六次,香味犹存。

4. 庐山云雾

庐山云雾产于江西庐山,宋朝时,被列为"贡茶"。庐山北依长江,南临鄱阳湖,终年云雾缭绕山谷,气候温和,山水秀美,十分适宜茶树生长,成茶之后甘甜可口,余香不绝。庐山云雾茶色泽翠绿,茶形秀丽,冲泡后,茶汤香如幽兰,汤色清澈,浓醇鲜爽。

(二)白茶

白茶为轻度发酵茶,是我国茶中珍品,性温凉,健脾胃。制作时选取细嫩、叶背多茸毛的茶叶,经过晒干或文火烘干,使白茸毛在茶的外表完整地保留下来,使之呈白色而得名。其特点为毫色银白、芽头肥壮、汤色黄亮、滋味鲜醇、叶底嫩匀,冲泡后的汤色以淡黄为主。主要产区在福建省,台湾省也有少量生产。

白茶中,采用单芽为原料加工而成的为芽茶,称之为银针;采用完整的一芽二叶,叶背具有浓密的白色茸毛加工而成的为叶芽,称之为白牡丹。银针、白牡丹、贡眉和寿眉为较常见的白茶。常见的白茶名品如下。

1. 白毫银针

白毫银针简称银针或白毫,白茶品种中的极品,产于福建省福鼎、政和等县,与君山银针同著称于世,历代为皇家的贡品。"白毫银针"这个名字的由来是因为它的成品多为芽头,全身满披白毫,干茶色白如银,外形纤细如针,所以得此雅名。白毫银针茶白毫披覆,色泽鲜白光润,闪烁如银,条长挺直,汤色清澈晶亮,呈浅杏黄色,入口毫香显露,甘醇清鲜。白毫银针茶性寒,有解毒退热降火的功效,被视为治疗麻疹的良药。

2. 白牡丹

白牡丹茶是我国白茶中的珍贵品种,产于福建政和、建阳、松溪、福鼎等县。白牡丹外形不成条索,而似花瓣,冲泡后绿叶托着嫩芽,形似花朵,宛如蓓蕾初放而得名。汤色杏黄或橙黄而明亮,茶性清凉,有退热降火的功效。主要出口港澳地区。

(三)黄茶

黄茶也是轻度发酵茶,是我国特产。黄茶的品质特点是"黄叶黄汤",干茶色泽和冲泡后的汤色以淡黄或金黄为主。黄茶的制作与绿茶有相似之处,不同点是多一道闷堆工序。闷堆工序是黄茶制法的主要特点,也是它同绿茶的基本区别。黄茶按鲜叶的嫩度和芽叶大小,分为黄芽茶、黄小茶和黄大茶三类。常见的黄茶名品如下。

1. 君山银针

君山银针为黄芽茶之极品,清代纳入贡茶,产于湖南省岳阳市洞庭湖的君山岛。君山银针中的"尖茶",形状如剑,白毛茸然,因被纳为贡茶,俗称"贡尖"。君山银针的特点是:芽头茁壮,紧实挺直,大小长短均匀,形如银针,白毫如羽,芽身金黄光亮,素有"金镶玉"之美称。君山银针香气清高,味醇甘爽,茶汤杏黄明净,叶底明亮,被人称作"琼浆玉液"。冲泡后,茶叶竖悬于汤中向上冲升水面,再徐徐下沉,再升再沉,可三起三落,蔚成趣观。

2. 霍山黄芽

霍山黄芽是黄茶中的珍品,生产历史悠久,唐代起即有生产,明清时为宫廷贡品。产于安徽省霍山县大化坪金鸡山的金刚台、鸟来尖、漫水河与金竹坪等地,以金刚台所的黄大茶最为名贵。成品茶芽叶挺直匀齐,色泽黄绿,细嫩多毫,形似雀舌。汤色明亮黄绿,叶底嫩黄,滋味浓厚鲜醇,甜和清爽,有熟板栗香,饮后清香满口。

3. 蒙顶黄芽

蒙顶黄芽产于四川省蒙顶山山区,其栽培始于西汉,距今已有两千年历史。蒙顶黄芽以每年清明节前采下的圆肥单芽为原料,成品茶芽条匀整,扁平挺直,色泽黄润,全毫显露。汤色黄中透碧,甜香鲜嫩,甘醇鲜爽,叶底全芽嫩黄。

4. 莫干黄芽

莫干黄芽产于浙江省湖州市德清县西北部的莫干山。莫干黄芽的特点是:外形细嫩,紧细成条,酷似莲心,色泽绿润微黄,净度良好,多显茸毫;茶汤香气清高持久，滋味鲜爽浓醇，汤色黄绿清澈，叶底嫩黄成朵，形态十分优美。

（四）乌龙茶

乌龙茶为半发酵茶，也称“青茶”，产区分布于福建、广东和台湾三省，至今有一百多年的历史。乌龙茶外形条索粗壮，色泽青灰有光，茶汤金黄，香气馥郁芬芳，花香明显。冲泡后，叶片中间是绿色，叶缘呈红色，素有“绿叶红镶边”的美称。

乌龙茶风格比较独特，制法综合了绿茶和红茶制法的优点，香味兼备绿茶的鲜浓和红茶的甜醇。乌龙茶有一定的药理作用，突出表现在分解脂肪、减肥健美等方面，因此在日本又被称为美容茶、瘦身茶。乌龙茶根据品种品质上的差异可分为闽南乌龙茶、闽北乌龙茶、广东乌龙茶、台湾乌龙茶四类。常见的乌龙茶名品如下。

1. 武夷岩茶

“武夷岩茶”是产于闽北崇安县武夷山山岩上的乌龙茶类的总称，十大名茶之一。宋元时期被列为“贡品”。18 世纪传入欧洲后，备受欧洲人的喜爱，曾把它作为中国茶叶的总称。武夷岩茶是我国东南沿海居民以及东南亚各地侨胞最爱饮用的茶叶品种，是著名的“侨销茶”。

武夷岩茶条形壮结、匀整，色泽绿褐鲜润，冲泡后茶汤汤色如玛瑙，橙黄发亮，叶缘朱红，叶心淡绿带黄，清鲜甘爽回味悠长，兼有红茶的甘醇、绿茶的清香，还具有一种特殊的“岩韵”，茶性和而不寒。泡饮时常用小壶小杯，因其香味浓郁，冲泡五六次后余韵犹存。

武夷岩中最负盛名的为大红袍，产于武夷山九龙窠。“大红袍”品质奇绝，味醇回甘，汤色橙黄、清澈，叶底匀亮，冲泡七次仍有余香。

2. 安溪铁观音

十大名茶之一，别名红心观音或红样观音，产于福建省南部的安溪县。安溪铁观音茶历史悠久，素有茶王之称，铁观音既是茶名，也是茶树品种名。安溪铁观音茶，一年可采四期茶：春茶、夏茶、暑茶、秋茶，以春茶品质最佳。

铁观音的制作工艺十分复杂，品质优异的安溪铁观音茶条索肥壮紧结，色泽乌润砂绿油亮，卷曲匀整，质重如铁，有的形如称钩，有的形似蜻蜓头。冲泡后有天然的兰花香，汤色金黄，叶底肥厚柔软，艳亮均匀，青心镶边红，滋味醇厚鲜爽，满口生香，回味香甜浓郁，素有“七泡有余香”的美誉。根据近年来的研究，发现乌龙茶具有清心明目、防止动脉硬化、降脂减肥的健身美容功效，使得本就热销的铁观音更加风靡日本和东南亚。

3. 冻顶乌龙茶

冻顶乌龙茶，属于轻度半发酵茶，被誉为台湾茶中之圣，冻顶为山名，乌龙为品种名。产于台湾省南投县鹿谷乡，凤凰山支脉冻顶山一带。冻顶茶外观色泽墨绿鲜艳,带有青蛙皮般的灰白点,条索紧结弯曲,干茶具有强烈的芳香。冲泡后,汤色略呈柳橙黄色,有明显清香,近似桂花香,汤味醇厚甘润,喉润回甘强。叶底边缘有红边,叶中部呈淡绿色。

4. 凤凰单丛茶

产于广东,茶形壮实卷曲,叶色浅黄带有微绿。汤色黄亮衬绿,香气清长,多次冲泡,仍有余香,回味犹存。

(五)红茶

红茶为完全发酵茶,其特点为红叶、红汤。红茶是当今世界上产量最大,销路最广的茶。由于经过深度发酵,干茶色泽以及茶汤为棕色,红汤红叶,色泽乌黑油润,味醇圆润,具有一种类似焦麦芽糖的香气。按照制作工艺,我国的红茶可以分为三种:功夫红茶、小种红茶和切细红茶。常见的红茶名品如下。

1. 祁红

祁红即祁门红茶,十大名茶之一,为功夫红茶中的珍品,与被称为“茶中香槟”的印度大吉岭茶和斯里兰卡的乌伐茶齐名,这三种茶被誉为世界三大高香名茶。祁门红茶产于安徽省祁门、东至、贵池、石台、黟县以及江西的浮梁一带。

高档祁红外形条索紧细苗秀,色泽乌润,一向以高香著称,冲泡后茶汤红浓,具独特的清鲜持久的香味,被国内外茶师称为砂糖香或苹果香,国外不少消费者称之为“祁门香”。祁红茶宜于清饮,也可加奶加糖调和饮用。祁红在英国受到了皇家贵族的宠爱,赞美祁红是“群芳最”。

2. 滇红

云南红茶的统称,是我国出口的茶类名品。主要产于云南澜沧江沿岸的临沧、保山、思茅、西双版纳、德宏、红河等地。滇红分为滇红功夫茶和滇红碎茶两种。功夫茶是条形茶,红碎茶是颗粒型碎茶。前者滋味醇和,后者滋味强烈富有刺激性。

滇红功夫茶芽叶肥壮,金毫显露,汤色红艳明亮,香气高醇,滋味浓厚。滇红的品饮多以加糖加奶调和饮用为主,加奶后的香气滋味依然浓烈。高档滇红,茶汤与茶杯接触处常显金圈,冷却后立即出现乳凝状的冷后浑现象,冷后浑出现早是质优的表现。

(六)黑茶

黑茶为后发酵茶,鲜叶经渥堆发酵变黑,故称黑茶。黑茶是我国特有的茶类,主要产于湖南、湖北、四川、云南、广西等地。黑茶以制成紧压茶边销为主,是我国边疆藏族、蒙古族和维吾尔族等少数民族重要的日常生活饮料。生产始于明代,历史悠久,成茶色泽黑褐油润,汤色橙黄或橙红至暗褐色,叶底黄褐粗大,滋味纯和不涩,有松烟香。黑茶主要品种有湖南黑茶、湖北佬扁茶、四川边茶、广西六堡散茶,云南普洱茶等。其中云南普洱茶最负盛名。

1. 普洱茶

普洱茶亦称滇青茶,因运销集散地在普洱县,故此而得名,距今已有1700多年的历史。云南的西双版纳、思茅、临沧、保山等地都有生产。普洱茶有散茶与型茶两种。普洱茶蒸压后可制成碗形的普洱沱茶,圆饼形的七子饼茶,长方形的普洱砖茶。

普洱茶成茶条索粗壮,肥大结实,色泽乌润或褐红,滋味醇厚回甘,具有一种独特的陈香。茶汤汤色橙黄浓厚,香气高锐持久,带有独特香型,滋味浓厚富于刺激性;耐泡,经五六次冲泡仍持有香味。

普洱茶具有一定药效。经现代医学临床实验证明,普洱茶具有降低血脂、减肥、抑菌、助消化、暖胃、生津、止渴、醒酒、解毒等多种功效。游牧民族主食肉类,但常饮普洱茶,因此心血管类疾病的发病率不高。普洱茶流行于许多国家和港澳地区,被称为美容茶、减肥茶和益寿茶。海外侨胞和港澳同胞常将普洱茶当作养生妙品。

2. 六堡茶

六堡茶原产于广西省仓梧县六堡乡,"六堡茶"因产地而得名,至今有200多年的生产历史。六堡茶一般被制成呈圆柱形块状。茶叶条索粗壮,色泽黑褐光润。冲泡后,汤色红浓,叶底呈铜褐色,香气醇陈,滋味浓厚醇和,爽口回甘,带有松烟香和槟榔味,风味十分独特。六堡茶具有清热润肺,消滞去积的功效,在炎热闷湿的气候条件下饮用此茶,可发现饮后身心舒适。

四、再加工茶

(一)花茶

花茶,又称熏花草、熏制茶、香花茶、香片,既有爽口的茶香,又有芬芳的花香。花茶的制作是利用了茶叶较强的吸附性,将香花窨入茶叶中制成的。花茶香气的高低,取决于所用鲜花的数量和窨制的次数,窨次越多,香气越高。市场上销售的普通花茶一般只经过一二次窨制。花茶的主要产区包括福建、广西、广东、浙江、江苏、湖南、四川、重庆等。我国北方居民较喜爱饮用花茶。花茶宜于清饮,不加奶、糖,以保持天然香味。

用于窨制花茶的茶胚主要是绿茶中的烘青绿茶及少量的细嫩炒青绿茶,少数也用红茶和乌龙茶,其中以烘青绿茶窨制的花茶品质最好。花茶因为窨制时所用的鲜花不同而分为茉莉花茶、白兰花茶、珠兰花茶、桂花花茶、玫瑰花茶、金银花茶、米兰花茶等,其中以茉莉花茶为上品,产量最大。

花茶香气鲜灵,香味浓郁、纯正,汤色清亮艳丽,滋味浓醇鲜爽,既有醇厚浓郁爽口的茶味,又有鲜灵馥郁芬芳的花香。冲泡品闻,花香袭人,甘芳满口,令人心旷神怡。

花茶中最为有名的为苏州茉莉花茶,十大名茶之一,据史料记载,苏州在宋代时已栽种茉莉花,并以它作为制茶的原料。苏州茉莉花茶属清香类型,香气清芬鲜灵,茶味醇和含香,汤色黄绿澄明。苏州茉莉花茶的茶胚主要为烘青绿茶,高级的还有以龙井、碧螺春、毛峰窨制的。

(二)紧压茶

紧压茶,就是将散形的茶叶经过蒸压处理,压制成不同形状的紧实的砖茶、饼茶和球形茶。多以黑毛茶、老青茶及其他品质较为粗老的毛茶为原料。由于该类茶主要销往边疆少数民族地区,故商业习惯上称之为边销茶。

紧压茶根据采用散茶种类不同,可分为绿茶紧压茶、红茶紧压茶、乌龙茶紧压茶及黑茶紧压茶,以用黑茶制成的紧压茶为正宗。我国紧压茶产区比较集中,主要有湖南、湖北、四川、云南、贵州等省。常见的有以绿茶制作的云南沱茶和重庆沱茶,以黑茶制作的云南普洱沱茶以及圆柱形的六堡茶。普洱茶及六堡茶既是黑茶的名品,也是紧压茶的名品。

紧压茶独具的品质特性:

(1)具有较强的消食去腻的功能,适应各地少数民族特殊的烹饮方法。

(2)紧压茶质地坚实,具有较强的防潮性能,不易变质,可以久藏。

(三)萃取茶

萃取茶是以成品茶或半成品茶为原料,用热水萃取茶叶中的可溶物,滤渣取汁,再加工而成。主要品种有罐装饮料茶、浓缩茶及速溶茶。

罐装饮料茶是用成品茶加一定量热水提取过滤出茶汤,再加一定量的抗氧化剂(维生素 C 等),不加糖、香料,然后装罐、封口、灭菌而制成,其浓度约为2%,开罐即可饮用。

浓缩茶是用成品茶加一定量热水提取过滤出茶汤,再浓缩到一定浓度后灭菌装罐制成。直接饮用时只需加水稀释,可作罐装饮料茶的原汁。

速溶茶(又称可溶茶)是用成品茶加一定量热水提取过滤出茶汤,浓缩后加入糊精,并充入二氧化碳气体,干燥制成粉末状或颗粒状。加热水或冷水冲饮,十分方便。

(四)果味茶

果味茶以茶叶半成品或成品加入果汁制成,这类茶饮料既有茶香,又有果香味,风味独特。目前生产的果味茶有柠檬茶、荔枝红茶、猕猴桃茶、橘汁茶、山楂茶、薄荷茶、苹果茶等。

(五)药用保健茶

药用保健茶是在茶叶中调配某些中草药,使之具有防病治病、营养保健作用。主要品种有减肥茶、戒烟茶、枸杞茶、杜仲茶、绞股蓝茶、八宝茶、降压茶等。

(六)含茶饮料

将茶汁融化在饮料中制成各种各样的含茶饮料。主要品种有奶茶、茶汽水及各种茶酒等。含茶饮料是茶叶产品的扩展,市场前景十分广阔。

第三节　茶艺服务

茶艺服务的基本程序可分为:备具、备茶、润茶、冲泡、斟茶奉茶、品茶、续水和收具。

一、备具

泡茶要用的器具主要包括茶壶、茶船、公道杯、茶杯等。

(一)茶壶的选择

茶壶是泡茶的主要器具,以不上釉的陶制品为佳,瓷质和玻璃茶壶次之。陶瓷茶壶透气性强,又能吸收茶香,因此不适宜选用。茶壶的选择需要注意以下几点:

(1)壶口直径不宜小于3.5cm,略宽于并拢的双指的宽度,便于置放茶叶及夹取茶渣。

(2)茶壶的水孔最好是蜂窝状,向壶身内凸起,可防止堵塞,也便于黏着的茶叶滑落。

(3)选择壶把在一侧的茶壶,方便操作。

(4)选择质朴而方便实用的壶形。冲泡绿茶宜选用散热快的壶形,口大、壁薄的茶壶;冲泡红茶宜选用保温好的壶形,口小、壁厚的茶壶。

(二)茶船和公道杯

茶船是放茶壶和其他茶具的垫底茶具,也是进行茶艺操作的平台。现在的茶船多制作成双层,上层制作有许多排水孔,用来进行茶艺操作,下层用来蓄水,或通过出水孔排水。

公道杯亦称茶盅、茶海,容量与壶相若,主要是用来均匀茶汤的浓度,同时也有滤渣的功能。乌龙茶的冲泡尤其重视公道杯,因为乌龙茶的冲泡非常讲究时间,即使是几秒的时间,冲出来的茶汤浓度也非常不同,因此可把茶汤全部倒入茶海后再分到杯中,或者是将泡两次或三次的茶倒入茶海混合后供一道茶饮用。

(三)茶杯(碗)

茶杯(碗)是盛放和饮用泡好的茶汤的器具。茶杯的选择要求要与茶壶相配,杯深不应小于2.5cm,否则持拿不便,容易烫手。一般选用白色内壁,便于观察茶汤色泽。也可选用一些特别的色泽,如青瓷有助于绿茶茶汤"茶中带绿"的效果,牙白瓷可使橘红色的茶汤更娇柔,而紫砂和黑釉虽不利于观看汤色的色泽和明亮度,但可使茶汤显得更加醇厚。

另外,根据情况还可以配备盛放弃水茶渣的水盂、取干茶的茶匙、贮放清洁的泡茶用水的水方、将水注入煮水器内加热的水注、疏通壶嘴的茶针、刮去壶口泡沫的茶箸、取出茶渣的渣匙、放置茶杯的奉茶盘、箸匙筒、茶拂、茶食盘、茶巾、计时器、消毒柜等物品,以使茶艺服务尽善尽美。

二、备茶、置茶及润茶

(一)备茶

首先,要选择优质的茶叶。茶叶品质优劣,可从外形、色泽来判断。

其次,要选择适当的茶叶。所谓适当的茶叶,一是要根据季节选择,春季宜饮花茶,取其春季花香四溢;夏季宜饮绿茶,取其消暑止渴;秋季宜饮乌龙茶,取其不寒不温;冬季宜饮红茶,取其驱寒养胃。

在为客人准备茶叶的同时,应向客人介绍所要冲泡茶叶的产地、品质特色、名茶文化及冲泡要点,以使客人更好地赏茶、品茶。

(二)置茶

沏茶时在杯中放置茶叶有三种方法。不同的茶叶种类,因其外形、质地、比重、品质及成分浸出率的异同,有不同的投茶法。

(1)下投法。日常沏茶习惯都为先放茶叶,后冲入沸水,此为下投法。冬季宜下投;条形松展、比重轻,不易沉入茶汤中的茶叶,也宜用下投。

(2)中投法。沸水冲入杯中约三分之一容量后再放入茶叶,稍停2min,等待茶叶吸水舒展以后,再冲入沸水。秋季宜中投;条形松展、比重轻,不易沉入茶汤中的茶叶,也宜用中投。

(3)上投法。在杯中先冲满沸水后再放茶叶,茶叶吸水后,便会徐徐下沉。而汤面上则香气上涌,茶汤逐渐变色。夏季宜上投;对身骨重实、条索紧结、芽叶细嫩、香味含量高,并对茶汤的香气和茶汤色泽均有要求的各类名茶,可采用上投法。

(三)润茶

润茶就是先用水将“干茶叶”润湿,以更好地品尝茶汤。润茶可以提高茶叶的温度,使其接近水温来提高茶汤的质量;二是有利于品鉴茶叶的香气及茶叶的优劣。

润茶的方法:先将茶壶或茶杯温热,并放入茶叶,然后将温度适宜的水以逆时针旋转方式注入。茶叶湿透后立即停止注水,并将茶水马上倒掉。干茶叶吸收了热量与水分,开始散发香气,品茶者可欣赏茶叶的“汤前香”。润茶较适宜于沏焙火稍重的茶或陈茶、老茶。

三、冲泡

这是茶艺最复杂也最主要的过程。在泡茶的过程中,需要注意以下几个因素。

(一)水的选择

水为茶之母,好茶应配有好水。唐代陆羽在《茶经》中指出:“其水,用山水上,江水中,井水下。”泡茶的水品要“活”、“甘”、“清”、“轻”。硬度高的水不适宜用来泡茶,会影响茶叶有效成分的溶解度,使茶味变淡。用水沸过久的水沏茶,茶汤的鲜味也会受损。

泡茶用水一般多用天然水,水质要软、甘而洁、活而新鲜。天然水按其来源可分为泉水(山水)、溪水、江水(河水)、湖水、井水、雨水、雪水等。一般说来,天然水中,泉水是比较清净的,杂质少,透明度高,污染少,水质最好。在中国号称五大名泉的是镇江中冷泉、无锡惠山泉、苏州观音泉、杭州虎跑泉和济南豹突泉。其次,达到饮用水卫生标准的自来水,也可用来泡茶。

(二)水温

水温是影响茶叶内水溶性含物浸出和香气挥发的重要因素。水温过低,茶叶的有效成分及香味就不能充分溢出;水温过高,特别是闷泡,则会造成汤色和茶叶暗黄,且香气降低。

不同的茶,对泡茶的水温有不同的要求:

细嫩的上品绿茶,水温要求稍低一些,80℃即可,水温过高会破坏茶叶的营养成分,并使茶叶失去应有的香气;冲泡各种花茶、红茶和低档绿茶,水温需在95℃,若水温低,则渗透性比较差,茶味就会比较淡薄;冲泡乌龙茶、普洱茶,需用100℃的开水,这是因为乌龙茶茶叶粗老且每次茶叶用量都比较大。有时为了保证冲泡乌龙茶的水温,还会在冲泡前烫热茶壶和茶杯,冲泡后在壶外淋热水。

对于原料更为粗老的紧压茶类,需用煎煮法才能使茶叶内的有效成分浸出,散发茶叶的鲜爽味。

(三)茶水比

茶叶与水的比例称为茶水比。茶叶和水要有适当的比例,水多茶少,茶汤就会味道淡薄,香气过低;水少茶多,茶汤过浓,就会滋味苦涩不爽。

一般茶、水的比例,随茶叶的种类及饮者的嗜茶程度而有不同。冲泡绿茶、红茶、花茶的茶水比为1:50~1:80比较适宜(在这个比例中,茶叶为重量,水为容量,以下同此),即茶叶若放3g,沸水应冲150~240mL。

品饮铁观音、武夷岩茶等乌龙茶类,因对茶汤的香味、浓度要求高,茶水比可适当放大,以1:20~1:30为宜。从壶的体积来讲,乌龙茶的用水量约为壶容积的二分之一。

一般来说,嫩茶、高档茶用量可少一点,粗茶应多放一点。另外,饭后或酒后适度饮茶,茶水比可大些;临睡前因宜饮淡茶,茶水比则应小些。

(四)泡茶时间

茶叶冲泡时间太短,茶汁没有泡出,茶汤色浅味淡;茶叶冲泡时间过长,茶叶中的茶多酚、芳香物质等会自动氧化,降低茶汤的色、香、味,茶中的维生素 C、维生素 B、氨基酸等也会因氧化而减少,使茶汤的营养价值降低,茶汤也会有闷浊滋味。

茶叶的冲泡时间一般在 3 ~ 5min,具体而言:

(1)红碎茶、绿碎茶因经揉切作用,颗粒细小,茶叶中的成分易浸出,冲泡 3 ~ 4min即可。

(2)一般红茶、绿茶以冲泡 5min 为宜。

(3)乌龙茶因沏茶时先要用沸水浇淋壶身以预热,且茶水比较大,故冲泡时间为:第一次冲泡时间为 1min,第二次冲泡时间为 1.5min,第三次为 2min,第四次为 2.5min,依次递增,以使茶汤不会先浓后淡。

(4)紧压茶为获得较高浓度的茶汤,用煎煮法煮沸茶叶的时间应控制在 10min 以上。

四、斟茶奉茶、续水和收具

(一)斟茶奉茶

斟茶时不宜太满。茶水一般都是七分满,七分满的茶杯易持拿,不易烫手。常用的奉茶方法一般是在客人左边用左手端茶奉上,或从客人正面双手奉上,用手势表示请用。奉茶时的先后顺序为先长后幼、先客后主。在奉有把的茶杯时,一定要注意茶杯把的方向是客人的顺手面,即有利于客人右手拿茶杯的把。

(二)续水

茶叶一般都可以多次冲泡。根据测定,头泡茶汤含茶浸出物总量的 50%;二开茶汤为 30%;三开茶汤为 10%;而四开则仅为 1% ~ 3%。由此可见,茶叶一般以冲泡三次为宜。但乌龙茶冲泡时,壶小而茶用量大,本身较耐泡,因此,能泡六七次之多。

(三)收具

这是茶艺的最后一项工作。品茶后要及时整理清洁茶具。收具要及时,过程要有序,清洗要干净,不能留有茶渍。特别注意的是茶具要及时进行消毒,保证茶具的清洁和持久使用。

五、主要茶类的泡饮

(一)绿茶

1. 选择茶具

绿茶一般是采用玻璃杯、瓷杯或茶壶泡饮。依据茶的级别的不同,采用不同茶具:

(1)高级及特级绿茶多采用玻璃杯泡饮,以方便品鉴茶叶品质以及茶汤颜色,防止嫩茶泡熟,失去鲜嫩色泽和新鲜滋味。

(2)中高档绿茶可用保温性能较好的瓷杯冲泡,以便于茶叶中的有效成分容易浸出,可得到较浓的茶汤。

(3)中低档绿茶或者是绿茶末比较耐冲泡,茶味也比较浓,适于使用茶壶泡饮。

2. 赏鉴干茶

赏鉴干茶主要是针对高级名优绿茶而言。在泡饮之前,先欣赏干茶的色泽、形状和香气。可取一定量的茶叶放于无异味的白纸上,观赏茶叶的形态,察看茶叶的色泽,细闻茶叶的香气。

3. 置茶

置茶主要有以下三种方法:

(1)上投法。这种方法适用于外形紧结重实的高级名优绿茶,如西湖龙井、洞庭碧螺春、蒙顶甘露、庐山云雾、都匀毛尖等。

(2)中投法。适用于条索比较松展疏散的名优绿茶,如黄山毛峰、六安瓜片等。

(3)下投法。适用于品质一般的普通大众档绿茶。

4. 赏茶汤

这也是针对高级绿茶而言的。在冲泡过程中,可以观赏茶叶的舒展,茶汤颜色的变化,茶香的飘散以及最终茶叶与茶汤的成色。

5. 品饮

饮高级绿茶时,左手托玻璃杯的下端1/3处,右手托玻璃杯上部,慢慢品饮。

(二)乌龙茶

乌龙茶被称为功夫茶,就是因为冲泡乌龙茶的程序比较繁琐,非常讲究,所用茶具较多,要花费比较多的时间。乌龙茶要求用小杯细品。品饮乌龙茶要求选用较好的乌龙茶,所使用的泡茶水以山泉水为佳,水温以初开为宜。冲泡乌龙茶可选用武夷岩茶、铁观音、冻顶乌龙等。

1. 预热茶具

冲泡乌龙茶需要一套专门的茶具。其中孟臣罐(宜兴紫砂壶)、若深瓯(白色小瓷茶杯)、玉书碨(水壶)和潮汕烘炉(炭火炉或酒精炉)是必不可少的“四宝”。在泡茶前,使用沸水把茶壶、茶盘、茶杯等淋洗一遍,使茶具保持清洁和相当的热度。在泡饮的过程中,也要不断淋洗,以保持壶和杯的温度。

2. 置茶

首先是分茶,把乌龙茶放到白纸上,轻轻抖动,用竹匙将粗茶和细末分别堆开。然后碎末茶先填入壶底,上面盖上较粗的茶叶,把中小叶放在最上。这样可避免茶叶冲泡后,碎末堵塞茶壶内口,阻碍茶汤的顺畅流出,而且也能使茶叶耐泡,茶汤清澈。

3. 茶洗及冲泡

(1)茶洗。放好茶叶后,将开水冲入茶壶,注意要使开水由高处注下,沿着壶口的边缘缓缓注入,形成圈子,使壶内茶叶打滚,全面均匀地吸水,俗称“高冲”。当注入的水刚刚漫过茶叶时,立即将水倒掉,这可以把茶叶表面的蒙尘洗净,促进茶叶味道的真实充分体现。另外,也可在冲茶时,令冲入的沸水满出茶壶并溢出壶口,然后用壶盖轻轻刮去浮在茶汤表面的浮沫,这也可洗去茶叶的表面尘污。

(2)冲泡。洗茶之后,立即冲入第二道水,水量九成满即可。冲茶后立即加上壶盖,之后再用沸水淋壶身,使其里外受热,称之为“内外夹攻”,有利于茶叶真味的浸出。同时也用沸水冲淋茶杯,使之清洁和预热,以便使用。

4. 斟茶

乌龙茶冲泡待1min后,就可以斟茶品味了。传统方法是用拇、食、中三指操作,食指轻压壶盖上的盖珠,中、拇指紧夹壶的把手。斟茶和冲茶不同,冲茶讲究“高冲”,斟茶则不宜高冲,需低斟入杯,以防香气散失。这就是所谓的“高冲低行”。开始斟茶时,将茶汤轮流注入几个杯中,每杯先注一半,然后再转圈加水,周而复始,加至八分满,这叫“关公巡城”,可以使各杯的茶汤气味均匀;然后再将壶底的浓茶分别均匀注入各杯中,先斟边缘,后在杯子中间,最后点点滴下,这是“韩信点兵”。

5. 品饮

一般先将闻香杯放入掌心中搓闻,然后用“三龙护顶”——即食指和中指在前,拇指在后的方法端起品茶杯,慢慢品饮。也可用右手食指和拇指夹住茶杯杯沿,中指抵住杯底,将茶杯从鼻端慢慢移到嘴边,趁热闻其香,并看汤色,再尝茶汤滋味。

(三)红茶

1. 备具

红茶有杯饮法和壶饮法。功夫红茶、小种红茶、袋泡红茶和速溶红茶等大多采用杯饮法;红碎茶及片末红茶等,为使茶叶与茶汤分离,便于饮用,习惯采用壶饮法。高档红茶宜选用白瓷杯为宜,以便察观汤色。

2. 置茶、冲泡

红茶多用下投法。量茶入杯后,冲入沸水至八分满。

3. 品饮

品质较好的红茶经冲泡3min后,即可闻其香,再观察红茶汤色。茶汤稍冷却,温度适宜时,即可举杯品味。

4. 红茶调饮方式

红茶除了可以净饮外,还可以调饮。所谓调饮,就是在红茶茶汤中加入调味品。在我国的西藏、内蒙古等省区加入奶制品饮料极为常见,称为酥油茶或是奶茶。在广东以及欧美国家,人们喜欢在红茶茶汤中加入牛奶和糖。现在人们加入红茶中的调味品更加丰富,除了牛奶和糖,还加入柠檬片、咖啡、蜂蜜或者是香槟酒。尤其是在红茶中加入柠檬片和糖已经称为一种极为流行的做法。

(四)黑茶

黑茶的冲泡方法很特别,是将适量的茶叶先碾碎,放入沸腾的水中煮泡,在煮泡的过程中可适当的加一些食盐在里面。品饮时,可在杯中加入鲜奶进行调味。目前市场上较为流行的黑茶为普洱茶,其冲泡手法也相当讲究。以普洱茶为例介绍一下黑茶的冲泡。

1. 备器

普洱茶冲泡宜选腹大的壶,可避免茶汤过浓。材质宜选陶壶或紫砂壶。

2. 置茶

将普洱茶拨开后暴露在空气中两个星期再冲泡味道更好。冲泡时茶叶分量大约占壶身的20%。

3. 冲泡

好的陈年普洱茶至少要贮存10年左右,所以在饮茶前需要先洗茶。洗茶是第一次冲泡,速度要快,将茶叶中的杂质洗净即可,同时唤醒茶叶的味道,但不需将它的味道浸泡出来。第二次冲泡的浓淡选择可依个人喜好而定。一般的茶水比为1∶50~1∶60。普洱茶即使变冷以后还是风味十足,所以夏天的时候可以冰过以后再饮用。

4. 闻香

品饮普洱茶必须趁热闻香,举杯放于鼻前,可感受陈味芳香如泉涌般扑鼻而来。

5. 品茗

普洱茶茶汤入口略感苦涩,但待茶汤于喉舌间略作停留时,即可感受茶汤穿透牙缝、沁渗齿龈,并由舌根产生甘津送回舌面,此时可感到满口芳香。

(五)花茶

花茶的泡饮方法,以能维持香气不致无效散失和显示特质美为原则。通常用瓷制小茶壶或瓷制盖杯泡茶,用以独啜,待客则用较大茶壶,冲以沸水,3~5min后饮用,可续泡一两次。

1. 备具

一般选用的是盖碗茶具(配有茶碗、碗盖和茶托),如冲泡茶胚特别细嫩的花茶,为提高艺术欣赏价值,也可用透明玻璃杯。

2. 烫盏

将茶盏置于茶盘,用沸水高冲茶盏、茶托,将盖浸入沸水中转动,尔后去水,以温烫茶具。

3. 置茶

将花茶从贮茶罐中取出,按需分别置入茶盏。茶水比一般为1∶50。

4. 冲泡

向茶盏冲入沸水，通常宜提高茶壶，使壶口沸水从高处落下，促使茶盏内茶叶滚动，以利浸泡。一般冲水至七分满为止，冲后立即加盖闷茶，以保茶香。

5. 闻香（鼻品）

花茶经冲泡静置3min后，即可提起茶盏，揭开杯盖放于鼻端处，用鼻闻香，顿觉芬芳扑鼻而来，亦称“鼻品”。

6. 品饮

经闻香后，待茶汤稍凉适口时，小口喝入，并将茶汤在口中稍时停留，以口吸气、鼻呼气相配合的动作，使茶汤在舌面上往返流动，充分与味蕾接触，品尝茶叶和香气后再咽下，这叫“口品”。民间对饮花茶有“一口为喝，三口为品”之说。

花茶一般可冲泡2~3次，接下去即使有茶味，也很难有花香之感了。

◎本章小结

1. 品茶主要有审茶名、观茶形色泽、闻干茶香、闻湿茶香、看茶汤色泽、尝茶汤滋味、看叶底等步骤。

2. 按照茶汤的颜色，自然茶可以分为绿茶、红茶、黄茶、白茶、黄茶、黑茶等。再加工茶主要有花茶、紧压茶、萃取茶、果味茶、药用保健茶、含茶饮料等。

3. 绿茶名品主要有：龙井、碧螺春、黄山毛峰、庐山云雾。白茶名品主要有：白毫银针、白牡丹。黄茶名品主要有：君山银针、蒙顶黄芽、霍山黄芽、莫干黄芽。乌龙茶名品主要有：武夷岩茶、铁观音、冻顶乌龙。红茶名品主要有：祁门红茶、滇红。黑茶名品主要有：普洱茶、六堡茶。再加工茶名品主要有：茉莉花茶、普洱茶、六堡茶。

4. 泡饮不同的茶类时需要注意不同的茶具、茶水比、水温、泡饮方法等。

◎思考与练习

1. 简述品茶的要点。
2. 简述饮茶的礼仪。
3. 简述绿茶、红茶的分类及特点。
4. 简述绿茶、乌龙茶和红茶名品。
5. 简述绿茶、乌龙茶、红茶的泡饮要点。

◎实践作业

1. 七大茶类的鉴别。

方式：分别准备七大茶类中的一种茶，在教师的指导下，学习各种茶的外观、闻香等干茶特点的识别和赏鉴。

2. 绿茶、红茶的泡饮。

方式：准备好电水壶，红茶、绿茶若干，蒸馏水或纯净水若干，在教师的指导下，学习红茶、绿茶的泡饮。

非酒精饮料知识

第十章　咖啡

本章内容： 咖啡概述

咖啡的服务

咖啡的调制

教学要求： 1.在咖啡概述中，重点讲授咖啡豆的鉴别，使学生理解烘焙对咖啡味道的影响。使学生掌握世界著名的咖啡。

2.简要介绍世界各地的咖啡习俗，咖啡的饮用及其礼仪，重点讲述咖啡的研磨和调制方法，咖啡的冲泡，咖啡的服务要点。

3.使学生了解咖啡基底的制作，经典特色咖啡的调制及时尚花式咖啡的调制。

4.以实操方式讲授咖啡的冲泡。使学生掌握正确的咖啡冲泡方法，并能够提供正确的咖啡服务。

教学课时： 4 课时

第一节 咖啡概述

咖啡(Coffee)是世界三大嗜好饮料之一,是一种以咖啡豆为原料,经过烘焙加工成熟,再研磨成颗粒状,或提炼成速溶的颗粒,经过煮泡或冲泡而成的热饮品或冷饮品。随着我国对外交流的深入,人民生活水平的提高,品饮咖啡的习惯也逐渐普及,成为新的时尚。

一、咖啡的产地

"咖啡"一词源自希腊语的"Kaweh",意思是"力量与热情"。咖啡的原料咖啡豆取自咖啡树上的果实,呈豆子形状,俗称"咖啡樱桃"(Coffee Cherry)。

非洲是咖啡的故乡。咖啡树的原产地就在非洲埃塞俄比亚的卡发省(Kaffa)。最早期阿拉伯人食用咖啡的方式,是将整颗果实(Coffee Cherry)咀嚼,以吸取其汁液。后来,他们又将磨碎的咖啡豆与动物的脂肪混合,作为长途旅行的体力补充剂。约公元1000年时,绿色的咖啡豆才被拿来在滚水中煮沸成为芳香的饮料。又过了3个世纪,阿拉伯人开始烘焙及研磨咖啡豆。

1615年,威尼斯商人首次将咖啡带到了欧洲,受到饮者的喜爱。几十年后,咖啡作为一种时尚饮品风靡北美洲,咖啡屋也紧跟其后,分别在纽约、费城、波士顿和其他一些北美城市出现。

咖啡树是热带植物,适合生长在热带或亚热带地区。南、北纬25度之间的地带最适合栽植咖啡,因此称为"咖啡带"或"咖啡区"。目前,全世界约有70多个国家种植咖啡,巴西是最大的咖啡生产国,约占全球咖啡产量的30%,被称为"咖啡王国"。哥伦比亚紧随其后,为世界第二大咖啡生产国,约占全球咖啡产量的12%。其他的主要产地还有埃塞俄比亚、也门、肯尼亚、委内瑞拉、坦桑尼亚、印尼、印度、牙买加、哥斯达黎加、危地马拉、墨西哥、波多黎各、巴拿马、美国等。

二、咖啡豆与咖啡的味道

(一)咖啡豆的种类

原种咖啡豆主要有以下两种。

1. 阿拉比卡

阿拉比卡(Arabica)是最好的咖啡豆品种,味道醇厚,芬芳馥郁,多生长在海拔较高、雨量充沛的南美国家。这种咖啡豆的特点是豆身浑圆较小,裂纹弯曲,咖啡因含量较低,为1%~1.7%。

2. 罗巴斯达

罗巴斯达(Robusta)多生长在海拔较低的地区,味道浓烈。其特点是豆身较扁阔,裂纹较直,咖啡因含量较高,为2%~4.5%。

(二)咖啡豆的鉴别

1. 闻

闻咖啡豆的味道。新鲜的咖啡豆可清楚地闻到咖啡豆特有的浓香,如果香气较淡,或者是有类似坚果放久产生的油腻味,说明咖啡豆已经不新鲜。

2. 看

看咖啡豆的颜色和形状。深色带黑的咖啡豆煮出来的咖啡具有苦味;颜色较黄的咖啡豆煮出来的咖啡带酸味。好的咖啡豆形状完整、个头丰硕。反之则形状不一,有残缺。

3. 压

新鲜的咖啡豆压之鲜脆,容易裂开,还会有脆脆的声音和感觉,且咖啡豆裂开时有香味飘出。咖啡豆压开后,如果豆子的外皮和里层颜色一样,那就说明烘焙的火力比较均匀;如果豆子的表层颜色明显比里层颜色深很多,表示烘焙时火力可能太大。

(三)咖啡豆的基础口感

咖啡豆的基础口感因种类不同而有着各种差别(表 10-1),正是由于这些丰富的口感差别,才满足了人们各自不同的口味需求,以及对不同咖啡豆进行组合的必要。

表 10-1 咖啡豆的产地及口感特点

产地	商品名称	简单说明	香	甘	酸	醇	苦	备注
牙买加 (Jmaica)	极品蓝山 (Blue Mountain)	产于海拔 2256m 的蓝山,栽种在 80~1500m 的斜坡上	强	强	弱	强	柔	最高品级
巴西 (Brazil)	圣多斯 (Santos)	品质优良,被认为是混合时不可缺的咖啡豆	中	强	中	中	弱	宜调配用
哥伦比亚 (Colombia)	哥伦比亚 (Colombia)	咖啡豆为淡绿色,大颗粒,味厚重,无论是单饮或混合都非常适宜	强	中	中	强	弱	最标准品质
埃塞俄比亚 (Ethiopia)	摩卡 (Mocha)	颗粒较小,呈青绿色,具特殊香味及酸味	强	中	中	强	柔	风味特殊
印尼 (Indonesia)	爪哇 (Java)	爪哇岛上生产少量阿拉比卡原种豆,颗粒小,是一种具酸味的良质豆,爪哇罗巴斯达豆被广泛用来混合	弱	中	弱	中	强	宜调配用
苏门答腊 (Sumatra)	曼特宁 (Mandeling)	苏门答腊岛上生产的曼特宁是极少数阿拉比卡原种豆,颗粒颇大,在蓝山未出现前被视为极品	强	中	弱	中	强	风味独特

1. 酸味明显，口感丰富的咖啡豆

非洲咖啡豆的酸质比较适当，常见的有肯尼亚(Kenya)咖啡豆、坦桑尼亚(Tanzania)[或称乞力马扎罗(Kilimanjaro)]咖啡豆，埃塞俄比亚(Ethiopia)的摩卡(Mocha)咖啡豆，阿拉伯国家的也门(Yemen)摩卡咖啡豆等。

2. 酸甜适中，香气浓郁的咖啡豆

南美洲绝大多数的咖啡豆都属于此种口感，例如：危地马拉(Guatemala)、哥伦比亚(Columbia)、哥斯达黎加(Costa Rica)、尼加拉瓜(Nicaragua)以及秘鲁(Peru)出产的咖啡豆。

3. 苦甘并存，风味独特的咖啡豆

印度尼西亚苏门答腊(Sumatra)的曼特宁(Mandeling)，爪哇(Java)的罗巴斯达(Robusta)，越南、印度的马拉巴(Malabar)等都是属于这样风格的咖啡豆。

4. 风格独特，独树一帜的咖啡豆

这些咖啡豆具有很难进行归类的风格香味，非常独特，如夏威夷康娜咖啡豆的柠檬香，牙买加蓝山咖啡豆贯穿鼻腔的香水气息，危地马拉安提瓜(Antigua)咖啡豆的烟熏雪茄味，巴布亚新几内亚(Papua New Guinea)咖啡豆的葡萄酒味，墨西哥(Mexico)咖啡豆的蜂蜜甜味以及波多黎各(Puerto Rico)咖啡豆的苹果牛奶味等。

(四)咖啡的味道

咖啡的颜色、香气和味道是通过对咖啡豆的烘焙，使之发生化学变化而形成的。将生咖啡豆经过适当烘焙，使其必要成分达到最均衡的状态，制作出来的咖啡味道才会宜人。

1. 香味

香味最能表现咖啡的生产过程和烘焙技术。香气和品质的关系极为密切，是决定咖啡品质的关键性因素，香味的消失就意味着品质变差。生产地的气候、海拔高度、品种、精制处理、收成情况、贮藏以及消费国的烘焙技术是否适当等，都是左右咖啡豆香味的条件。

2. 苦味

咖啡最具象征性的就是它的苦味。苦味是咖啡的基本味道，苦味的强弱和质地是咖啡品质的另一个重要方面。咖啡的苦味来自于两个方面：一是咖啡中的糖分、一部分淀粉和纤维质因烘焙而焦糖化及炭化生成的苦味成分，二是表现咖啡主要药理特征的咖啡因也是苦味成分。咖啡因的含量随咖啡豆的种类、精制程度、烘焙时间的长短和强弱的不同而有所差别。

3. 酸味

咖啡酸味的强弱主要是取决于生咖啡豆的品质和品种。一般来说，高地栽种的咖啡豆会比低地栽种的要酸。刚采收的咖啡豆比采收后放了一阵子的要酸。刚采收的咖啡豆,质量优良,含水率高,在适当的热作用下能产生适度的酸味,可使咖啡的味道更佳。

4. 甜味

咖啡的甜味一般用“浓醇”来形容。在烘焙过程中,蔗糖及葡萄糖等碳水化合物的一部分会焦糖化,剩下的部分则会形成甜味。清爽的上等咖啡,口味一定带有甜味。这种高级咖啡特有的甜味,和其苦味呈表里一体的关系。这种甜味是适度的热作用的产物,在烘焙及冲泡的过程中如果热处理过度,比较容易丧失。

三、世界著名咖啡

咖啡从非洲移植到世界上的各个国家,由于各国地理环境、气候、土壤等因素的不同,咖啡经过了改良栽培,产生了许多不同品种的咖啡。常见名品咖啡如下。

(一)蓝山咖啡

蓝山咖啡(Blue Mountain),产于牙买加的蓝山,这座山得名于反射加勒比海蔚蓝的海水而发出的蓝光。蓝山咖啡是咖啡中的极品,通常都附上精制工厂的标志和保证书,然后装入类似大型啤酒木桶的大桶内出口。蓝山咖啡拥有所有好咖啡的特点,口味浓郁香醇,甘、酸、苦三味搭配完美,因此入口后体会不到明显的苦味,仅有适度而完美的酸味。蓝山咖啡品质完美,因此一般都是单品饮用。

蓝山咖啡的独特风味与蓝山的地理位置和气候条件有关。牙买加正处于我们所说的“咖啡带”北回归线以南。而且蓝山山势险峻,空气清新,没有污染,终年多雨,昼夜温差大,有着得天独厚的肥沃的新火山土壤。最重要的是,每天午后,云雾笼罩整个山区,不仅为咖啡树天然遮阳,还可以带来丰沛的水汽。优越的地理和气候条件,令蓝山咖啡的口感与香味出类拔萃,得以傲视其他同类。

除了出众的自然条件外,蓝山咖啡从种植、采摘,到清洗、脱壳、焙炒等,每道工序都十分讲究,有着严格的标准,其采摘以及后续的许多程序都靠手工来完成,参与其中工作的大部分是女工。为了保证咖啡在运输过程中的质量,牙买加是最后一个仍然使用传统木桶包装运输咖啡的国家。

(二)哥伦比亚咖啡

哥伦比亚咖啡(Colombia Supremo),产于哥伦比亚,世界知名度很高,它是少数冠以国名在世界上出售的原味咖啡之一。哥伦比亚咖啡豆酸度适中、口感顺滑平和,具有鲜明的果仁风味,柔软香醇,酸中带甘、苦味中平是它的优良特性,为咖啡中的上品。哥伦比亚咖啡经常被描述为具有丝一般柔滑的口感,在所有的咖啡中,它的均衡度最好,因浓度合宜的缘故,常被用于制作高级混合咖啡,并深为人们所喜爱。

该国的咖啡生产区位于安第斯(Andes)山麓，那里气候温和，空气潮湿。哥伦比亚有三条科迪耶拉(Cordilleras)山脉(次山系)南北向纵贯，正好伸向安第斯山。沿着这些山脉的高地种植咖啡的好处是山脉提供了多样性气候，这意味着整年都是收获季节，在不同时期不同种类的咖啡相继成熟。

(三)康娜咖啡

康娜咖啡(Kona)，产于美国夏威夷的康娜地区，也是美国唯一的咖啡产地。康娜咖啡味道香浓、甘醇，略带葡萄酒香，风味极特殊。上选的康娜咖啡有适度的酸味和温顺丰润的口感，以及一股独特的香醇风味。由于产量日趋减少，价格直追蓝山咖啡。

(四)摩卡咖啡

摩卡咖啡(Mocha)，产于埃塞俄比亚(Ethiopia)高原，是颇负盛名的优质咖啡。豆小而香浓，拥有独特的酸味及柑橘的清香味，甘味适中，有很好的润滑感。摩卡咖啡常做单品饮用，但也可用来调配混合咖啡，辅助其他咖啡的香味，风味亦上佳。

(五)曼特宁咖啡

曼特宁咖啡(Mandeling)，产于印尼苏门答腊西部，靠近巴东(Padang)山区，被誉为世界上质感最丰厚的咖啡。曼特宁咖啡酸味适度，口味较苦，但有浓郁的醇香及炭烧味，还有阴暗浓烈的药草或野菇气息，饮后余味较长。一般为单品饮用，但曼特宁也是调配混合咖啡时不可或缺的品种。

(六)巴西咖啡

巴西咖啡种类繁多，其实不适合用“巴西咖啡”一词概括。巴西咖啡的主要品种可分为三类，即大粒咖啡(Robusta)、小粒咖啡(Arabica)和脱壳樱桃咖啡(Cereja descascada)。

巴西咖啡出产量最大的4个州为：巴拉那(Parana)州、圣保罗(Sao Paulo)州、米拉斯吉拉斯(Minas Gerais)州和圣埃斯皮里图(Espirito Santo)州，它们的产量加起来占全国总产量的98%。

巴西咖啡适合大众的口味，最适于鲜嫩的时候饮用，因为越老酸度越浓。产于巴西圣保罗的圣多斯咖啡(Santos)酸、甘、苦三味均属中性，浓度适中，口感极顺，适度的微酸及甘苦味中带有青草香，口味高雅而特殊，是最好的调配用豆，被誉为“咖啡之中坚”，但单品饮用风味亦佳。巴西北部沿海地区生产的咖啡具有典型的碘味，饮后使人联想到大海。这种咖啡出口到北美、中东和东欧等国。

(七)爪哇咖啡

爪哇咖啡(Java)，产于印度尼西亚的爪哇岛。这里目前只生产的少量阿拉比卡(Arabica)原种咖啡豆，品质优良，颗粒较小，烘焙后苦味较强，香味极为清淡,但几乎没有酸味,这种具有个性化苦味的"爪哇咖啡"被广泛用于制作混合咖啡与速溶咖啡。非常受荷兰人喜爱。这里也出产罗巴斯达(Robusta)原种咖啡豆,品质非常优异,世界上首屈一指。

四、咖啡豆的保存

(1)烘焙过的咖啡豆,很容易产生氧化作用,所含油质劣化,芳香的味道也挥发消失。另外,温度、湿度、日光等因素也会加速咖啡豆的变质。因此保存咖啡豆的基本原则是阻绝氧气、湿气、高温与阳光,并贮藏在室温下。

(2)咖啡豆最好是使用真空包装,以使咖啡豆的物理和化学变化减至最小,保持品质。咖啡豆在真空罐中的保存期为24~28个月,在柔性胶膜的真空包装中约为12个月。

(3)开封后,为了维持咖啡豆的香味和品质,咖啡豆就要贮存在阴凉、干燥和密封的容器中。咖啡豆可分装在几个小罐子中,每个小罐子以两三天用完的量为宜。咖啡豆放在冰箱冷藏箱内时,务必使用密不透气的罐子,以免吸入杂味。但不可使用抽气式保鲜罐,因为抽气的动作会把咖啡的芳香成分抽走。

(4)咖啡粉接触空气面积较大,品质及风味容易变化,为维持咖啡的香味,应尽量在冲煮咖啡时再开始研磨咖啡豆。对于已经研磨好的咖啡粉,如果无密闭容器,可存放在冰箱的冷冻箱内。

(5)咖啡的最佳品尝期:咖啡豆为四周,咖啡粉为一周。

第二节　咖啡的服务

一、世界各地的咖啡习俗

(一)阿拉伯的咖啡习俗

阿拉伯地区是世界上最早生产咖啡和饮用咖啡的地区,也是世界上咖啡消费量很大的地区,古兰经中严禁信徒喝酒,宗教或许是促使咖啡在阿拉伯国家广泛流行的一个重要因素。

现在,阿拉伯人仍然遵循着基本的饮用方式,将咖啡豆深度烘焙至接近黯黑,研磨成极细的粉末,煮沸几次再加入糖,味道极浓、苦中带甜,且有沉淀,多使用较小的咖啡杯。

阿拉伯人喝咖啡时很讲究品饮咖啡的礼仪和程式,他们有一套传统的喝咖啡的程式,就像中国人和日本人的茶道。在喝咖啡之前要焚香,还要在品饮咖啡的地方撒放香料,然后是宾主一同欣赏咖啡的品质,再赏玩精美贵重的咖啡器皿,最后才开始烹煮香浓的咖啡。

(二)欧洲的咖啡习俗

欧洲饮用咖啡的习俗比较久远,一些国家形成了各自独特的咖啡文化。

北欧和欧洲大陆的人多把咖啡豆烘焙成褐色,喜好清淡而圆润的咖啡,冲煮的咖啡也没有沉淀物。咖啡的冲煮主要是滴式冲煮和机器冲煮两种方式。较受欢迎的咖啡如卡布奇诺、维也纳咖啡、法式牛奶咖啡等。

法国人早餐时喜欢用碗喝咖啡,并用菊莴根调配香味。法国人喜欢淡一些的咖啡,这种咖啡一般是由经过中度烘烤的粗磨咖啡豆制成,并通过浸泡方法得到的。法国人喝咖啡尤其讲究饮用咖啡的环境和情调,甚至比对于咖啡的品质更加注重。

意大利人喜欢用较小的杯子,很快地喝下很浓的咖啡,一杯咖啡喝下去,不超过10s。意大利人起床第一件事就是煮上一杯咖啡,不分男女几乎从早到晚离不开咖啡。

(三)北美及其他英语地区的咖啡习俗

在英语国家中,人们习惯在咖啡中加入牛奶和糖,但由于在这些地区所使用的咖啡都是比较清淡的,因此加入的牛奶和糖常会影响、掩盖咖啡的浓度和原味。

典型北美式咖啡的饮用者常把咖啡当成日常的饮料,起床后、餐后、休息时都少不了咖啡。美国人喜欢加了少量奶油的只经轻微烘焙的咖啡,他们喝咖啡很随意,没有特别的环境要求或者是礼节规则,既没有欧洲人的情调,也没有阿拉伯人的讲究。为降低喝咖啡的成本和满足随时饮用的需要,美式咖啡通常是整壶煮好后,置于保温盘上保温以随时饮用。

南印度人热衷于配有大量牛奶和砂糖的咖啡,因为喝这样的咖啡有助于缓解吃过于辛辣的食物带来的味觉刺激。

二、咖啡的研磨和调制方法

(一)咖啡的研磨

要根据使用的冲泡方法选择咖啡豆研磨的程度。研磨咖啡豆最基本的种类有粗磨(Coarse Grind)、中磨(Medium Grind)、细磨(Fine Grind)。冲煮时间的长短,决定了浓淡不一的咖啡浓度,也左右着研磨颗粒的粗细。一般而言,冲煮的时间愈短,咖啡粉必须极力扩张更多表面积与水接触,所需的颗粒就越细;反之,冲煮时间愈长,研磨的颗粒必须越粗糙,以免萃取出不必要的杂质。例如,快速萃取的蒸馏咖啡,需要面粉般的极细研磨;而必须充分浸泡才能释尽芳香的滤压式冲泡法,则需要饼干屑般的粗糙研磨。具体研磨要求参见表10-2。

表 10－2　咖啡的研磨要求

研磨方法	颗粒大小	适合的泡法
粗磨	大小如粗白糖	适合滤压式咖啡
中磨	沙砾状，大小在粗白糖到砂糖之间	适合滴滤式（滤纸式滴漏）冲煮法
细磨	大小如细砂糖	适合蒸馏式咖啡壶、电动咖啡壶
极细磨	大小介于盐和面粉之间	适合蒸馏咖啡、土耳其咖啡等

（一）传统的咖啡调制方法

1. 虹吸式冲泡法

虹吸管咖啡壶主要是利用蒸汽压力原理，加温后，沸水的蒸汽压将沸水由下面的烧杯经由玻璃管压入上层，与上面杯中的咖啡粉混合，将咖啡粉中的成分完全萃取出来，再移去火源，降温后使下层呈类似真空状态，经过萃取的咖啡液，经中间滤纸过滤掉渣子，再度流回下面的烧杯。虹吸式冲泡法相对来说较为简单，制成的咖啡味道较浓。

烹煮时，先将上层提炼杯底部装上过滤布网，将弹簧链钩套牢，使之固定好，倒入咖啡粉。另将温开水倒入下层烧杯中，以酒精灯加热，等水滚开时便直接插入装好咖啡粉的上层提炼杯，因蒸汽的压力，沸水经导管上升至提炼杯，待水完全上升后，将火转小，并以竹片轻轻搅拌咖啡粉 2～3 圈，力量不要太大，也不宜碰到过滤布，然后移开火源，用湿纸巾擦拭下层烧杯底部，使其内部压力骤减，提炼杯中的咖啡液汁因重力关系就流入下层烧杯内，除去上层的提炼杯，此时下层烧杯中的咖啡即可倒出饮用。依咖啡种类不同，咖啡与水混合的时间为 1～2min 不等。

注意事项：

（1）虹吸式咖啡壶使用后过滤嘴要仔细清洗，并用清水浸泡，然后保存在冰箱里。

（2）底部的开水完全沸腾后，再将上半部插入。太早插入无法使咖啡好好抽出。

（3）在短时间内适当地将开水与咖啡粉搅拌。花太多时间会使咖啡混浊，香味消失。

2. 传统滤泡法

滤泡式是原始且又工具简单的做法，咖啡壶由一个漏斗、一个法兰绒滤网（或一张滤纸）和下面的一个容器组成，它对制作人的手艺要求很高，如果把握得当，就能煮出味道醇正的美味咖啡来。滤泡式咖啡壶适合手感稳定、口感敏锐的品咖啡一族。滤泡式咖啡器具有三孔和一孔的，三孔滴漏速度较快，萃取时间短，咖啡较清淡，一孔则正好相反。

传统滤泡式虽然简单,但却能煮出咖啡的原味,在制作过程中,须精准把握水温、水流大小和轨迹。均匀的水流和圆形的轨迹能让咖啡味道自然,所以,水壶的选择和双手倒水时的控制非常重要,水流接触到咖啡时,应尽量保持圆形,由外到内、由内而外周而复始,使咖啡与水流充分接触。同时,92℃的水温则能使咖啡的香、醇、甘、酸、苦均匀而强烈,过高的水温会烫伤咖啡,让味道变酸、变涩;偏低则难以冲泡出咖啡的香浓。

将水烧开,并烫温咖啡壶,同时,将磨好的咖啡粉轻轻放入过滤网袋,支好网架,咖啡壶置袋下,然后开始冲泡。第一次冲泡以90℃热水由内向外绕圆圈淋入1/3量的热水。20~30s后,以95℃的热水,由外往内绕小圆圈淋入1/3热水。30s后,第三次以85℃热水由低慢慢拉高往正中央淋入剩余热水。滤尽后,用细火将咖啡壶温热,温度最好保持在96℃左右,然后再注入咖啡杯中饮用。

使用柔软且有厚度的绒布过滤咖啡抽出液体是内行人所钟情的冲泡法,也称为法兰绒滤网冲泡法,可品味"手工"的咖啡情趣。滤布在反复使用之后,咖啡的油脂会附着于绒布的纹路上,能使咖啡变得更加香醇。但滤布使用后要用水好好地清洗,为了防止氧化要加水放在冷藏库里。而且必须每天换水,否则会起水垢引起堵塞。使用时,以温开水冲泡,再充分拧干后使用。

使用滤纸式冲泡咖啡时,宜选用细细研磨的咖啡粉,这样可以得到最佳的冲泡效果。另外还应每次都使用新的滤纸,这样可以保证每次都可得到清澈香醇的咖啡,并且比较卫生,也容易整理。

3. 水滴式冲泡法

水滴式咖啡又称荷兰咖啡,水滴式冲泡法是使用冷水花时间将咖啡抽出的方法。这种方法中冲泡用的滴壶是巴黎的一个大主教发明的。它使用冷水或冰水来萃取咖啡的成分,即让水以40滴/min的速度,一滴一滴地萃取咖啡精华,一般须3~4h才可制成咖啡。咖啡豆以深烘焙细研磨的较好。因为这种咖啡所含咖啡因极低,故而格外爽口,但价格极高。

(二)现代的咖啡制作方法

1. 滴滤法

滴滤装置由上下两部分组成,将烘磨好的咖啡放在上部的滤纸上,再把热水倒在咖啡上面,咖啡液通过滤纸滴入下面的咖啡壶中,整个过程需6~8min,最后得到的是只有少许细沫的纯净咖啡。

2. 法式滤压壶

使用法式滤压壶法非常简单,先将壶预热,放入烘磨好的咖啡(每杯大约5g),加入热水搅动,浸泡4~5min后推下带网眼的不锈钢活塞,使咖啡沫和液体分离,最后从活塞壶中倒出咖啡液。

3. 电动咖啡壶

电动咖啡壶通过电力将水煮沸后浸泡咖啡粉得到咖啡液。这样制作咖啡最为简便省时，但由于是用沸水制作，因此制作出的咖啡在口感上要稍逊一筹。相比而言，电动咖啡壶更适合小资情调但是又怕麻烦的年轻上班族。

将咖啡豆置于研磨机内研磨好后，加冷水于水箱，盖上盖子，通上电，咖啡壶就会自动冲泡过滤，咖啡液会滴到底下的壶内。

三、咖啡的冲泡

(一)咖啡杯的选择

咖啡杯应材质厚，透光性低，具有很好的保温效果，并且为了将咖啡的色泽完美的呈现出来，咖啡杯的内侧应该是白色。除此以外，根据饮用咖啡的种类和方式，还要选用大小恰当的咖啡杯。咖啡杯按容量一般分为以下三种。

1. 100mL 以下的小型咖啡杯

这种咖啡杯多半用来盛装浓烈滚烫的意式或单品咖啡。

2. 200mL 的一般咖啡杯

这是最常见的咖啡杯。清淡的美式咖啡多选用这种咖啡杯。足够的空间可以用来添加调味品自由调配，如添加奶精和糖。

3. 300mL 以上的咖啡杯

这种咖啡杯常被称为马克杯，多用来盛装加了大量牛奶的咖啡。如加了大量牛奶的卡布奇诺，其宽阔的杯口可展现丰盈的牛奶泡沫。拿铁、美式摩卡也常用此杯。

(二)水的选择

冲泡咖啡最好是选用纯水、净水、磁化水和蒸馏水，普通的自来水用净水器或装有活性炭的过滤器净化后也可冲泡咖啡。但早上刚放出来的、前一天取放的自来水及第二次煮沸的水要避免使用。另外，需注意矿泉水不适合用来冲泡咖啡，因其硬度较高，含有的钙、镁等金属离子会将咖啡因及单宁酸释出，而使咖啡的味道大打折扣。

(三)糖的选择

咖啡加糖的目的首先是要缓和苦味，使咖啡更易入口，其次，是利用加糖量的不同创造不同的口味。但糖不宜多加，以免夺去咖啡的原香。可用来加入咖啡的糖制品比较多，可配合咖啡的风格，选用不同的糖。

1. 白砂糖

白砂糖属精制糖，由蔗糖提炼精制而成，粗粒结晶固体，色泽洁白，缺点是在精炼过程中养分丧失。若将颗粒再制得更细小就成为细砂糖，比白砂糖溶解更快。

2. 黑砂糖

黑砂糖亦称红糖,由甘蔗汁去除有机酸和部分杂质后浓缩而成,营养比白砂糖高许多,有一定的焦香味道,普遍用于爱尔兰咖啡的调制。其颜色较多,有棕红、金黄、淡黄等。黑砂糖可再加工制成颗粒状黄砂糖,溶解速度比较快,是欧美人士近来最爱用于咖啡的天然糖,因此也被称为咖啡糖。

3. 方糖

方糖为精制糖加水再凝固成块状而成。方糖保存方便,溶解速度快。有白色方糖、褐色方糖两种,分别由白砂糖、黑砂糖提炼。

4. 糖粉

糖粉又称为糖霜,亦属精制糖,是用白砂糖精制再碾磨成粉末而制成的糖。没有特殊味道,易于溶解,制作时会加入少许磷酸钙或粟粉,以防止受潮而结块。价格较一般糖稍高些。

5. 冰糖

冰糖呈透明结晶状,甜味较淡,且不易溶解。通常磨成细粒,以方便用于咖啡或茶。冰糖分为白色冰糖和褐色冰糖两种,分别由白砂糖和黑砂糖再制而成。

6. 蜂蜜

蜂蜜是一种蜜糖,比砂糖甜,味稍酸,加入咖啡中有一种特殊的风味。

7. 果糖

果糖是由天然植物、水果中提炼的单糖。甜度比砂糖高,热量仅为砂糖的二分之一。

(四)牛奶制品的选择

牛奶制品的口感和味道的更多变化能够赋予咖啡另一番风味和变化多端的口感。在冲调咖啡时,要注意奶制品的新鲜度,使用不新鲜的奶制品会产生脂肪分离现象。用来调制咖啡的常用奶制品有以下几种。

1. 鲜奶油

鲜奶油又称生奶油。是从新鲜牛奶中分离出的含脂肪的高浓度奶油(脂肪含量为25% ~50%),冲泡咖啡通常是使用含脂肪量为25% ~35%的鲜奶油。高脂肪的鲜奶油应该和酸味比较缓和的咖啡调配,若是加入酸味强的咖啡,会出现脂肪分离现象。

2. 发泡奶油

生奶油经搅拌发泡后就变成了发泡奶油,这种奶油配合苦味的浓咖啡味道最佳。

3. 炼乳

把牛奶浓缩1 ~2.5倍即可成为无糖炼乳。冲泡咖啡时,生奶油会在咖啡上浮一层油脂,而炼乳却会沉淀到咖啡中。罐装炼乳开罐后容易腐坏,不能长期保存。

4. 牛奶和奶精

牛奶适用于调和浓缩咖啡和花式咖啡，奶精则方便使用且容易保存。

（五）其他调配用品

这些调味品并不普遍使用，一般是在某一区域内或调制某种特色咖啡时使用。

1. 香料

与咖啡调配的香料主要有肉桂、可可、豆蔻、薄荷、丁香等，其中肉桂、可可常用于卡布奇诺。

2. 水果

主要有柳橙、柠檬、菠萝、香蕉等水果，用于花式咖啡的调味及装饰。

3. 酒类

主要有白兰地、威士忌、朗姆酒、薄荷利口酒等，主要用以调配花式咖啡。

（六）适当的温度

咖啡的最佳冲泡温度为80～90℃。恰当的水温则能使咖啡的香、醇、甘、酸、苦均匀而强烈。过高的水温会烫伤咖啡，破坏咖啡的香浓口感，让味道变酸、变涩；偏低则难以冲泡出咖啡的香浓。煮泡咖啡粉的适当水温在89～92℃，倒入杯中时为80℃，冲泡速溶咖啡的适当温度在冲泡的刹那为83℃。咖啡到口中时的温度以61～62℃最为理想。热饮咖啡的时候，最好要事先将咖啡杯在开水中泡热，以便于倒入咖啡后仍能让热咖啡保持一定的温度。

（七）适当的浓度

一般说来，咖啡粉与水的比例是，10g咖啡粉加180mL（约6oz）的水，这个比例可以恰到好处地萃取出咖啡豆的风味。咖啡的味道有浓淡之分，可根据个人的喜好，在此比例基础之上减少或增加热水。

四、咖啡的服务要点

1. 即泡即上

咖啡会随着时间的流逝而失去其香醇与浓郁，在冲泡后10min内饮用最佳。若耽搁了上咖啡的时间，导致温度降低，不要将已冲泡过的咖啡再次加热，应重新泡或煮新鲜热咖啡给客人。置于咖啡机上保温的咖啡，时间最好不要超过20min，放置过久会丧失风味。不要重复使用研磨咖啡，因为泡过的咖啡粉中残留的是咖啡中最苦的成分。

2. 适中的分量

一般以咖啡杯的八分满为适量。不要盛满，一满杯的咖啡会降低客人喝咖啡的兴趣，分量适中的咖啡会刺激味觉，喝完后也不会有“腻”的感觉。

3. 奶、糖单独上

在没征得客人允许之前，不可替客人的咖啡加糖或奶精，应将配料（牛奶、糖，如果客人要求还有奶油和柠檬）放在餐桌上。配料下可放置一个托盘，糖盅边上应放一个干净的小勺。

4. 正确摆放用具

咖啡具应放在客人右边或前边，包括咖啡杯、底碟和咖啡匙。如果是喝下午茶，或者是有芝士和甜品，咖啡具应放在客人右边。如果是用餐最后才上咖啡，咖啡具应放在客人面前的中央，咖啡杯的柄应朝右，咖啡勺应放在杯柄下呈45°。

五、咖啡与食物的搭配

1. 搭配白水

在品咖啡前先喝一口白水，冲掉口中异味，更易感受咖啡的香醇。而且，单饮咖啡比较容易上火，多喝白水可提高排尿量促进肾功能，这样既品味了咖啡的美味，又不必担心上火。

2. 早餐咖啡的选配

早餐是饮用咖啡的好时间，此时饮用的咖啡会影响一天的情绪。可根据早餐主食的不同选配咖啡。以咸肉、鸡蛋为主的早餐，可选用口感厚重，酸味爽浓的咖啡，如肯尼亚AA级咖啡、坦桑尼亚或哥伦比亚特级咖啡。若是较清淡的食物，如松饼、水果或华夫饼干，则选用口味稍淡的咖啡，如津巴布韦、危地马拉咖啡。

3. 甜点咖啡的选配

西餐的正餐后都会有甜点，可选择咖啡相配。

清淡的甜食，如小曲奇或水果排，配以中等醇度的、口味较为温和、顺滑的南美咖啡（如危地马拉、巴西圣多斯或墨西哥咖啡）以及夏威夷咖啡最为合适。

丰盛的甜点，与口味浓醇的苏门答腊曼特宁、埃塞俄比亚摩卡咖啡搭配较好。

食用任何巧克力甜食，最好配以味道较浓重的深度焙烤的单品咖啡或深度焙烤的综合咖啡。巧克力成分越多，咖啡味道应越浓厚，如，意式咖啡就较为适宜与巧克力制作的食品相配。覆盖有巧克力的小甜点，如市场上常见的巧克力派等甜品，最佳搭配是以1/2法式咖啡加摩卡咖啡与爪哇咖啡制成的综合咖啡。

第三节　咖啡的调制

通过与各种调味品的混合，咖啡可以体现出更好的风味和更适宜的口味，不同的调味品、不同的用量，使咖啡的调制有很多变化。

一、咖啡基底的制作

在调制各种各样的花式咖啡前，首先要制作出好品质的咖啡基底。

（一）热咖啡基底（一人份120mL）

制作一杯120mL的热咖啡基底，约要2匙（咖啡匙）的咖啡豆来研磨，若是已经研磨过的咖啡粉，那么约1匙半（平匙）的咖啡粉可到达所需要的基底浓度。也可根据饮用者的喜好浓度，来酌量增减咖啡的分量。

（二）冰咖啡基底（一人份150mL）

制作品质相仿的基底，冰咖啡基底所需的浓度至少要高于热咖啡的2倍，这样才会有较好的效果。在咖啡冲煮好后，可用汤匙用力搅拌咖啡液，并去掉咖啡液上层的泡沫，用隔水冷却法，置入冰块水内。越快冷却，冰咖啡基底的品质越好，可帮助咖啡风味保存更久。

（三）糖水制作

将2倍的糖与1倍的水一起煮沸，当糖完全溶解时，再持续加热1～2min即可制得糖水。也可以加入少量的香草粉，制作香草口味的糖水；加少许薰衣草，制作薰衣草口味的糖水等。这样可以使糖水的口味有更为丰富的变化。

二、经典特色咖啡

（一）摩卡咖啡

摩卡咖啡是世界上最受欢迎的调制咖啡之一。不过，这里所说的摩卡咖啡，指的是意大利花式摩卡咖啡，是热巧克力和咖啡的混合饮品，不同于上面提到的产于埃塞俄比亚的“摩卡”咖啡豆。传统的意大利花式摩卡咖啡是使用巧克力浆作为原料，但很多家庭制作摩卡咖啡时，通常用巧克力末代替巧克力浆。今天的摩卡咖啡除了用黑巧克力，牛奶巧克力也可以。

现在制作摩卡咖啡时，还在顶部加上鲜奶油，并加入可可粉或肉桂。蜜饯也可用作摩卡咖啡的装饰品放在其顶部。

材料：

较浓的深煎炒热咖啡1杯，巧克力糖浆20mL，液体鲜奶油适量，肉桂棒1根。

制作方法：

（1）将冲调好的热咖啡倒入杯中。

（2）将巧克力糖浆加于咖啡内并搅匀。

（3）加入1大匙奶油浮在上面。

（4）可削一些巧克力末作装饰，最后再添加肉桂棒。

（二）爱尔兰咖啡

爱尔兰咖啡（Irish coffee）要用特定的专用爱尔兰咖啡杯。爱尔兰咖啡的制作很注重“烧杯”。“烧杯”是为了将威士忌的酒精挥发走。在烧完杯后,酒和咖啡都是热的,而奶油是冻的,奶油慢慢融化的过程中,在深色的咖啡和酒的表面上拉出了很多白色的细线,在温度达到平衡的时候,白色的细线就会弥漫开来。

爱尔兰咖啡香醇味美,极具爱尔兰风情,制作过程中的蓝色火焰和浓烈酒香,很能提高饮用咖啡的乐趣。

材料:

热咖啡 1 杯,爱尔兰威士忌 1oz,方糖 1 块,鲜奶油适量。

制作方法:

(1)将爱尔兰咖啡杯进行预热,将制作好的咖啡倒入咖啡杯。

(2)将泡沫状鲜奶油浇在咖啡上。

(3)将爱尔兰威士忌酒倒入另一个爱尔兰咖啡杯中,再加入糖,置于酒精灯上炙烤,不停地慢慢旋转酒杯,以使加热均匀,将糖融化于威士忌。

(4)将爱尔兰威士忌用火点燃,出现漂亮的蓝色火焰,浇在咖啡中。

有时候,在制作爱尔兰咖啡的时候,也会将咖啡倒入炙烤过的爱尔兰威士忌和糖中,在咖啡上加入一层鲜奶油,奶油上再撒一点盐和糖。

(三)意大利香浓咖啡

意大利香浓咖啡(Espresso)的做法起源于意大利,是意大利风味咖啡,该咖啡的意大利文是“特别快”的意思。一般在家中冲泡意大利咖啡,是利用意大利人发明的摩卡壶冲泡成的,其特征是利用蒸汽压力瞬间将咖啡液抽出,将咖啡的内在精华萃取出来,故而冲泡出来的咖啡具有浓郁的香味及强烈的苦味,且咖啡的表面浮现一层薄薄的咖啡油,这层油正是意大利咖啡诱人香味的来源。意大利香浓咖啡一杯的标准量非常小。

材料:

咖啡豆适量,砂糖 2 汤匙。

制作方法:

(1)预热机器。打开咖啡机电源开关,将煮制扳手以及咖啡杯都充分预热。没有预热盘的机器,可将咖啡杯提前用热水烫一下,以保持咖啡美味持久。

(2)研磨:将咖啡豆研磨为细如面粉的咖啡粉。

(3)将 7g(一杯咖啡的标准用粉量)的咖啡粉装入煮制扳手,把扳手拧到咖啡机上,按下煮制钮。

(4)从按下按键起算,约需 22 ~ 28s,即可得到约 1.5oz 的意大利香浓咖啡。

(四)卡布奇诺和拿铁

卡布奇诺(Cappuccino)是意大利最享盛名的花式咖啡,是意大利咖啡的一种变化,即在意大利特浓咖啡的基础上,倒入以蒸汽发泡的牛奶。此时咖啡的颜色,就像卡布奇诺教会的修士在深褐色的外衣上覆上一条头巾一样,咖啡也因此而得名。特浓咖啡的质量在牛奶和泡沫下会看不太出来，但它仍然是决定卡布奇诺口味的重要因素。卡布奇诺中特浓咖啡的浓郁口味配以润滑的奶泡，充分表现了意式热情与浪漫。也可以在卡布奇诺上撒以肉桂粉饮用。现在这已成为新一代咖啡族的最爱。

材料：

热咖啡1杯，1大勺鲜奶油，柠檬皮碎丁（或柠檬汁）适量，肉桂粉（棒）适量，砂糖2汤匙。

制作方法：

(1)把经过部分脱脂的牛奶倒入一只壶中，然后用起沫器让牛奶起沫、充气。

(2)咖啡杯中倒入冲泡好的意大利咖啡约五分满。

(3)再将打过奶泡的热牛奶倒至八分满。将牛奶和泡沫倒在特浓咖啡上面，这样就自然形成了厚厚的一层，就好像把下面的咖啡包了起来。

(4)随个人喜好，再撒上少许切成细丁的柠檬皮及肉桂粉（或巧克力粉）。

需要注意的是，盛卡布奇诺的咖啡杯应该是温热的，不然倒入的牛奶泡沫会散开。平时可以将这些杯子放在咖啡机的顶部保温。

拿铁咖啡（Latte）也是从意大利咖啡演变出的一种，Latte源自意大利文，指牛奶。它与卡布奇诺的原料和制作相似，是由牛奶和咖啡调配而成，只是牛奶的用量要更多，咖啡、牛奶、奶泡的比例约为1∶2∶1。

（五）法国牛奶咖啡

牛奶咖啡是法国人早餐桌上不可或缺的饮料。法国牛奶咖啡中，咖啡与牛奶的比例为1∶1，因此，冲泡正统的法国牛奶咖啡时，应双手同时执牛奶壶与咖啡壶，从两旁同时注入咖啡杯中，需要相当的腕力。由于法国纬度高、气候冷，故喝这种牛奶咖啡时，一般都选用马克杯一类的杯子，或是用没有把手的大碗，如此才能在饮用时借双手捧杯而取暖。

材料：

热咖啡50mL，热牛奶50mL。

制作方法：

(1)将咖啡倒入法国牛奶咖啡的专用调制壶内。可选用较为深炒而浓烈的咖啡。

(2)将热牛奶倒入另一调制壶。

(3)同时倒入咖啡与牛奶。咖啡与牛奶的比例为1∶1。倒入时须注意两只壶的流出量应保持一致。

（六）土耳其咖啡

土耳其咖啡至今仍然采用原始的煮法制作咖啡，相对来说，工艺稍显复杂，具有异国情调的神秘色彩。

材料：

咖啡豆、香料各适量。

制作方法：

(1)将深烘焙的咖啡豆放入咖啡钵中研磨成极细的粉状后与香料放在一起细磨。

(2)将研磨好的咖啡粉和香料放入锅内，再加上水。

(3)经反复煮沸3次，咖啡渣沉淀在底部。

(4)将上层澄清的咖啡液倒出，有时可加柠檬或蜂蜜。要注意，若不轻轻地倒出，则会连咖啡渣一同倒出来。

(七)皇家咖啡

据说皇家咖啡(Royal coffee)是法国皇帝拿破仑最喜欢的咖啡，故以"Royal"为名。白兰地、威士忌、伏特加与咖啡调配起来非常协调，而其中以白兰地最为出色，两者相加的口感是苦涩中略带甘甜，因而受到广泛喜爱。皇家咖啡上桌时，在跳动的蓝色火焰中，猛地蹿起一股白兰地的芳醇，雪白的方糖缓缓化作焦香，华丽幽雅，酒香四溢，确有皇家风范。

材料：

综合热咖啡(或蓝山咖啡)1杯，方糖1块，白兰地1oz。

制作方法：

(1)将冲调好的热咖啡倒满于杯中。

(2)将特制的咖啡匙横放于咖啡杯上，一块方糖放于特制的咖啡匙上，再滴2~3滴的白兰地在方糖上。

(3)点火燃烧白兰地及方糖，使方糖逐渐熔化融入香醇的白兰地酒液中。

(4)当方糖熔化将至，将白兰地和糖液搅拌入咖啡杯中。

三、时尚花式咖啡

(一)泡沫冰咖啡

泡沫冰咖啡(冰淇淋咖啡)的口味浓厚香甜，直接饮用完全融化的冰淇淋，非常顺滑。由于含有丰富的泡沫，所以宛如畅饮啤酒般，但又充满冰咖啡的味道，更加美味，适合夏日全天饮用，可补充体力。

调制时，需注意冰淇淋不要太硬，否则不易摇融。加碎冰的泡沫冰咖啡，口感会更好。

材料：

冰咖啡适量，牛奶3oz，香草冰淇淋1个(小号)，杏仁片适量。

制作方法：

在调酒壶中放3块冰，放入适量冰咖啡、3oz牛奶、香草冰淇淋，充分摇匀；将调匀的咖啡滤入备好冰块的高脚玻璃杯中；最后将杏仁片加于冰咖啡中。

（二）可乐咖啡

咖啡和可乐都是受欢迎的饮料。可乐咖啡就是将咖啡的浓郁淳厚与可乐的动感刺激完美融合在一起，有人说这是在浪漫与激情碰撞中演绎出一种解渴和提神的味觉盛典。但是可乐咖啡并不仅仅只是时尚的产物，它的味道不像普通可乐那么甜，喝起来还更加能解渴。

材料：

半杯咖啡，焦糖1勺，可口可乐半杯，香草或咖啡冰淇淋适量。

制作方法：

将焦糖倒入咖啡后搅拌，再逐渐加入可乐，搅拌完全，盛入高脚杯后加上1勺香草冰淇淋。

（三）摩卡薄荷咖啡

在热咖啡上倒上冷奶油，冷奶油浮起，而下面的咖啡是热的，不加搅拌让它们保持各自的不同温度，喝起来很有意思。摩卡薄荷咖啡的薄荷味和咖啡非常协调，再加上淡淡的巧克力味道，非常受美国人的喜爱。

材料：

摩卡咖啡1杯，巧克力酱适量，白薄荷1小匙，奶油1大勺，巧克力末少许。

制作方法：

在杯中加入约20g巧克力酱、摩卡咖啡、1小匙白薄荷，搅拌均匀，加1大勺奶油浮在上面；削上一些巧克力末，最后装饰一片薄荷叶即成。

（四）墨西哥冰咖啡

墨西哥冰咖啡味道香浓醇厚。墨西哥咖啡酒的浓烈香醇与冰咖啡融合无间，相得益彰，具有墨西哥的豪迈风情。若是冰凉饮用，会更觉芳香醇厚。适合餐后饮用。

材料：

冰咖啡1杯，香草冰淇淋1个（中号），蛋黄1个，墨西哥咖啡酒（Kahlua）1oz，冰块3块。

制作方法：

将3块冰放入柯林杯中，倒入七八分满的冰咖啡，将香草冰淇淋放在咖啡上，再将蛋黄滤入冰淇淋上，再淋上1oz墨西哥咖啡酒。

（五）维也纳咖啡

维也纳咖啡（Viennese）乃奥地利最著名的咖啡，以浓浓的鲜奶油和巧克力的甜美风味迷倒全球人士。雪白的鲜奶油上，洒落五色缤纷的七彩米，样子非常漂亮；隔着甜甜的巧克力糖浆、冰凉的鲜奶油啜饮滚烫的热咖啡，更是别有风味。

材料：

热咖啡1杯，鲜奶油、巧克力糖浆适量，七彩米适量。

制作方法：

将冲调好的热咖啡倒入杯中，上面以旋转方式加入鲜奶油，再淋上适量巧克力糖浆，最后洒上七彩米。

（六）绿茶咖啡

绿茶咖啡是一道东洋风味的咖啡。咖啡首次正式传入日本是在1877年，当时正是明治维新的时代，咖啡是被当作一种象征欧洲文化的高级饮料。绿茶咖啡是在咖啡中撒些绿茶粉，绿茶代表东方文化，咖啡代表西方文化，于是绿茶咖啡成为一道东西合并的饮料。在喝绿茶咖啡时，绿茶所独有的略带苦涩的幽雅清香，与咖啡浓郁厚重的香甜味及柔和酸味相融合，宛如同东西方两种不同文化的交流。

材料：

浓咖啡1杯，鲜奶油适量，绿茶粉末少许。

制作方法：

将调制好的浓咖啡注入杯中，上面旋转加入一层鲜奶油，再洒上少许绿茶粉末，附上糖包即可上桌。

（七）百香冰咖啡

此咖啡除了浓郁的咖啡味之外，还混入了数种果香味。

材料：

冰咖啡160mL，鲜牛奶90g，百香果浓汁90g，香草冰淇淋1勺，白兰地15mL，凤梨丁、水蜜桃丁、冰块、薄荷叶、红樱桃、凤梨片各适量。

制作方法：

先把冰咖啡、鲜牛奶、百香果浓缩汁、香草冰淇淋、白兰地、凤梨丁、水蜜桃丁放入果汁机中，调打2～3min；然后在杯中加入适量冰块；再将搅拌均匀的饮料倒入备有冰块的杯内；最后装饰薄荷叶、红樱桃、凤梨片即成。

（八）薄荷霜咖啡

此咖啡带有清爽的薄荷清香味，又有冰淇淋的爽滑冰凉口感，特别适合夏天饮用。

材料：

冰咖啡150mL，鲜牛奶150mL，薄荷蜜30g，蜂蜜60g，香草冰淇淋（中型）1勺，冰块、鲜奶油、巧克力末、薄荷叶、红樱桃各适量。

制作方法：

先将冰咖啡、鲜牛奶、薄荷蜜、蜂蜜及香草冰淇淋置入果汁机内，调打2～

3min；然后在杯中加入适量冰块；将搅拌均匀的饮料倒入备有冰块的杯内；再注入适量的鲜奶油；最后装饰巧克力末、薄荷叶、红樱桃即成。

（九）冰拿铁咖啡

利用果糖与牛奶混合增加牛奶的密度，使它与密度较轻的咖啡不会混合，成为黑白分明的两层，形成如鸡尾酒般曼妙的视觉效果，再加上冰块，给人一种高雅而浪漫的温馨感觉。

材料：

意大利咖啡 1 杯，糖水 10mL，冰鲜奶 10mL，鲜牛奶 20mL。

制作方法：

首先将鲜牛奶打成奶泡。其次在容量约 360mL 的高脚玻璃杯中依次倒入糖水、冰鲜奶和意大利咖啡。最后在上面加 3 匙的牛奶泡沫。

（十）魔力冰淇淋咖啡

魔力冰淇淋咖啡是在冰凉的香草冰淇淋上倒入意大利浓缩咖啡，再用巧克力酱在鲜奶油和冰淇淋上自由构图。随着咖啡的热气，使冰淇淋渐渐融化，与鲜奶油混合在一起。巧克力酱所绘制的图案，也随冰淇淋融化而绽开，好似一幅立体的山水画呈现出来。在味觉上，也由开始时的冷热分明、甜苦有别而渐次融合，充满口感变化。须注意所选择的冰淇淋香味不可太重，否则容易破坏咖啡原有的香味。香草冰淇淋具有淡淡的芳香和清爽的口感，不会破坏咖啡原有的香醇及口感，而且还能更增添咖啡的风味，因此是最佳的选择。

材料：

意大利咖啡 1 杯、香草冰淇淋 3 球、巧克力酱适量。

制作方法：

首先，挖三球香草冰淇淋于杯内，让冰淇淋成倒品字形排列，并在冰淇淋上加些巧克力酱。其次，在杯缘与冰淇淋间的空隙倒入意大利咖啡，以避免破坏冰淇淋的外观。再次，在冰淇淋球上任意加上一些鲜奶油作为点缀，增加立体感。最后，用巧克力酱在鲜奶油和冰淇淋上再次自由构图，以增加整体的美观。

◎本章小结

1. 通过闻咖啡豆的味道、看咖啡豆的颜色和形状以及压碎咖啡豆等步骤，可以鉴别咖啡豆的品质和新鲜程度。

2. 咖啡服务要注意正确的温度和适中的分量，要即泡即上，奶、糖单独上，由客人自己添加，将咖啡用具摆放在正确位置。

3. 经典咖啡和花式咖啡具有各自的特色，在调配用品种类和用量的使用上各有不同。

◎思考与练习

1. 简述世界著名咖啡。

2. 简述咖啡的冲泡。

3. 简述咖啡的研磨和调制方法。

4. 简述咖啡的饮用礼仪和服务要点。

5. 简述咖啡基底的制作方法。

◎实践作业

1. 咖啡豆的鉴别。

方式：准备常见的咖啡豆数种，在教师的指导下，学习咖啡豆的质量和味道鉴别。

2. 摩卡咖啡、卡布奇诺和拿铁的制作。

方式：根据配方准备咖啡基底（可用速溶咖啡）、奶油、牛奶、巧克力糖浆、糖等相应材料，在教师的指导下，学习摩卡、卡布奇诺及拿铁的制作。

调酒基础知识

第十一章　调酒与调酒师

本章内容： 调酒的产生与发展

调酒师职业

调酒师的等级标准

教学要求： 1.简要介绍调酒的产生和发展以及美国在调酒业发展中的重要作用。

2.重点讲述调酒师的工作内容，使学生理解调酒师的素质要求。

3.介绍初级、中级、高级调酒师的等级标准，指出其相互之间的差别。

教学课时： 2课时

第一节 调酒的产生与发展

一、调酒的产生

在文字记载的资料中,对于调酒的起源并没有明确的关于时间、地点和人物的描述。调酒的起源可能与酒厂中的勾兑工艺有一定的关系。在之前的烈酒的酿造过程中,对勾兑工艺有过简单地介绍,勾兑是把不同年份的同类酒进行混合,创造出所需要的口味。据说有一次勾兑师在勾兑酒的时候,不小心放进了不同类的酒,经过尝试,发现混合后的酒风味独特,味道很好。从而产生了现代意义上的调酒概念——也就是将酿制好的不同种类的酒精饮料及非酒精饮料混合,制成新的饮品,也就是制作鸡尾酒。

可见,勾兑这种"调酒"方式是在生产环节中对酒进行混合,而我们所说的调酒针对的是不同种类的、并已酿制完成的成品酒的混合,从这个角度来看,现在饭店、酒吧中的调酒师同勾兑师是完全不同的。

二、调酒的发展

调酒业的真正发展是在鸡尾酒诞生之后,随着鸡尾酒的流行,调酒业逐渐发展成为一个正式的行业,调酒的方法、器具也不断地改进。

第一次有关鸡尾酒的文字记载是在1806年,在美国的一本名为《平衡》的杂志中首次详细地解释了鸡尾酒,文中说到:鸡尾酒就是一种由几种烈酒混合而成的,并加糖、水、冰块、苦味酒的提神饮料。

杰里·托马斯(Jerry Thomas)是鸡尾酒发展的关键人物之一,他走遍欧洲大小城市,搜集配酒秘方,并开始配制混合饮料。1862年,他撰写的第一本关于鸡尾酒的专著《如何配制饮料》出版。这本书的指导使鸡尾酒逐渐成为人们用餐和闲暇时间喜爱的饮品。从那时起鸡尾酒开始进入酒吧,托马斯使鸡尾酒变成了当时最流行的酒吧饮料。

20年后,哈里·约翰逊编撰的《调酒师手册》出版。随后又有许多关于鸡尾酒的书籍出版,促进了鸡尾酒的繁荣。而且,随着调酒时尚越趋流行,出现了专职的调酒师(英语称为Bartender或Barman)。在酒吧或餐厅专门从事配制酒水和销售酒水的工作,并让客人领略酒的文化和风情。

鸡尾酒的盛行开始于19世纪末20世纪初的美国。一方面,美国大规模生产、销售果汁,鸡尾酒有了品质均衡、货源充足的辅助保障,另一方面,当时美国制冰业的工业化发展为制作口味卓越的鸡尾酒提供了充足的冰块。这两个原因使得美国成为当时鸡尾酒最为普及的一个国家。在当时,美国的调酒师的技艺是最高超的。

后来由于美国颁布禁酒法(1920~1933年),使得美国大量的酒吧调酒师失业，并使他们大量流向了法国或英国等欧洲国家，鸡尾酒很快在欧洲大地广为流传。并且促成了欧洲乃至世界鸡尾酒黄金时代的到来。1920～1937年被称为“鸡尾酒”的时代——美国的禁酒时期却成为鸡尾酒发展的黄金时代。

到第二次世界大战期间，鸡尾酒在欧美的军人、青年男女中十分流行。第二次世界大战后，鸡尾酒成为人们休闲、社交的一种流行时尚。鸡尾酒的流行，有两个值得记载的原因，一是出于政治军事目的，美国为欧亚的许多国家提供大量的经济和军事援助，伴随着美国人的流动，鸡尾酒也迅速走向世界；二是以胜者为尊的美国文化的流行，美国式的消费方式引领了世界的消费潮流。美国人使鸡尾酒成为全世界风行的酒精饮料。

1953年，全世界第一本权威性的鸡尾酒调酒专著《英国调酒师协会国际酒水指南》正式出版，该书成为全世界调酒师的工作指南。

鸡尾酒一直流行于西方国家，但是随着全球经济贸易的来往的频繁和加深，鸡尾酒在东方国家也逐渐被接受并开始流行。鸡尾酒在我国还处于发展阶段，在北京、上海、广州等国际性的大城市鸡尾酒正在被越来越多的人接受，并开始流行起来。

调酒的目的在于调出颜色、香味、口味以及造型俱佳的酒品。当酒吧成为现代饭店不可缺少的组成部分之后，调酒这门技术越来越受到重视。随着时代的发展，鸡尾酒的配方被不断创新，鸡尾酒的色泽、香味、口味、造型甚至酒的质感等方面都发生了变化。“红粉佳人”、“酸威士忌”、“七色彩虹”这些美丽的名字代表的不仅仅是鸡尾酒，也成为一种时尚和情调的符号。

第二节 调酒师职业

一、调酒师的工作内容

调酒师是在酒吧或餐厅专门从事配制酒水、销售酒水，并让客人领略酒的文化和风情的人员。调酒师上岗需要接受专门的职业培训并领有技术执照。在我国，调酒师的资格认证需要通过国家劳动和社会保障部的“调酒师职业资格等级证书认证考试”，取得劳动和社会保障部颁发的“调酒师职业资格等级证书”。

调酒师作为在酒吧或餐厅专门从事配制酒水工作的人员，其工作内容包括：酒吧清洁、酒吧摆设、调制酒水、酒水补充、应酬客人和日常管理等。小规模的酒吧一般只有一个调酒师，所以要求调酒师具备较广泛的知识，能够应付客人提出的各类问题和处理各种突发事件。

除了调酒师，在餐饮行业中，还有一个与酒水有关的较为专业的职业，被称为酒侍者，要注意他们之间的区别。

酒侍者(Wine Steward)是高级西餐厅专职向宾客提供饮品咨询、推荐介绍餐酒(主要是葡萄酒),并进行高标准、高规格服务的高级服务师。酒侍者须具备功底深厚的葡萄酒知识和鉴定技术,需要通晓葡萄酒的酿造技术、产地产区及葡萄酒庄、品质等级、葡萄酒年份、贮藏方法、酒水品鉴、配餐习惯等知识,同时还需要提供开瓶、斟酒等高质量的酒水服务。

二、调酒师的素质要求

(一)基本素质

调酒师的基本素质主要包括:外形、服饰、仪表、风度等。总的要求是:容貌端正,举止大方;端庄稳重,不卑不亢;态度和蔼,待人诚恳;服饰庄重,整洁挺括;打扮得体,淡妆素抹;训练有素,言行恰当。

1. 外形与服饰

调酒师是面对面为客人提供酒水服务的人,良好的外在形象是打开与客人对话的一扇窗口,所以,身材与容貌在服务工作中有着较为重要的作用。而且,调酒师的服饰与穿着打扮体现着不同酒吧的独特风格和精神面貌。在酒吧,调酒师的服饰多是定制的,一般都是由专业人士设计制作。

调酒师着装的具体要求为:着规定工装,且工装要洗涤干净,熨烫平整,纽扣齐全并扣好,不得卷起袖子;领带、领花系戴端正;佩戴工号牌(戴在左胸前);鞋袜整齐,穿酒店指定鞋,袜口不宜短于裤、裙脚(穿裙子时,要穿肉色丝袜)。

2. 仪表与风度

注重仪表是调酒师的一项基本素质,酒吧调酒师的仪表直接影响着客人对酒吧的感受,良好的仪表是对客人的尊重。调酒师整洁、卫生、规范化的仪表,能烘托服务气氛,使客人心情舒畅。调酒师应养成正确的站立姿势、雅致的步态、优美的动作、亲和的笑容等生活和工作习惯,使服务获得良好的效果和评价。调酒师行为举止的规范化是酒吧服务的基本要求。

这些规范化的基本要求具体表现在:调酒师应注意个人卫生,头发梳理整洁,发型美观大方;工作时不佩带项链、手镯、戒指、耳环等贵重饰物;站立自然大方,位置适当,姿势端正,双目平视,面带笑容;步子要轻而稳,舒展大方,眼睛要平视前方或宾客。

3. 礼貌和礼节

礼貌是人与人之间在接触交往中,相互表示尊重和友好的行为。礼节是人们在日常生活中,相互表示尊敬、问候、慰问、致敬以及给予必要协助和照料的惯用形式,是礼貌的语言、行为、仪态等方面的具体规定。在酒吧中,调酒师的礼貌待客不仅对饭店的名誉有直接影响,而且体现了调酒师本身的修养和受教育水平。

在实际工作中,具体要求如下:要使用礼貌用语及柔性语言,应女士优先

(Lady First),礼让妇女儿童,注意尊重客人的宗教信仰和礼节。

(二)专业素质

调酒师的专业素质是指调酒师的服务意识、专业知识及专业技能。

1. 服务意识

(1)角色意识。调酒师的角色意识主要体现在执行酒吧的规章制度,履行岗位职责,行使代表酒吧的角色。调酒师的一举一动、一言一行、仪容、仪表、服务程序、服务态度等方面都会影响酒吧的声誉。

(2)宾客服务意识。调酒师必须意识到宾客对酒吧的重要性,"顾客就是上帝"是调酒师服务工作的出发点。在任何时候、任何场合都要为客人着想。调酒师的宾客服务意识是高度的从事服务自觉性的表现。调酒师应预测并及时解决客人遇到的问题,按规范化服务程序解决发生的问题,遇到特殊情况,提供专门服务、超常服务,以满足客人的特殊需要。

2. 专业知识

作为一名调酒师必须具备一定的专业知识才能更准确、完善地服务于客人。一般来讲,调酒师应掌握的专业知识包括:

(1)酒水知识。调酒师的工作离不开酒,对酒品的掌握程度直接决定工作的开展。作为一名调酒师要掌握各种酒的产地、物理特点、口感特性、制作工艺、品名以及饮用方法,并能够鉴定出酒的质量、年份等。

(2)原料贮藏保管知识。了解原料的特性以及酒吧原料的领用、保管、使用、贮藏知识。

(3)设备、用具、酒具知识。掌握酒吧常用设备的使用要求,操作过程及保养方法,以及用具的使用、保管知识。掌握酒杯的种类、形状及使用要求、保管知识。

(4)酒谱、酒单知识。熟练掌握酒谱上每种原料用量标准、配制方法、用杯及调配程序。掌握酒单的结构,所用酒水的品种、类别以及酒单上酒水的调制方法、服务标准。

(5)酒水的定价原则和方法。根据行业标准和市场规则,合理定价,保证酒吧企业有适当赢利。

(6)习俗知识。掌握主要客源国和我国不同地区的饮食习俗、宗教信仰和习惯等。不同地方的客人有不同的饮食风俗、宗教信仰和习惯等,要能够恰当推荐和调制满足客人要求的酒水。

(7)英语知识。鸡尾酒的原料大多是洋酒,要掌握酒吧饮料的英文名称、产地的英文名称,以及酒吧服务常用英语、酒吧术语。同时具备一定的外语交流能力,能用英文说明饮料的特点。

(8)营养卫生知识。了解饮料的营养结构、酒水与食物的搭配以及饮料操作的卫生要求。

(9)安全防火知识。掌握安全操作规程,注意灭火器的使用范围及要领,掌握安全自救的方法。

3. 专业技能

调酒师娴熟的专业技能不仅可以节省时间,使客人增加信任感和安全感,而且是一种无声的广告。熟练的操作技能是快速服务的前提,专业技能的提高需要通过专业训练和自我锻炼来完成。

(1)设备、用具的操作使用技能。正确地使用设备和用具,掌握操作程序,不仅可以延长设备、用具的寿命,也是提高服务效率的保证。

(2)酒具的清洗操作技能。掌握酒具的冲洗、清洗、消毒的方法。

(3)装饰物制作及准备技能。掌握装饰物的切分形状、薄厚及造型等。

(4)调酒技能。掌握调酒的动作、姿势等方法以保证酒水的质量和口味的一致。调酒师除了调酒工作外,还应主动做好酒吧的卫生工作,例如清洁冰柜、清理工作台等。

(5)沟通技巧。善于发挥信息传递渠道的作用,进行准确、迅速的沟通。同时提高自己的口头和书面表达能力,善于与客人沟通和交谈。在美国,调酒师还被解释为:丧失了希望和梦想的人赖以倾诉心声的最后对象。可见,沟通技巧对于调酒师有多重要。

(6)经营能力。要求调酒师具有高中以上的文化水平,有较强的经营意识和数学概念,能够正确计算价格、成本和赢利,填写各类表格及书写工作报告等。

(7)解决问题的能力。要善于在错综复杂的矛盾中抓住主要矛盾,对紧急事件及宾客投诉有一定的处理能力。

(8)自我表现能力。调酒师直接与客人打交道,调酒如同艺术表演,无论调酒动作还是调酒技巧都会给客人留下深刻印象,所以应做到轻松、自然、潇洒,操作准确熟练。

第三节　调酒师的等级标准

根据中国旅游行业工人技术等级标准(1996 年 3 月 29 日国家旅游局旅人劳发),调酒师主要有初级调酒师、中级调酒师和高级调酒师等三级等级标准。

一、初级调酒师

对于初级调酒师的要求,主要是要掌握常用的鸡尾酒制作知识,并能够熟练进行常用的鸡尾酒和饮料调制技能的操作。对初级调酒师的涉外服务能力要求不高。

(一)知识要求

(1)熟知本企业及酒吧的一切规章制度,了解本岗位的职责、工作程序和工作标准。

(2)了解常用酒品名、产地、主要制作原料、口味、浓度等知识和各类软饮料知识。

(3)了解鸡尾酒的起源,掌握流行鸡尾酒调制方法和技术操作知识。

(4)了解本企业各类酒水的贮存期以及酒水售价,了解结账程序。

(5)了解酒吧常用设备、用具及各类器皿的性能和使用保养知识。

(6)具有一定的旅游知识,了解主要客源国的风俗、礼节及不同民族的生活饮食习惯和宗教信仰,熟知服务接待礼仪。

(7)了解食品卫生的基本知识和《食品卫生法》。

(8)了解服务心理基础知识和相关的服务知识,以及酒水与食物的搭配知识。

(9)熟知酒吧常用术语和各类酒品、饮料的外文名称。

(二)技能要求

(1)能基本判断客人心理,主动介绍、推销酒吧内供应的各类酒品、饮品及小食品,并掌握其服务方法。

(2)掌握基本的调酒技术,能正确调制常用鸡尾酒。

(3)掌握常用装饰物和辅助材料的制作技术,制作方法正确。

(4)掌握常用咖啡、茶水的制作技术。

(5)正确掌握葡萄酒、香槟酒的开瓶方法和技术。

(6)能正确使用酒吧内所有设备、用具和各类器皿,并能进行一般保养。

(7)能对用具、器皿进行清洁消毒。

(8)掌握酒吧的工作程序和服务标准。

(9)具有独立完成本岗位工作的能力。

(10)能用一种外语对外宾进行礼节招呼和问候,并进行简单会话。

二、中级调酒师

中级调酒师除了要熟知鸡尾酒的制作知识之外,还要有一定的酒水鉴别知识,而且在技能方面,中级调酒师能够对一般的酒水服务进行设计和管理,能够培训初级调酒师。对中级调酒师的涉外服务能力有一定的要求,中级调酒师应该能够用外语提供专业的酒水服务。

(一)知识要求

(1)了解世界主要名酒的酿制原理和生产工艺。了解世界名酒的贮存和保管知识,熟悉酒品的鉴别知识。

(2)熟知鸡尾酒的主要制作技术。

(3)懂得各类酒吧环境设计和布置方法。

(4)掌握一定的酒吧经营管理知识和销售知识,懂得酒水的成本控制与核算。

(5)具有较丰富的食品卫生知识和营养知识,熟悉酒品、饮料的质量标准。

(6)熟知酒吧各岗位的职责、工作程序和标准。掌握各类酒会的服务知识及各项操作技能标准。

(7)具有比较丰富的旅游知识,熟知主要客源国的饮食习惯以及对酒品的嗜好。了解与餐饮服务相关的商品知识和与餐饮服务有关的法规、政策。

(8)具有一定的外语基础,掌握酒水服务的专业用语知识。

(二)技能要求

(1)能比较熟练、正确地调制各类鸡尾酒并能根据客人要求制作饮品。

(2)能够掌握鉴别酒品质量的方法。

(3)能合理制作各类鸡尾酒装饰物,并能制作水果拼盘。

(4)具有酒吧管理能力,能设计、组织一般鸡尾酒会,并能进行成本核算。

(5)能比较准确地判断客人心理,具有较强的酒水推销能力。

(6)具有一定的应变能力,能及时妥善处理酒吧内发生的突发事件。

(7)有传授业务技术及培训初级调酒师的能力。

(8)能在业务范围内同外宾进行外语会话。

三、高级调酒师

高级调酒师在各个方面的要求都比较高,在知识方面,除了酒水知识之外,还需要一定的餐饮服务知识和酒吧经营管理知识,在技能方面对高级调酒师也提出了能够创新鸡尾酒的要求,能够经营管理酒吧和设计组织各种酒会,能够培训中级调酒师。而且,高级调酒师需要能够用一门外语进行流利地交流,并且有第二外语的简单交流能力。

(一)知识要求

(1)具有丰富的酒水知识,基本掌握香槟酒、葡萄酒等高级酒水知识。比较系统地掌握调酒理论知识。

(2)具有比较丰富的公关和市场营销知识。

(3)掌握鸡尾酒调制的技术和原理。

(4)基本掌握世界各类名酒的酿制原理和生产工艺及质量标准。

(5)具有酒吧经营管理知识,熟悉各类酒吧的设计和环境布置。

(6)了解较多的与本工种相关的科学知识,重点了解餐厅服务知识,熟悉与餐饮服务相关的商品知识和与餐饮服务有关的法规、政策等。

(7)基本掌握一门外语,并具有第二外语的初步知识。

(二)技能要求

(1)掌握调酒技术,能熟练地调制各类世界流行鸡尾酒,并能创制具有特色的鸡尾酒新品种。

(2)能正确鉴别各种酒品的质量。

(3)能够全面和创造性地制作鸡尾酒装饰物。

(4)具有经营管理酒吧的能力,能熟练地设计、指导各类酒会。

(5)能准确地进行酒会核算和经营统计。

(6)能准确判断客人心理,有效地推销酒品,及时满足宾客要求,能灵活应变和正确处理酒吧内各种突发事件。

(7)具有传授业务技术和培训中级调酒师的能力;能制订各类酒吧的酒单;能编写技术培训资料。

(8)具有一门外语的良好表达能力,能流利地进行外语会话,并能用第二外语与外宾进行简单会话。

◎本章小结

1. 美国在调酒业的发展中,起到了重要作用,最早有关鸡尾酒的文字记载出现在美国,鸡尾酒的盛行开始于 100 多年前的美国。美国的禁酒时期成为鸡尾酒发展的黄金时代。

2. 杰里·托马斯(Jerry Thomas)是鸡尾酒发展的关键人物之一,1862 年,他撰写的第一本关于鸡尾酒的专著《如何配制饮料》出版,使鸡尾酒变成当时最流行的酒吧饮料。

3. 调酒师是在酒吧或餐厅专门从事配制酒水、销售酒水,并让客人领略酒的文化和风情的人员。调酒师的基本素质主要包括:外形、服饰、仪表、风度等。

4. 初级、中级和高级调酒师分别在酒水制作知识、酒水操作技能、酒水鉴别知识、酒水服务的设计和管理、鸡尾酒的创新、餐饮服务和酒吧经营管理知识、培训调酒师、外语交流能力中的某几个方面达到标准要求。

◎思考与练习

1. 简述调酒的发展。
2. 简述调酒师的素质要求。
3. 简述初级调酒师的等级标准。

调酒基础知识

第十二章　酒吧设备与用品

本章内容： 酒吧常用设备

调酒用具

酒吧常用酒杯

教学要求： 1.介绍酒吧常用的酒水服务设备及其功能，调酒用具及其用途。

2.简单讲述酒杯的基本知识及酒吧常用酒杯的形状、用途和容量。

教学课时： 2课时

第一节 酒吧常用设备

一、酒水制作及提供设备

(一)酒水制作设备

1. 果汁机(Juice Machine)

果汁机有多种型号,主要有两个作用:一是冷冻果汁;二是自动稀释果汁(浓缩果汁放入后可自动与水混合)。

2. 榨汁机(Electronic Squeezer)

用于榨鲜橙汁或柠檬汁以及各式各样的果汁。

3. 电动搅拌机(Electronic Blender)

用来制作含有鸡蛋、奶油等不易混合原料的酒水饮料。用电动搅拌机制备较黏稠的饮料,比用手工调制节约时间,而且有利于原料混合得更为充分。

4. 混合机(器)(Electronic Mixer)

混合机也是一种混合食物的用具,它的用途很广,可以磨咖啡、杏仁,调制蛋奶酱、冰淇淋,把水果捣烂以榨果汁和饮料等。它与搅拌机的区别主要有以下两点:一是工作速度及结构不同,混合机的工作速度远远高于搅拌机的工作速度。搅拌机的工作速度通常为300~1300转/min,而混合机的工作速度可为3000~13000转/min;二是搅拌装置的结构不同,混合机的搅拌器是一对短切刀。

5. 奶昔搅拌机(Blender Milk Shaker)

用于搅拌奶昔(用鲜牛奶加冰淇淋搅拌而成的饮料)。

6. 电咖啡壶(Coffee Machine)

酒吧常使用的咖啡壶有渗滤式咖啡壶、滴漏式电咖啡壶、虹吸式电咖啡壶等,可根据需要使用。

7. 咖啡保温炉(Coffee Warmer)

将煮好的咖啡放在炉上,可保持较佳地饮用温度。

(二)酒水提供设备

1. 生鲜啤酒供应系统(Draft - beer system)

该系统也称为啤酒配出器。一般在酒吧中,啤酒的消耗量比较大。啤酒配出器一则可提供富有营养的生鲜啤酒,二则可提高工作效率。常使用的啤酒配出器是设备构成较为简单的生啤机(Draught Machine),它分为两部分:气瓶和制冷设备。气瓶装二氧化碳用,输出管连接到生啤酒桶,有开关控制输出气压。工作时输出气压保持在25个大气压(有气压表显示)。气压低表明气体已用完,需另换新气瓶。其制冷设备是急冷型的,整桶的生啤酒无需冷藏,连接制冷设备后,输出来的便是冷冻的生啤酒,泡沫厚度也可由开关控制。生啤机不用时,必须断开电源,并取出生啤桶口的管子。生啤机需每15天由专门人员清洗一次。

2. 软饮料配出器(Handgun for a Soda System)

软饮料配出器也被称为苏打枪,用来提供苏打水、汤力水、可乐、雪碧、干姜水等软饮料,类似于生啤酒供应系统。软饮料配出器一可以提高工作效率,二可以保证饮品供应的标准量。但由于价格昂贵,国内酒吧中很少见到。

3. 自动酒水供应系统(Electronic Dispensing System)

该系统的功能与软饮料配出器类似,主要用于供应酒吧常用酒。

二、物品存放设备

1. 酒吧展示柜

酒吧展示柜(Tiered Liquor Display),亦即酒吧中吧台后的橱柜,通常陈列酒具、酒杯及各名品酒瓶。内侧镶嵌有玻璃镜,这样既可以增加房间深度,同时也可使坐在吧台前喝酒的客人通过镜子的反射,观赏酒吧内的一切,而调酒师也可借此间接地观察客人。

2. 酒杯储藏柜

酒杯储藏柜(Cup Storage)是用来摆放客人使用的酒杯的,随用随取。有些酒吧在吧台的上方吊挂很多酒杯,这些酒杯主要是起装饰作用的,不能用来流通使用。其主要原因一是不卫生,二是不方便取用。

3. 附有酒瓶舱的储冰槽

调酒时会使用到大量的冰块,因此,很多酒吧会事先制作出一定量的冰块放置在储冰槽中,方便调酒师随时将冰块加至饮品中,同时在储冰槽旁配置酒瓶舱放置酒水,这个设备就是附有酒瓶舱的储冰槽(Ice Chest with Bottle Wells)。这个设备的功能主要有:一是可稳定酒瓶,不致被随手碰倒;二是可借助储冰槽的槽壁保持酒的冷却。

4. 瓶酒储藏柜

瓶酒储藏柜(Liquor Storage)主要用于存放烈性酒、红葡萄酒等无需冷藏存放的酒品及其他调酒服务用品。

5. 干品储藏柜

干品储藏柜(Dry Storage)主要用于存放干果、小食品等。

三、用于制冷制冰的设备

(一)制冷设备

1. 冰箱

冰箱(Refrigerated Storage),是酒吧中用于冷藏酒水饮料,保存适量酒品和其他调酒用品的设备。如果是较大的需要配备两个冰箱的酒吧,可以一个用于冷藏白葡萄酒、香槟、玫瑰红葡萄酒、啤酒及各种水果原料，另一个存放软饮料、配料、装饰物等。如果只配备一个，冰箱内部要进行合理的分层分隔，以便存放不同种类的酒品和调酒用品。柜内温度要求保持在4～8℃。

2. 立式冷柜

立式冷柜（Wine Cooler），用于专门存放香槟和白葡萄酒。其全部材料都是木制的，里面分成横竖成行的格子，香槟及白葡萄酒横插入格子存放。温度保持在4～8℃。

3. 上霜机

上霜机（Glass Chiller），用来冰镇酒杯的设备，以帮助酒水达到最佳饮用效果。

（二）制冰设备

1. 制冰机

制冰机（Ice Cube Machine），是酒吧中用于制作冰块的机器，制冰机是酒吧中必不可少的一个设备，因为冰块的质量会直接影响到所制作的酒水的质量，因此酒吧应尽可能配备制冰机。制冰机又称冷粒机，是一种专门生产小块食用冰的冷冻设备，所制的冰粒大块的为28mm×28mm×20mm；中粒的为25mm×25mm×20mm。形状有长方体、正方体、棱柱、棱台、圆柱、圆台、薄片等。四方体形的冰块使用起来较好，不易溶化。较好的制冰机往往还配有碎冰机。

2. 碎冰机

碎冰机（Crushed Ice Machine），是用来将冰块根据需要制作成小颗粒冰的机器。它可以将冰块粉碎，得到不规则的细冰粒，或粉碎成极小的薄冰“雪花”（也称刨冰）。

四、清洗设备

1. 洗杯机

洗杯机（Washing Machine）用来清洗杯具。将酒杯放入杯筛中再放进洗杯机里，洗杯机中有高温蒸汽管和自动喷射装置，调好程序按下相应的按钮，即可清洗。有些较先进的洗杯机还有自动输入清洁剂和催干剂的装置。洗杯机有多种型号，可根据需要选用：较大的洗杯机，可放入整盘的杯子进行清洗；每次只能洗一只杯子的小型旋转式洗杯机，可放在吧台边上，方便调酒师随时使用。

2. 带有滴水板的三格洗涤槽

带有滴水板的三格洗涤槽（Three－compartment Sink with Drain－boards）可用来作为手工方式清洗水杯的设备。带有滴水板的三格洗涤槽，包括洗涤槽（内有自动洗涤刷）、冲洗槽和消毒槽，分别具有初洗、刷洗和消毒功能。滴水板在洗涤槽两侧,可将清洗过的水杯放在滴水板上自然风干,确保酒杯绝对干净。

3. 洗手池

洗手池(Hand Sink)即调酒师及服务人员的专用洗手池。

第二节　调酒用具

(一)酒吧开瓶器

酒吧开瓶器(Waiter's Knife, Waiter's Friend)用于开启红、白葡萄酒酒瓶的木塞,也可用于开启汽水瓶、果汁罐头等。

(二)T型开塞钻

T型开塞钻(Cork Screw)用于开启红、白葡萄酒的木塞。

(三)量杯

量杯(Double Jigger)也被称为量酒器,用于度量酒水的分量,通常有两种类型:一是两底不锈钢量杯,俗称葫芦头、雀仔头。这种两底不锈钢量杯的两侧都可以用来量酒,有两个衡量容量标准,有不同的型号,常用的是上部1oz、下部1.5oz的组合型,也有上部1oz与下部2oz,上部0.5oz与下部1oz的组合型。另一种是用厚玻璃制成,只有一个衡量容量标准。

(四)倒酒器

倒酒器(Pourer)是安装在酒瓶颈上用来倒酒的装置,以控制倒酒的量,分为塑料和不锈钢两种。

(五)吧匙

吧匙(Bar Spoon)是有长柄的浅勺,有大小两种。它主要有两种用途:一是用来调制鸡尾酒或混合饮料,二是添加糖、盐或红石榴汁等时用。有的吧匙另一端是叉,是用来叉洋葱、橄榄等装饰物的。

(六)搅棒

搅棒(Muddler)多为玻璃制和木制,一般一端扁平,用来压碎某些固体实物,如方糖,另一端是圆的,可以捣碎冰或薄荷叶等。

(七)调酒杯

调酒杯(Mixing Glass)也称为"吧杯"、"师傅杯"或"混合皿",为平底厚玻璃大杯,常和不锈钢滤冰器配合使用,主要用于调制搅拌类鸡尾酒。其容量为16~17oz,杯身通常印有容量刻度,供投料时参考。

(八)手摇调酒壶

手摇调酒壶(Hand Shaker)即标准调酒壶,也称为雪克壶,一般用银、铬合金或不锈钢等金属材料制造,常用来调制有果汁、鸡蛋、糖、冰淇淋和其他任何不易与烈酒稳定混合的饮品。手摇调酒壶按容量可分为大、中、小三种型号。调酒壶包括壶身、滤冰器及壶盖三部分组成。

手摇调酒壶还有一种,被称为波士顿式摇壶(也被称为波士顿式对口杯),它是由银或不锈钢制成的混合器,也有少数为玻璃制品。常用的组合方式是一只不锈钢杯和一只玻璃杯,上方为玻璃上座,下方为不锈钢摇酒杯,使用时两座对口嵌合即可,需要配合滤冰器使用。波士顿调酒壶使用起来更为方便,可将玻璃杯直接作为载杯,制作酒水时有一定的表演性质。

(九)过滤器

过滤器(Strainer)即滤冰器,用于过滤冰和果肉,常与调酒杯一起使用。

(十)漏斗

漏斗(Funnel)即将酒液从大容器滤入小容器的工具,底部有过滤网。

(十一)冰勺

冰勺(Ice Scoop)的容量为 6 ~ 8oz,是盛放冰的工具,通常用于调制大型饮品。

(十二)冰夹

冰夹(Ice Tongs)是酒吧中常用的夹冰块的工具。

(十三)冰铲

冰铲(Ice Container)可以用来取较大量的冰。

(十四)剥皮器

剥皮器(Zest) 通常用来剥酸橙或柠檬皮。

(十五)榨汁器

这里所说的榨汁器(Squeezer)是一种手拿的榨汁器,可以挤碎酸橙或柠檬,同时过滤果核、果肉。酒吧里另外常用的是塑料制山形榨汁器。

(十六)砧板

砧板(Cutting Board)是用来切水果的垫底工具,以橡胶、塑料制的居多。

(十七)吧刀

吧刀(Bar Knife)是切水果的工具,用不锈钢制成。

(十八)调味叉

调味叉(Relish Fork)常用来将洋葱、橄榄等装饰物放入酒杯中。

(十九)装饰物配料盒

制作鸡尾酒要使用大量的装饰物,因此酒吧中都会配备专门用来放置各种切配好的配料的装饰物配料盒(Condiment Tray)。

(二十)鸡尾酒签

鸡尾酒签(Cocktail Pick)是调制鸡尾酒时用来做饰物的。

(二十一)吸管

吸管(Straw)可用来和红樱桃一起做装饰,但主要是提供给客人喝饮料时使用。

(二十二)宾治盆

宾治盆(Punch Bowl)用来盛放什锦水果宾治或冰块。

(二十三)冰酒桶

冰酒桶(Ice Bucket,Wine Cooler)是装满冰块的容器,客人饮用白葡萄酒或香槟酒时作冰镇用。

(二十四)香槟塞

香槟塞(Champagne Bottle Shutter)是香槟打开后,用来塞瓶的瓶塞。

(二十五)滤酒器

滤酒器(Decanter)有几种规格,如168mL、500mL、1000mL,用于过滤红葡萄酒或出售散装红、白葡萄酒。

(二十六)红酒篮

红酒是不需要冰镇的,在服务的时候,可以放入红酒篮(Wine Basket)中。红酒瓶在红酒篮中是倾斜的,方便斟倒。

第三节　酒吧常用酒杯

一、酒杯简介

酒杯是用来盛放酒水的容器,直接供客人使用。酒杯在品尝红酒、白葡萄酒、香槟酒、利口酒以及鸡尾酒的过程中,扮演了一个很重要的角色。使用正确的玻璃杯能使不同酒水的特性显现得更为明显,增添饮酒的乐趣。此外,餐厅或酒吧的酒杯也是其档次的一个重要标准。

1. 酒杯的材质

酒杯多为透明材质所制,一般有平光玻璃杯、刻花玻璃杯和水晶玻璃杯等,酒吧和餐厅可根据酒杯的档次、级别和格调选用。水晶酒杯是用像水晶般透明的高纯度硅、砷等原料制成的,水晶玻璃杯具有稳定感,光泽柔雅,碰杯时会发出金属般极为清脆的铿锵声,是酒杯材质中的佼佼者。一款好的水晶玻璃杯,应选材好,看不到星点状、云雾状和絮状分布的气泡,质地纯净、光润、晶莹。极好的磨工抛光,能形成极佳的自然透明度和光泽。英国的燧石玻璃、法国的伯卡拉玻璃、意大利的威尼斯玻璃及美国的斯蒂文玻璃所制成的水晶玻璃杯都属上品,价格也较为昂贵。

2. 酒杯的设计要素

一个好的酒杯的设计需涵盖三个方面。首先，杯子的清澈度及厚度要适当，这对品酒时视觉的感觉极为重要；其次，杯子的大小及形状要适当，这会决定酒香味的强度及复杂度；最后，杯口的形状，这决定了酒入口时与味蕾的第一接触点，从而影响了对酒的组成要素（如果味、单宁、酸度及酒度）的各种不同感觉。

3. 酒杯的构成

酒杯一般包括杯体、杯脚和杯底三个部分，某些杯子还带有杯柄，一种杯子可能有它们中的两个或三个部分。根据酒杯的构成部分的不同，通常将酒杯分为平底无脚杯、矮脚杯和高脚杯三大类。而酒杯的具体名称通常取自于所盛载的饮品的名称。酒杯的容量一般用毫升（mL）来标示，也可以用盎司（oz）来标示。

二、常见的酒杯类型

（一）白兰地酒杯

白兰地酒杯（Brandy Snifter）为矮脚，球形身杯，杯口窄小，这种杯子容量很大，通常在8oz左右。这种杯子通常在净饮白兰地酒时使用，也可用于长饮类鸡尾酒。

（二）古典杯

古典杯（Old Fashioned，Rock Glass）又称为老式杯、洛克杯或岩石杯，其容量规格一般为6～8oz，以8oz居多。古典杯呈直筒状或喇叭状，杯口与杯身等粗或稍大，其特点是壁厚，杯体短，有“矮壮”、“结实”的外形。这种造型是由英国人的传统饮酒习惯造成的，他们在杯中调酒，喜欢碰杯，所以要求酒杯结实，具有稳重感。平脚的古典杯原为英国人饮用威士忌的酒杯，也常用于装载鸡尾酒，现大多用于喝加冰的酒和净饮威士忌酒。有脚的古典杯用途比较广泛，有些鸡尾酒就使用这种酒杯。

（三）烈酒杯

烈酒杯（Shot）的形状多样，容量较小，一般为1～2oz，所以也叫做一口酒杯、吞饮杯、净饮杯、清饮杯（Straight Glass）或子弹杯，可用于饮用各种烈性酒（白兰地酒除外），但一般只限于在净饮（不加冰）的时候使用。也可以用来饮用利口酒。

（四）葡萄酒杯

葡萄酒杯（Wine Glass）有红葡萄酒杯（Red Wine Glass）和白葡萄酒杯（White Wine Glass）之分。其中，前者用于盛载红葡萄酒，亦可用于盛载鸡尾酒。其杯型为高脚，杯身呈圆筒状，容量为8～12oz；后者用于盛载白葡萄酒或鸡尾酒，其杯身比红葡萄酒杯细长，容量为4～8oz。还有一种在葡萄酒饮用早期常使用的球形葡萄酒杯。球形葡萄杯可用于盛载红葡萄酒，也可作为鸡尾酒杯。杯形呈球形碗状，因此也将此杯称为“碗状葡萄酒杯”(Red Wine Bowl)。容量一般为7~14oz。

(五)香槟杯

香槟杯(Champagne)用于盛装香槟酒,用其盛放鸡尾酒也很普遍,其容量规格为4~9oz,以4oz的香槟杯应用最为广泛。香槟杯主要有三种杯型。

(1)浅碟型香槟杯(Champagne Saucer),为高脚、宽口、杯身低浅的杯子,还可用于装盛鸡尾酒或软饮料,或叠成香槟塔。

(2)笛型香槟杯(Champagne Flute),为高脚、杯身呈笛状的杯子。

(3)郁金香型香槟杯(Champagne Tulip),为高脚、长杯身,呈郁金香花造型的杯子,可用来盛放香槟酒,细饮慢吸,并能充分欣赏酒在杯中气泡的乐趣。

(六)啤酒杯

啤酒杯的形状非常多,一般容量都比较大,多在15oz以上。常见的有平底皮尔森啤酒杯、有脚皮尔森啤酒杯(Pilsner),容量规格一般为12~14oz,以及大啤酒杯(Beer Mug),容量规格一般为12~18oz。有脚皮尔森杯持拿方便,造型别致,酒杯容量较小。在酒吧中,女士常用这种杯子喝啤酒。大啤酒杯一般喝生啤酒用。

(七)果汁杯

果汁杯的造型比较多样,大小不一,一般来说,容量多比较大,在10~20oz。果汁杯多用于盛载长饮类鸡尾酒以及果汁,要使用吸管。常见的有坦普勒杯(Templer),为平底杯,可用作水杯及果汁杯,是一种非常实用的杯型;平底直身杯,款式比较多,在高矮和粗细上有一定的差别,如常见的海波杯和柯林杯;有脚果汁杯,比较高、长;波克格兰迪杯,形状非常漂亮、特别;库勒杯(Cooler),大小与柯林杯相似,只是杯身逐渐内敛,容量为14~16oz,用于盛载库勒类鸡尾酒或其他长饮类鸡尾酒;飓风杯(Hurricane),因其造型奇特,也称为特型杯。

(八)高脚水杯

高脚水杯(Goblet)多用于高级酒吧和餐厅中,容量规格为10oz,用来盛载矿泉水、冰水及长饮类鸡尾酒。形状和一般的红葡萄酒杯相似,但是杯脚要短得多,并且杯口也要更开阔些。

(九)鸡尾酒杯

鸡尾酒杯(Cocktail Glass)也称为“马天尼酒杯”(Martini Glass),容量规格为2~6oz,其中4.5oz用得最多。杯身为倒三角形,杯身底部有尖形和圆形两种。一般用来盛载短饮类鸡尾酒。

(十)玛格丽特杯

玛格丽特杯(Margarita)为高脚、宽口杯,造型特别,有些像浅碟型香槟杯,但杯身呈梯状,并逐渐缩小至杯底,容量规格为7~9oz。用于盛载“玛格丽特”鸡尾酒或其他长饮类鸡尾酒。

(十一)雪莉杯

雪莉杯(Sherry Glass)用来饮用雪莉酒,高脚,杯肚的位置在杯身上部,稍收口。容量规格为2oz或4oz。

(十二)利口酒杯

利口酒杯(Liqueur Glass or Cordial Glass)为小型有脚杯,杯身呈管状,杯口略向外,可用于盛载利口酒或短饮类鸡尾酒。容量规格为1~2oz。

(十三)爱尔兰咖啡杯

早期的爱尔兰咖啡杯(Irish Coffee Glass),杯壁较厚,不容易散热,用于热饮类鸡尾酒,尤其是用于盛载爱尔兰咖啡。现在的爱尔兰咖啡杯的形状更像是小型的白葡萄酒杯,由于需要放在火上烤制,因此对材质的要求较高。容量规格为5oz。

◎本章小结

1. 酒吧的常用设备有酒水制作及提供设备、物品存放设备、制冷制冰设备和清洗设备四类。

2. 酒吧常用的酒水服务用具有酒吧开瓶器、量杯、吧匙搅棒、调酒杯、手摇调酒壶、过滤器、冰夹、剥皮器、榨汁器、砧板、吧刀、调味叉、装饰物配料盒、鸡尾酒签、吸管、冰酒桶、香槟塞、滤酒器、红酒篮等。

3. 酒吧常用的酒杯有古典杯、烈酒杯、葡萄酒杯、白兰地酒杯、雪莉杯、利口酒杯、鸡尾酒杯、玛格丽特杯、香槟杯、果汁杯、冰茶杯、海波杯、多功能杯、柯林杯、库勒杯、啤酒杯、大啤酒杯、球形杯、高脚水杯、爱尔兰咖啡杯、试管和沙滩杯等。

◎思考与练习

1. 简述酒吧用于制作酒水的设备及功能。
2. 简述酒吧各种调酒用具及功能。
3. 简述用于长饮类鸡尾酒的酒杯。
4. 简述古典杯、香槟杯和葡萄酒杯的形状及容量。

鸡尾酒调制

第十三章　鸡尾酒概述

本章内容： 鸡尾酒的传说与定义

鸡尾酒的基本结构

鸡尾酒的分类

鸡尾酒的命名

教学要求：

1. 简单讲述鸡尾酒的有关传说，要求学生记忆鸡尾酒的定义。
2. 重点介绍鸡尾酒的基酒、常见辅料、常见配料及常见装饰物。
3. 在鸡尾酒的分类中，重点介绍鸡尾酒按饮用时间和场合分类以及鸡尾酒的综合分类。
4. 简单介绍鸡尾酒的命名方法，让学生掌握一些常见鸡尾酒的命名方法。

教学课时： 4课时

第一节　鸡尾酒的传说与定义

一、鸡尾酒的传说

目前,人们没有确切的资料可供判定鸡尾酒究竟起源于何时何地,但是关于它起源的传说却有很多,这些传说都很有趣。

这里摘录几个介绍一下,其中最流行的说法是源于美国的传说,即传说之一和传说之五。

(1)传说之一:美国人克里福德在美国哈德逊河边经营一间酒店。他有三件引以为自豪的事情,人称克氏三绝:一是他有一只气宇轩昂的大公鸡,是斗鸡场上的好手;二是他的酒库据说拥有世界上最优良的美酒;三是他的女儿艾米莉恩是全镇第一名绝色佳人。镇里有个叫阿普鲁恩的年轻人,他是一名船员,每晚都要来克里福德的酒店闲坐一会儿。日久天长,他和艾米莉恩坠入爱河。阿普鲁恩性情又好,工作又踏实,克里福德打心眼里喜欢他,但却老是作弄他说:"小伙子,你想吃天鹅肉?给你个条件吧,赶快努力当个船长!"小伙子很有恒心,几年后,果真当上了船长,并和艾米莉恩举行了婚礼。克里福德比谁都快乐,于是他从酒窖里把最好的陈年佳酿全部拿出来,调成绝代美酒,并在杯边饰以雄鸡尾,美艳之极。然后为他绝色的女儿和顶呱呱的女婿干杯:"鸡尾万岁!"从此以后,鸡尾酒便流行了起来。

(2)传说之二:在国际酒吧者协会(IBA)的正式教科书中介绍了如下的说法:很久以前,英国船只开进了墨西哥的尤卡里半岛的坎佩切港,经过长期海上颠簸的水手们找到了一间酒吧,喝酒、休息以解除疲劳。这时的酒吧台中,一位少年酒保正用一根漂亮的鸡尾形无皮树枝调搅着一种混合饮料。水手们好奇地问酒保混合饮料的名字,酒保误以为对方是在问他树枝的名称,于是答道:"考拉德·嘎窖"。这在西班牙语中是公鸡尾的意思。这样一来"公鸡尾"成了混合饮料的总称。

(3)传说之三:鸡尾酒一词来自于住在墨西哥高原地带或新墨西哥、中美等地统治墨西哥人的阿兹特尔克族的土语。在这个民族中,有位曾经拥有过统治权的阿兹特尔克贵族让爱女 Xochid 将亲自配制的珍贵混合酒奉送给当时的国王,国王品尝后备加赞赏。于是,将此酒以那位贵族女儿的名字命名为 Xochitl。以后逐渐演变成为今天的 Cocktail。(载自《纽约世界》杂志)

(4)传说之四:鸡尾酒一词出现在 19 世纪的斗鸡比赛中。斗鸡比赛大概比现在所有体育比赛的历史都要长。当时每逢斗鸡比赛,必然盛况空前,获得胜利的公鸡的主人往往会被组织者授予奖品,更确切地说是战利品——被打败的公鸡的尾毛。当人们向胜利者敬酒时,祝词往往是 ON The Cocks Tail,鸡尾酒一词就由此而来。

(5)传说之五:美国独立战争期间,英国将领康华利率领的英国军队和华盛顿率领的美法联军决战于弗吉尼亚的约克镇。当时,有位女士倍蒂丝·法兰根在约克附近开了一家小酒店,成为军官的聚会场所。倍蒂丝发明了一种饮料,名叫"臂章",据说可以提神解乏。军官们到此休息、放松,十分喜爱"臂章",但是在军官们的嬉笑中,倍蒂丝总被讥笑为"最美丽的小母鸡",而且是隔壁讨厌的保皇党所养的最漂亮的那一只。倍蒂丝气不过,在夜里将保皇党所养的鸡全宰了,来了个"全鸡大餐",并将公鸡尾上的羽毛也拔了下来,用来装饰"臂章"。从此,人们便把"臂章"称为鸡尾酒。

二、鸡尾酒的定义

现代鸡尾酒科学对鸡尾酒的解释是:采用一种酒加上另外一种酒,或是用酒加上果汁、汽水等辅助材料,加味、增色、调香配制而成的混合饮品,是一种色、香、味、形俱佳的艺术酒品。事实上,鸡尾酒有狭义定义和广义定义之分。

(1)鸡尾酒的狭义定义:鸡尾酒是按照酒谱将烈性酒、葡萄酒、利口酒、果汁、汽水以及调色、调香和调味的原料进行混合勾兑的混合酒,主要由基酒、辅酒、配料等组成。美国韦氏字典对鸡尾酒注释的描述更为具体,"鸡尾酒是一种量少而冰镇的酒。它是以朗姆、威士忌或其他烈酒、葡萄酒为基酒,再配以其他辅料,如果汁、蛋清、苦精、糖等用搅拌或摇晃法调制而成的,最后再饰以柠檬片或薄荷叶。"因此,狭义的鸡尾酒定义指的是含有酒精的混合饮料。

(2)鸡尾酒的广义定义:由两种或两种以上的饮料配制而成的饮品,指的是所有的混合饮料,既包括含酒精的混合饮料,也包括不含酒精的混合饮料。鸡尾酒的发展过程中,为满足大多不能承受酒精的女饮用者,逐渐派生出了适合妇女口味的无酒精鸡尾酒。尤其在美国的禁酒年代(1920~1933年),制作无酒精混合饮料的技术突飞猛进。无酒精鸡尾酒被称为 Mock tails 或 Softails,它利用鸡尾酒的调制形式,调制成无酒精饮料。

第二节　鸡尾酒的基本结构

鸡尾酒主要是以烈性酒作为基酒,辅助以调缓料、调香调色调味料等调配而成,并饰以装饰物。因此,一般认为,鸡尾酒的基本结构为基酒,辅料(辅酒、饮料等调缓料),配料(香料、糖、奶调味用品或添香剂等调香调色调味料),装饰物四个部分。

一、基酒

基酒又称为鸡尾酒的酒底、酒基,是构成鸡尾酒的主体,决定了鸡尾酒的酒品特色，也是鸡尾酒酒精含量的主要来源。

（一）主要的基酒

鸡尾酒的基酒主要以烈性酒为主，有金酒、威士忌、白兰地、朗姆酒、伏特加和特基拉酒，这六种酒被称为鸡尾酒的六大基酒。另外，有些鸡尾酒用开胃酒、葡萄酒、餐后甜酒或香槟酒等做基酒，但数量相对比较少。个别特殊的鸡尾酒不含酒的成分，纯用软饮料配制而成，也就无所谓基酒了。随着鸡尾酒在我国的发展，也逐渐出现了一些以中国白酒、米酒为基酒的鸡尾酒。

一般是用一种烈性酒确定鸡尾酒的酒味，但某些情况下，也会用两种烈性酒为基酒，但不能用更多的不同烈性酒，否则会导致气味混杂而破坏酒味的和谐。

（二）酒吧内基酒的使用

酒吧里出售的基酒有两类。一类称为“供客人点用的基酒”，是客人根据酒的品牌点饮，用来纯饮或加冰饮用，按份出售，成本及价格较高，一般不用来调制鸡尾酒。另一类称为“吧台基酒”或者是“饭店专用”酒（House Pouring），主要是用来调制鸡尾酒，但“饭店专用红酒”（House Red），“饭店专用白酒”（House White），“饭店专用玫瑰酒”（House Rose Wine）和“饭店专用香槟酒”（House Champagne）多不用于调酒，而是以杯为单位销售给客人，尤其是在餐厅中，这些佐餐专用酒的销售更是常见。因为不同品牌的基酒在价格上会有较大的差异，为了控制成本和制订调酒标准，酒吧对于作为单饮出售和作为调酒使用的基酒在品牌上都有一定的限制和规定。如，酒吧通常根据标准配方确定成本与售价后，选用一些质量较好、供应商可给以优惠价格、较流行的酒水品牌作为吧台基酒，专用于调酒。

在酒吧中，对于基酒在销售时的分量有明确的规定，以控制瓶酒在散卖时的杯数，这个规定称为“基酒或其他酒拆散零卖的分量标准”（Pouring Measurement Standard）。表 13 - 1 是某饭店使用的基酒或其他酒拆散零卖的分量标准，以供参考。一般来讲，散装酒在斟出来的过程中必然会有少量的浪费，所以每瓶酒售出的杯数要把损耗考虑进去。一般价格较低的酒，损耗的允许值稍微大一些，贵重的酒则严格控制，尽量降低损耗值。另外，像红、白葡萄酒等，因为每杯的分量大，所以损耗允许值也很小。

表 13 - 1　基酒或其他酒散卖的分量标准

酒　名	标准定量（mL/份）	瓶酒容量（mL/份）	实际销售量（杯/瓶）
一般价格的酒品：金酒、威士忌、白兰地、朗姆酒、伏特加、特基拉	28	750	22 ~ 24

续表

酒 名	标准定量(mL/份)	瓶酒容量(mL/份)	实际销售量(杯/瓶)
X.O.干邑白兰地、蓝带白兰地、皇室敬礼威士忌等	28	1000	34
雪莉酒、波特酒	42	680	16
开胃酒	50	1000	19~20
其他餐后甜酒	28	620	21
白葡萄酒	112	680	6
红葡萄酒	140	750	5
茅台酒、特曲、五粮液等中国名酒	56	500	8.5
其他中国酒	112	500	4

注 1.标准量具为量杯(Jigger)1量杯(Jigger)=1oz,大约为28mL。

2.通常每瓶酒的容量标准1L=1000mL=34~36量杯,1夸脱(UK_{qt})=700~750mL=25~26量杯,1品脱(UK_{Pt})=375mL=13量杯。

二、辅料

辅料指的是各种搭配酒水,根据是否含有酒精可分成两种:一种是加色加味的辅酒,用量较少;另一种是降低酒度的调缓饮料,加量比较大,一般是基酒的3~5倍左右。

(一)加色、加味的辅酒

这类辅料又称为辅酒,是调酒中非常重要的加色、加味剂。辅酒主要包括开胃酒类、葡萄酒类、香槟及利口酒类。尤其是其中的利口酒类,是调酒中最经常用到的调香、调色的一大类辅酒。常用的辅酒有以下几种:

(1)味美思酒(Vermouth)。如马天尼(Martini)、仙山露(Cinzano)、杜瓦尔(Duval)。

(2)葡萄酒及香槟酒(Wine or Champagne)。用一般国家名酒AOC就可以。

(3)咖啡甘露酒(Kahlua)。深褐色,巧克力味,甜浓。

(4)红石榴糖浆(Grenadine)。红色,味酸甜。

(5)红醋栗糖浆(Currants Symp)。紫红色,酸甜,酸味与石榴糖浆不同。

(6)覆盆子糖浆(Raspberry Syrup)。红色,比石榴糖浆甜些,调宾治用。

(7)草莓糖浆(Strawberry Syrup)。红色,味甜。

(8)黑加仑糖浆(Gassis Syrup)。紫红色,味道和黑加仑利口酒相似。

(9)绿薄荷酒(Crème de Menthe Green)。绿色,薄荷味,调彩虹酒必备。

(10)白薄荷酒(Crbme de Menthe White)。无色,调彩虹酒必备。

(11)白橙皮香甜酒(Triple sec)。比柑橘的辛辣味更重,酒度在39°。

(12)樱桃白兰地(Cheery Brandy)。是将樱桃浸泡在白兰地中,萃取其色泽、香味掺入酒中,此外再以丁香、肉桂、糖料等调成暗红色,酒度在20°~24°。

另外还有,加利安奴香甜酒(Galliano),杜林标酒(Drambuie),茴香甜酒(Anisette Liqueur),深色可可酒(Brown Cacao),白色可可酒(White Cacao),柑橘香甜酒(Curacao),君度香橙酒(Cointrean),蓝色柑橘香甜酒(Blue Curacao),金色柑橘香甜酒(Orange Curacao)等。

(二)调缓饮料

调缓饮料主要是碳酸饮料、果汁及水,其作用主要是使酒体度数下降,但不改变酒体风味。

(1)碳酸饮料。奎宁水(Quinine),汤力水(Tonic Water),苦柠水(Bitter Lemon),干姜水(Ginger Ale),雪碧汽水(Sprite),七喜汽水(7 - up),可口可乐(Coca-cola),百事可乐(Pepsi - cola),新奇士橙味汽水(Sunkist Orange),苏打水(Soda Water),含汽蒸馏水(Distilled Water)。

(2)鲜果汁(Fruit Juice)。指用水果刚刚榨出的纯果汁。在调配鸡尾酒时,一般要求使用鲜果汁,但是出于经济上的考虑,也可使用瓶、罐装的纯果汁。常用的有:橙汁(Orange Juice)葡萄汁(Grape Juice)、菠萝汁(Pineapple Juice)、柠檬汁(Lemon Juice)、青柠汁(Lime Juice)、番茄汁(Tomato Juice)、西柚汁(Grapefruit Juice)。

(3)水(Water)。矿泉水(Mineral Water)及纯净水(Pure Water)等。

三、配料

鸡尾酒常用的配料有:糖浆(Syrup)、蜜糖(Honey)、淡奶、可可粉(Coco powder)、鲜牛奶、忌廉(Whipped Cream)、咖啡(coffee)、鸡蛋、辣椒汁、比特酒(Bitter)、李派林喼汁(Lea & Perrins Sauce)、糖、盐、玉桂枝(Cinnamon Stick)、玉桂粉(Cinnamon Powder)、豆蔻粉(Nutmeg Powder)、胡椒粉(Pepper Powder),以及调制鸡尾酒时对酒的口感有重要影响的冰。下面对其中较为常见的配料做简单介绍。

(一)香料

调制鸡尾酒的原材料中,香料所占的比例非常小,但在其中却占有极其重要的地位。香料种类繁多,常用的香料如下:

(1)肉豆蔻。印度尼西亚、东非、加勒比海诸岛等地多有出产,具有较强的刺激性,甜香味,可消除肉类的腥味,常用于蛋清或牛奶调制的鸡尾酒中。

(2)玉桂粉。也称肉桂粉。用生长在锡兰、印度一带的树木的皮制成的粉末,有一种令人喜爱的芳香、温和、甜美的感觉,是一种广受人喜爱的香料。多洒于鸡尾酒的表面。

(3)薄荷。调制鸡尾酒时使用其嫩芽,会产生独特的清爽口感,再饰以鲜叶,更能令人生津止渴,心旷神怡。

(4)辣椒汁(Tabasco Pepper Sauce)。朱红色,味道酸辣,用红辣椒精制三年而成。

(5)李派林喼汁(Lea & Perrins Sauce)。俗称美国酱油。

(6)苦精(Bitter)。也称苦汁或"必打士"。在调制鸡尾酒需要时,仅用2~3滴即可。一般人都不太适应它的怪味,且售价昂贵,较少用,因此有时也会将它归为配料。通常备贮两种,一种是橙味苦精,如金巴利(Campari)、杜本内(Dubonnet)。另一种是安哥斯特拉苦精。

(二)其他配料

(1)牛奶。鸡尾酒中,除牛奶宾治一款外,所使用的大都是"无糖炼乳"。其做法是将牛奶蒸发浓缩至原来的1/2~1/3,呈奶油状即成。无糖炼乳久放有酸味,能在鸡尾酒中分解。

(2)奶油。使用奶油分离器,将牛奶分成脂肪乳和脱脂乳两部分。

(3)鸡蛋。鸡尾酒配方中,一个蛋黄,指一个鸡蛋中的蛋黄;一个蛋白,指一个鸡蛋中的蛋白。

(4)砂糖。鸡尾酒中多用粒状砂糖或方糖,砂糖粉等也常使用。

(5)盐。要求细的精盐,又称幼盐。

(6)咖啡。调酒时,不宜使用苦味太浓的咖啡。

(7)糖浆。调酒师可自己配制,为含糖50%的溶液。

(三)冰(Ice)

冰凉是鸡尾酒的生命。冰在鸡尾酒中的作用非同小可,冰的选用也大有学问,电冰箱制出的冰,冻结不完全,内含大量空气,有损饮料的品味,专业上一般不予使用;刚敲碎的冰,棱角分明,易溶于水,也会影响饮料的原味,最好不要直接使用,而要先用凉开水冲一下,待棱角消除后再使用;制冰机制出的冰都属专业用冰,质量较好,可直接使用。根据鸡尾酒的种类,需用大小、不同形状各异的冰。

(1)块冰(Cube Ice)。边长为3cm的近似立方体状冰块,为使用最广的冰,可放于摇晃器和酒杯中。

(2)粗碎冰(Crushed Ice)。用冰锥等敲碎的直径为3~4cm的不规则冰块。常用于搅拌机中需直接加冰制作鸡尾酒时。

(3)碎冰(Shaved Ice)。近似于冰碴状,多用于热带鸡尾酒,可用干毛巾或食品袋包上冰块,用木槌或冰锥等击成碎屑,也可用碎冰机制得。

(4)大冰块(Lump of Ice)。指每块重 50g 以上的大块冰。多用于鸡尾酒会中的宾治饮料。

(5)冰坨(Block of Ice)。又称岩石冰。是将大块冰击打成直径 7 ~ 8cm 的冰,主要用于岩石酒(On the Rocks)类鸡尾酒。

四、装饰物

点缀鸡尾酒的装饰物,有两个作用,一个是其芳香可以使鸡尾酒的香味更加和谐,另一个是装饰物的鲜艳色彩可以烘托鸡尾酒。标准的鸡尾酒配方中均有规定的并与之相适应的点缀饰物。如果点缀饰物不同,鸡尾酒名也会不同。

常见的调酒装饰用材料有以下几种:

(1)樱桃(Cherry)。经常用的有红、绿、黄、黑四色,市场上有瓶装罐头出售。

(2)橄榄(Olive)。又称青橄榄,产于地中海,体积小,通常用盐渍,罐装出售。适用于"马天尼"等鸡尾酒。

(3)洋葱(Cocktail Onions)。又称"珍珠洋葱"或"鸡尾洋葱",大小如小指头第一节,圆润透明,故称"珍珠"。

(4)丁香花(Clove)。芳香扑鼻,香飘百里,又名百里香。在花蕾绽开、花色显红时摘取暴晒 1 星期左右,色变紫褐时即成。使用时,花苞不能弄碎,整朵放在热饮内很美观。

(5)水果类(Fruit)。可用于制作精美鸡尾酒,作装饰物也非常美观。常用的有草莓(Strawberry)、柠檬(Lemon)、橙(Orange)、梨(Pear)、香蕉(Banana)、荔枝(Lichee)、青瓜(Cucumber)、菠萝(Pineapple)、苹果(Apple)、芒果(Mango)、木瓜(Papaya)、蜜瓜(Melon)、西瓜(Water Melon)、哈密瓜(HamiMelon)、龙眼(Longan)、番石榴(Guava)、黑加仑子(Currant)、西柚(Grapefruit)、奇异果(Kiwi Fruit)、桃(Peach)、西梅(Prune)。

(6)鲜薄荷叶(Fresh Mint)。常用来装饰有薄荷甜酒成分的鸡尾酒。

(7)鸡尾酒签(Cocktail Pick)。用以刺穿小型原料(果品)放于酒中。

(8)调酒棒(Mixing Stirrer)。可特制,带有各式的图案,富有纪念性和装饰性。

(9)杯垫(Coaster)。增强鸡尾酒的装饰性,可印有各种不同的图案和风光图画。

(10)糖粉及盐霜(Sugar and Salt)。常用糖粉或盐霜点缀杯口。

(11)豆蔻粉(Nutmeg)。可撒在饮品表面。

此外,如小伞、彩带、鲜花、树叶也经常被选用。酒吧常用鸡尾酒调制基本原料见表 13 -2。

表 13-2　酒吧应备鸡尾酒调制基本材料

六大基酒及葡萄酒、香槟酒	金酒(Gin),威士忌(Whisky),白兰地(Brandy),伏特加(Vodka)朗姆酒(Rum),龙舌兰(Tequila),葡萄酒及香槟酒(Wine or Champagne)
配制酒	红石榴汁(Grenadine),蓝橙汁(Blue Curacao),薄荷酒(Crème de Menthe),马天尼(Martini),仙山露(Cinzano),杜瓦尔(Duval),咖啡甘露酒(Kahlua),红石榴糖浆(Grenadine),苦精(Bitters),加利安奴香甜酒(Galliano),杜林标酒(Drambuie),茴香甜酒(Anisette Liqueur),深色可可酒(Brown Cacao),白色可可酒(White Cacao),君度香橙酒(Cointrean),蓝色柑橘香甜酒(Blue Curacao),金色柑橘香甜酒(Orange Curacao)
五大汽水	苏打汽水(Soda Water),汤力水(Tonic Water),姜汁汽水(Ginger Water),七喜汽水(7-UP),可乐(Cola)
重要果汁	橙汁、菠萝汁、柠檬汁、番茄汁、葡萄柚汁、葡萄汁、苹果汁、椰子汁
重要配料	鲜奶(Milk),鲜奶油(Cream),椰奶(Pena Colada),蜂蜜(Honey),葡萄糖浆(Grape Syrup)
备用配料及装饰物	辣椒酱、辣椒油、红樱桃、绿樱桃、柠檬、洋葱粒、橄榄粒、豆蔻粉、芹菜棒、香草片

第三节　鸡尾酒的分类

鸡尾酒的历史并不久远,但由于酒类众多,可用来混合的选择极多,加之人们的创意层出不穷,目前世界上流行的鸡尾酒配方达三四千种之多,分类方式也很多。

一、按饮用时间和场合分类

这是较为常见而且十分实用的鸡尾酒分类方式。按照饮用时间和场合可分为餐前鸡尾酒、餐后鸡尾酒、晚餐鸡尾酒、睡前鸡尾酒、派对鸡尾酒和夏日鸡尾酒等。

(一)餐前鸡尾酒

餐前鸡尾酒又称为开胃鸡尾酒,主要是在餐前饮用,是以生津开胃、增加食欲为目的的鸡尾酒,口味分为甜和不甜两种。这类鸡尾酒通常含糖量较少,口味或酸或甘冽,即使是甜型餐前鸡尾酒,口味也不是十分甜腻。如马天尼(Martini)、曼哈顿(Manhattan)及各类酸酒等。

(二)餐后鸡尾酒

餐后鸡尾酒即在餐后用于佐餐甜品的鸡尾酒。餐后鸡尾酒有助于消化,口味一般都较甜。利口酒(尤其是掺入了诸多药材的香草类利口酒)饮后能化解食物,促进消化,因此常用来调制餐后鸡尾酒。常见的餐后鸡尾酒有 B&B、斯汀戈(Stinger)、亚历山大(Alexander)。

(三)晚餐鸡尾酒

晚餐鸡尾酒即晚餐时佐餐用的鸡尾酒,一般口味较辣,酒品色泽鲜艳,而且非常注重酒品与菜肴口味的搭配,有些可以作为头盆汤的替代品,如法国的鸭臣(Absinthe)鸡尾酒。但是需要注意的是,在较为正规和高雅的用餐场合,多以葡萄酒佐餐,而较少使用鸡尾酒佐餐。

(四)派对鸡尾酒

派对鸡尾酒即在一些聚会场合使用的鸡尾酒,其特点是非常注重酒品的口味和色彩搭配,酒精含量较低。常见的有:特基拉日出(Tequila Sunrise)、自由古巴(Cuba Liberty)、马颈(Horse's Neck)。庆祝宴会中常用的香槟鸡尾酒,可将其余材料预先调好,饮用时斟入适量香槟酒即可。

(五)俱乐部鸡尾酒

俱乐部鸡尾酒是在用正餐(午、晚餐)时,代替头盆汤菜时提供的。这种混合酒色泽鲜艳、富有营养并具有刺激性。如三叶草俱乐部鸡尾酒(Clover Club Cocktail)。

(六)夏日鸡尾酒

这类鸡尾酒清凉爽口,具有生津解渴之功效,尤其是在热带地区或盛夏酷暑时饮用,味美怡神,香醇可口。如冷饮类、柯林类鸡尾酒。

二、按鸡尾酒的容量和酒精含量分类

许多欧美人将鸡尾酒习惯地分成短饮类鸡尾酒和长饮类鸡尾酒,但是这种分类法只不过是习惯分类法,没有具体的酒精含量指标,并且有些鸡尾酒是很难将其归为短饮类鸡尾酒或长饮类鸡尾酒。此外,由于配方不同,同样一个名称既可制作成短饮,也可制作成长饮。

(一)短饮类

短饮类(Short Drinks)鸡尾酒的酒精含量较高,香料味浓重,容量较小,约在4oz左右。烈性酒常占总量的1/3或1/2以上,并多用三角形鸡尾酒酒杯盛装,有时也用酸酒杯或古典杯盛装。这种鸡尾酒放置时间不宜过长,否则就会失去其独特的味道和特色。如马天尼(Martini)、曼哈顿(Manhattan)。

(二)长饮类

长饮类(Long Drinks)鸡尾酒是用烈酒、果汁、汽水等混合调制而成的,容量较大,常在6oz以上,其中苏打水、奎宁水、果汁或水的含量较多,因此酒精含量比较低,是一种温和的混合酒。这种鸡尾酒可慢慢饮用,不必担心酒会走味。通常用水杯、海波杯、冷饮杯等高杯饮用。如特基拉日出(Tequila Sunrise)。

三、按所用基酒分类

(一)白兰地酒类

这类酒是以白兰地酒(Brandy)为基酒调制的鸡尾酒,如亚历山大(Alexander)、B 和 B(B&B)。

(二)威士忌酒类

这类酒是以威士忌酒(Whisky)为基酒调制的鸡尾酒,如酸威士忌(Whisky Sour)、干曼哈顿(Dry Manhattan)。

(三)金酒类

这类酒是以金酒(Gin)为基酒调制的鸡尾酒,如干马天尼(Dry Martini)、红粉佳人(Pink Lady)。

(四)朗姆酒类

这类酒是以朗姆酒(Rum)为基酒调制的鸡尾酒,如自由古巴(Cuba Liberty)、百加地(Bacardi)。

(五)伏特加酒类

这类酒是以伏特加酒(Vodka)为基酒调制的鸡尾酒,如咸狗(Salty Dog)、血腥玛丽(Bloody Mary)。

(六)特基拉酒类

这类酒是以特基拉酒(Tequila)为基酒调制的鸡尾酒,如玛格丽特(Margarita)、斗牛士(Matador)。

(七)香槟酒类

这类酒是以香槟酒(Champagne)为基酒调制的鸡尾酒,如香槟鸡尾酒(Champagne Cocktail)。

(八)利口酒类

这类酒是以利口酒(Liqueur)为基酒调制的鸡尾酒,如多色酒(Pousse Cafe)、阿美利加诺(Americano)。

(九)葡萄酒类

这类酒是以葡萄酒(Wine)为基酒调制的鸡尾酒,如葡萄宾治(Claret Punch)、夏布丽杯(Chablis Cup)。

(十)啤酒类

这类酒是以啤酒为基酒调制的鸡尾酒,如红眼(Red Eye)、黑丝绒(Black Velvet)。

(十一)清酒类

这类酒是以清酒为基酒调制的鸡尾酒,如清酒马天尼(Saketini)、酸清酒

(Sake Sour)。

(十二)中国白酒类

这类酒是以中国白酒为基酒调制的鸡尾酒,如中国马天尼(Chinatini)、熊猫(Panda)。

(十三)无酒精鸡尾酒

这类酒是以无酒精饮料调制的鸡尾酒,如佛罗里达(Florida)、秀兰·邓波儿(Shirley Temple)。

四、综合分类法

综合分类法是目前世界上最流行的一种分类方法,它将鸡尾酒按照成品的特色和调制材料的构成等诸多因素分成了30余类。

(一)马天尼

马天尼(Martini)类鸡尾酒为短饮类鸡尾酒,也是当今最流行的传统鸡尾酒。以金酒为基酒,加入少许味美思酒或苦酒及冰块,直接在酒杯或调酒杯中用吧匙搅拌而成。以鸡尾酒杯盛装,在酒杯内放一个橄榄或柠檬皮作为装饰。其名品有:干马天尼(Dry Martini)、甜马天尼(Sweet Martini)、马天尼(Martini)等。马天尼根据加入的味美思的种类不同,可分干型、甜型和中性3种,其中以干型马天尼最为流行,由金酒加干味美思调制而成,并以青橄榄或柠檬皮做装饰,酒液芳香,深受饮酒者喜爱。

(二)曼哈顿类

曼哈顿类(Manhattan)与马天尼类同属短饮类。由黑麦威士忌加味美思调配而成。尤以甜曼哈顿最为著名,其名来自于美国纽约哈德逊河口的曼哈顿岛,其配方经过了多次的变化演变至今已趋于简单,甜曼哈顿通常以樱桃装饰,干曼哈顿则用橄榄装饰。

(三)老式酒类

老式酒(Old Fashioned)类又被称为古典鸡尾酒,是一种传统的鸡尾酒。以传统烈性酒,主要是波旁威士忌、白兰地等,加上糖、苦精、水及各种水果等采用兑和法调制而成,采用正宗的老式杯装载酒品,故称为老式鸡尾酒。

(四)奶油类

奶油类(Creams)鸡尾酒属于短饮类鸡尾酒。以烈性酒加1~2种利口酒摇制而成,装在鸡尾酒杯内。此类酒口味较甜,柔顺可口,餐后饮用效果颇佳,非常受女士们的青睐。其名品有:青草蜢(Grasshopper)、白兰地亚历山大(Brandy Alexander)等。其中,以鲜奶油、咖啡利口酒或可可利口酒加烈性酒配制的又被称为亚历山大(Alexander)类,如亚历山大(Alexander)、金亚历山大(Gin Alexander)等。

(五)考地亚类

考地亚(Cordial)类鸡尾酒属于短饮类鸡尾酒。以利口酒与碎冰块调制而成,用葡萄酒杯或鸡尾酒杯盛装。其调制方法是先在杯中加满碎冰块,然后将利口酒倒在碎冰块上。其名品有:考地亚梅多克(Cordial Medoc)、薄荷考地亚(Mint Cordial)等。

(六)弗莱佩类

弗莱佩(Frappe)类鸡尾酒属于短饮类鸡尾酒。是以烈性酒为基酒,加利口酒和碎冰调制而成的短饮类饮料,也可以只把利口酒、开胃酒或葡萄酒倒在碎冰块上,最常见的是以薄荷酒加碎冰。用鸡尾酒杯或香槟酒杯盛装。其名品有:朗姆弗莱佩(Rum Frappe)、金万利弗莱佩(Grand Manier Frappe)等。

(七)柯拉丝泰类

柯拉丝泰(Crusta)类鸡尾酒属于短饮类鸡尾酒。以白兰地酒、威士忌酒、金酒等为基酒,以柑橘利口酒为调味酒,配以柠檬汁,由摇酒器混合而成。该酒常以红葡萄酒杯或较大容量的鸡尾酒杯盛装,并将糖粉沾在杯边上制成白色的圆环作装饰。

(八)珊格瑞类

珊格瑞(Sangaree)类鸡尾酒属于短饮类鸡尾酒,也称为"三加利"。这类鸡尾酒传统上是以葡萄酒加入少量的糖粉和豆蔻粉调制而成的,放在有冰块的古典杯或平底海波杯中盛装。目前,珊格瑞类鸡尾酒也可以用冷藏的啤酒加上少许糖粉和豆蔻粉配制而成,还可以烈性酒为基酒加少许蜂蜜、冰块和苏打水混合而成,烈性酒和苏打水数量相等。一般是用橙皮、豆蔻粉作装饰,盛装在古典杯或海波杯中,并放入1支吸管。其名品有:波特珊格瑞(Port Sangaree)、啤酒珊格瑞(Beer Sangaree)、白兰地珊格瑞(Brandy Sangaree)等。

(九)席拉布类

席拉布(Shrub)类鸡尾酒属于短饮类鸡尾酒。是以白兰地酒或朗姆酒为基酒,加入糖粉、水果汁混合而成的鸡尾酒。通常配制量较大,将上述原料按配方比例配制,放入陶器中,冷藏贮存3天后饮用。用加冰块的古典杯盛装。其名品有:白兰地席拉布(Brandy Shrub)、朗姆席拉布(Rum Shrub)等。

(十)黛西类

黛西(Daisy)类鸡尾酒属于短饮类鸡尾酒。以烈性酒配以柠檬汁、糖粉,经过摇酒器摇匀、过滤,倒在盛有碎冰块的古典杯中或海波杯中,用水果或薄荷叶装饰,可加入适量苏打水。其名品有:金黛西(Gin Daisy)、威士忌黛西(Whisk Daisy)等。

(十一)菲力普

菲力普(Flips)类鸡尾酒属于短饮类鸡尾酒。以鸡蛋或蛋黄或蛋清调以烈性酒或葡萄酒,或烈性酒和葡萄酒加糖粉,用调酒器或小型电动搅拌机搅拌而成。一些配方中还配有浓牛奶,用鸡尾酒杯或葡萄酒杯盛装。其名品有:白兰地菲力普(Brandy Flips)、波士顿菲力普(Boston Flips)、香槟菲力普(Champagne Flips)、波特菲力普(Port Flips)等。

(十二)螺丝锥类

螺丝锥(Gimlet)类鸡尾酒属于短饮类鸡尾酒,也称为“占列”。以金酒或伏特加为基酒,加入青柠汁,在调酒器内混合均匀,或放入调酒杯中用调酒棒搅拌而成,用鸡尾酒杯盛装,也可装在有冰块的古典杯中。其名品有:螺丝锥(Gimlet)、伏特加螺丝锥(Vodka Gimlet)等。

(十三)赞明类

赞明(Zoom)类鸡尾酒属于短饮类鸡尾酒。它是以烈性酒、鲜奶油和蜂蜜混合而成的酒,用摇酒器摇匀,装入鸡尾酒杯。其名品有:威士忌赞明(Whisky Zoom)、金赞明(Gin Zoom)、赞明(Zoom)等。

(十四)双料鸡尾酒类

双料鸡尾酒类(Two Liquor Drinks)是以一种烈性酒与另一种酒精饮料调配而成的鸡尾酒,这类鸡尾酒的口味特点是偏甜,最初主要作餐后甜酒,现在任何时候都可以饮用。其著名的酒品有生锈钉(Rusty Nail)、黑俄罗斯(Black Russian)等。

(十五)酸酒类

酸酒(Sours)类可分为短饮酸酒和长饮酸酒两类。酸酒可作为开胃酒。是以烈性酒为基酒(如威士忌、金酒、白兰地等),加入柠檬汁或橙汁和适量糖粉等辅料,经调酒器混合而成的短饮类鸡尾酒。以柠檬块装饰,以特制的酸酒杯(短饮类)或海波杯(长饮类)盛装。长饮类酸酒兑以苏打水以降低酒品的酒度。其名品有:酸威士忌(Whisky Sour)、酸金(Gin Sour)等。

(十六)得其利酒类

得其利(Daiquiri)类鸡尾酒属于短饮类鸡尾酒,也属于酸酒类饮料。由朗姆酒、柠檬汁或酸橙汁、糖粉配制而成,以鸡尾酒杯或香槟酒杯盛装。若以朗姆酒加上新鲜水果汁、糖粉和碎冰块,用电动搅拌机搅拌成泥状,用较大的鸡尾酒杯或香槟酒杯盛装,则为水果得其利。调成的酒品非常清新,需立即饮用,放置时间过长容易分层。其品种如得其利(Daiquiri)、椰子得其利(Coconut Daiquiri)等。

(十七)海波类

海波(Highball)类鸡尾酒属于长饮类鸡尾酒,也称为“高球类鸡尾酒”,因其所用的杯子而得名,是一种最为常见也很受欢迎的清凉混合饮料。以白兰地或威士忌等烈性酒或葡萄酒为基酒,加入无酒精饮料,如苏打水、汤力水或姜汽水等兑和，在饮用杯中用调酒棒搅拌而成，装在加冰块的海波杯中。其名品有：威士忌苏打（WhiskySoda）、金汤力（Gin Tonic）、朗姆可乐（Rum Coke）、自由古巴（Cuba Liberty）等。

（十八）霸克类

霸克（Buck）类鸡尾酒属于长饮类鸡尾酒。配制方法与海波类鸡尾酒基本相同，是烈性酒加苏打水或干姜汽水、冰块直接在杯中调制而成的，以海波杯盛装，以柠檬装饰。其名品有：苏格兰霸克（Scotch Buck）、金霸克（Gin Buek）、白兰地霸克（Brandy Buck）等。

（十九）考布勒类

考布勒（Cobbler）类鸡尾酒属于长饮类鸡尾酒。以烈性酒或葡萄酒为基酒，与利口酒、糖粉或糖浆、二氧化碳饮料等调制而成，有时也加入柠檬汁，盛装在有碎冰块的冷饮杯、海波杯或果汁杯中，带有香槟酒的考布勒以香槟酒杯盛装。考布勒常用水果片装饰。其名品有：金考布勒（Gin Cobbler）、白兰地考布勒（Brandy Cobbler）、香槟考布勒（Champagne Cobbler）等。

（二十）哥连士类

哥连士（Collins）类鸡尾酒属于长饮类鸡尾酒，也被称为“考林斯”或“柯林”。由烈性酒加柠檬汁、苏打水和糖调配而成，高杯盛装。其名品有：白兰地哥连士（Brandy Collins）、汤姆哥连士（Tom Collins）等。

（二十一）费兹类

费兹（Fizz）类鸡尾酒属于长饮类鸡尾酒，与哥连士类鸡尾酒很相近，因最后兑入苏打水时有一种“嘶嘶”的声音而得名。以金酒加柠檬汁或苏打水混合而成，用海波杯或冷饮杯盛装。有时加入生蛋清或蛋黄、糖浆，与烈酒、柠檬汁一起放入摇酒器中摇和，使酒液起泡，最后再加入苏打水。目前，也可用其他烈酒或利口酒代替金酒来配制此类酒。其名品有：金费兹（Gin Fizz）、银费兹（Silver Fizz）、皇家费兹（Royal Fizz）等。

（二十二）菲克斯类

菲克斯（Fix）类鸡尾酒属于长饮类鸡尾酒。以烈性酒为基酒，加入柠檬汁、糖粉和碎冰块调制而成，以海波杯或高杯盛装，也可放适量的苏打水和汽水。制作方法是在酒杯中加入八成满的碎冰块，将烈性酒和果汁等原料倒在碎冰块上。其名品有：金菲克斯（Gin Fix），白兰地菲克斯（Brandy Fix）等。

（二十三）瑞奇类

瑞奇（Rickey）类鸡尾酒属于长饮类鸡尾酒，也被称为“瑞奎”。是以金酒、白兰地酒或威士忌酒为基酒，和青柠檬汁倒在装有冰块的海波杯或古典杯中，再倒入苏打水，用调酒棒搅拌均匀。其名品有：金瑞奇（Gin Rickey）、菲奴瑞奇（Fino Rickey）等。

(二十四)斯维佐类

斯维佐(Swizzle)类鸡尾酒属于长饮类鸡尾酒。以烈性酒为基酒,加入柠檬汁、糖粉,装入加碎冰块的高杯或海波杯中,再加入适量苏打水,配上一个调酒棒。其名品有:金斯维佐(Gin Swizzle)、西印第安斯维佐(West lndian Swizzle)等。

(二十五)帕佛类

帕佛(Puff)类鸡尾酒属于长饮类鸡尾酒。在装有少量冰块的海波杯中,加入烈酒和牛奶(烈酒和牛奶通常是等量的),再加冷藏的苏打水至八成满,用调酒棒搅拌而成。其名品有:白兰地帕佛(Brandy Puff)、威士忌帕佛(Whisky Puff)等。

(二十六)蛋诺类

蛋诺(Egg Nog)类鸡尾酒属于长饮类鸡尾酒,是美国传统的圣诞节饮料。由烈性酒,如威士忌、朗姆酒等加鸡蛋、牛奶、糖粉和豆蔻粉调配,用调酒壶或小型电动搅拌机制成。可用葡萄酒杯、海波杯或异型鸡尾酒杯盛装。它与弗力普(Flips)很相似。名品有:蛋诺酒(Egg Nog)、朗姆蛋诺(Rum Nog)、早餐蛋诺(Breakfast Nog)等。

(二十七)库勒类

库勒(Cooler)类鸡尾酒属于冷饮类,又被称为“清凉饮料”,属于长饮类鸡尾酒。以烈酒加上柠檬汁或青柠汁,再加上姜汁汽水或苏打水组成,以海波杯或库勒杯(冷饮杯)盛装。其名品有:威士忌库勒(Whisky Cooler)、高地库勒(Hiehland Cooler)、朗姆库勒(Rum Cooler)等。

(二十八)司令类

司令(Sling)类鸡尾酒属于长饮类鸡尾酒,很受欢迎。以烈性酒加柠檬汁、糖粉和矿泉水或苏打水配制而成,有时还加入一些调味的利口酒。此酒的配制方法是用摇酒器将烈性酒(如金酒等)、利口酒、柠檬汁、糖粉摇匀,倒入加有冰块的海波杯,再加苏打水或矿泉水,以高杯或海波杯盛装。也可在饮用杯内直接调配。司令类饮料酒精含量较少,清凉爽口,很适宜在热带地区或夏季饮用。其名品有:新加坡司令(Singapore Sling)、白兰地司令(Brandy Sling)、金司令(Gin Sling)等。

(二十九)漂漂类或彩虹类

漂漂(Float)类或彩虹(Pousse Café)类鸡尾酒属于“彩虹鸡尾酒”,是根据酒水比重(密度)的不同,将白兰地、利口酒、石榴糖浆等多种含糖量不同、颜色各异的酒水按其比重不同依次兑入高脚甜酒杯调制而成的鸡尾酒。各色酒水依次漂浮,分出层次,呈彩带状。彩虹鸡尾酒制作工艺不复杂,但技术要求较高,尤其是要了解各种酒品的比重。常以利口酒杯或多色酒杯盛装。漂漂类鸡尾酒中的多数品种属于短饮类鸡尾酒，也有一些属于长饮类鸡尾酒。其名品有：天使之吻（Angle's Kiss）、B&B、法国多色酒（French Café）。

（三十）朱丽波类

朱丽波（Julep）类鸡尾酒俗称为“薄荷叶类鸡尾酒”。以威士忌或白兰地等烈性酒为基酒（传统上只以波旁威士忌为基酒），或用香槟酒为基酒，加入糖粉、薄荷叶（捣烂），在调酒杯中用调酒棒搅拌而成后，装入放有冰块的古典杯或海波杯中，用一片薄荷叶作装饰，也可以加入加强葡萄酒和香槟酒。以烈性酒为基酒的朱丽波类鸡尾酒的酒精含量较高，属于短饮类鸡尾酒；以香槟酒为基酒的朱丽波鸡尾酒则属于长饮类鸡尾酒。其名品有：薄荷朱丽波（Mint Julep）、香槟朱丽波（Champagne Julep）、波旁马德拉朱丽波（Bourbon Madeira Julep）等。

（三十一）提神类

提神类（Pick Me UP）鸡尾酒有不同的配方，有些酒精含量较高，为短饮类鸡尾酒，有些酒精含量较低，为长饮类鸡尾酒。这类鸡尾酒以烈性酒为基酒，加入橙味利口酒、茴香酒、苦味酒或薄荷酒等提神开胃的甜酒，再加入果汁或香槟酒、苏打水等。此外，一些提神类开胃酒由烈酒、提神开胃的利口酒加上鸡蛋或牛奶组成。通常，提神类开胃酒用鸡尾酒杯或海波杯盛装；加入香槟酒的提神酒以香槟酒杯盛装。著名的提神类鸡尾酒有：提神 1 号（Pick Me Up N. 1）、提神 2 号（Pick Me Up No. 2）、法国提神酒（French Pick Me Up）、香槟提神酒（Champagne Pick Me Up）、睁眼（Eye Opener）等。

（三十二）托地类

托地（Toddy）类鸡尾酒的酒度不尽相同，因此有些托地类鸡尾酒属短饮类鸡尾酒，而有些托地类鸡尾酒则属长饮类鸡尾酒。此类酒是以烈性酒（如白兰地、朗姆酒）为基酒，加入糖浆和水（冷水和热水）混合而成的鸡尾酒。托地类鸡尾酒有冷和热两类。有些托地类鸡尾酒用果汁代替冷水，冷托地以柠檬片作装饰，以古典杯盛装；热托地常以豆蔻粉、丁香或柠檬片作装饰，以带柄的热饮杯盛装，适宜冬季饮用。其名品有：热金托地（Hot Gin Toddy）、托地（Toddy）等。

（三十三）热饮类

热饮（Hot Drinks）与热托地相同，属于热饮类鸡尾酒。通常以烈性酒为基酒，以鸡蛋、糖、热牛奶等辅料调制而成，并采用带把杯为载杯，具有暖胃、滋养等功效。

（三十四）杯类

杯（Cups）类鸡尾酒属于短饮类鸡尾酒，常常大量配制。此类酒的传统配方以烈性酒（如白兰地等）为基酒，加入少量的橙皮甜酒等调味酒和冰块即可。目前有多种配方，也可单杯配制。而且以葡萄酒为基酒成为时尚，再加少量的利口酒或加强葡萄酒亦或烈酒，加水果汁或苏打水等，点缀一些水果。杯类鸡尾酒在夏季是非常受欢迎的鸡尾酒品种，常以葡萄酒杯或大杯盛装。其名品有：夏布丽杯(Chablis Cup)、香槟杯(Champagne Cup)、红酒杯(Claret Cup)、西打杯(Cider Cup)等。

(三十五)宾治类

宾治(Punch)类鸡尾酒属于长饮类鸡尾酒。一般都大量配制，用于酒会、宴会和聚会等。是以烈性酒或葡萄酒为基酒，加上果汁、糖粉、香料、奶、茶、苏打水或汽水调制而成的香甜混合饮料。宾治类鸡尾酒起源于印度，“Punch”一词来源于印度语中的“Panji”，有“五种”原料混配调制的意思。宾治酒变化多样，具有浓、淡、香、甜、冷、热、滋养等特点，适合于各种场合饮用。以切片的水果装饰以增加其美观和味道，饮用时以海波杯盛装。目前，不含酒精的宾治类鸡尾酒越来越流行，一些宴会和聚会常常饮用由果汁、汽水和水果配制成的宾治类无酒精鸡尾酒。

第四节　鸡尾酒的命名

鸡尾酒的命名没有一定的规则或是限制，从植物名、动物名、人名到地名，从形容词到动词，从视觉到味觉等，都可以成为给鸡尾酒命名的因素。

一、直接命名法

这是对鸡尾酒最为简单的命名方法，将鸡尾酒最为典型的特征性因素进行叠加复合成为鸡尾酒的名称。直接命名法主要有以下三种。

(一)以鸡尾酒所使用的主要酒水原料名称命名

这些鸡尾酒通常都是由较少的原料种类调配而成，制作方法比较简单，从酒的名称就可以看出酒品所包含的内容。这种命名方式以长饮类鸡尾酒较为常见。如以下几种。

1. 金汤力

金汤力(Gin Tonic)鸡尾酒是由金酒(Gin)和汤力水(Tonic)两种原料配制而成。19世纪晚期，英军在印度为预防热带灌木地区的疟疾，在英式干金酒中加入味苦的药液奎宁混合饮用。如今酒吧所采用的奎宁水(即汤力水)中奎宁的含量已很少，只是作为金酒的调缓剂，使酒液显示出清爽的苦味。

2. B&B

B&B是由白兰地和16世纪法国诺曼底地区班尼狄克汀修道院所生产的香草利口酒(Benedictine DOM)混合而成，该鸡尾酒名称中的两个英文字母分别代表了两种原料名称，即白兰地(Brandy)和修士酒(Benedictine D. O. M)。

另外比较常见的还有：朗姆可乐、伏特加7、金可乐、威士忌可乐、伏特加可乐、伏特加雪碧、葡萄酒苏打等。

(二)以鸡尾酒中主要酒水原料的名称加上鸡尾酒种类的名称命名

这种将鸡尾酒的基酒名称加上鸡尾酒种类的名称复合作为鸡尾酒名字的方法,可以从酒的名称看出基酒的种类,以及此款鸡尾酒的典型风格。如以下几种。

1. 白兰地亚历山大

白兰地亚历山大(Brandy Alexander)中的白兰地(Brandy)是以葡萄发酵蒸馏而成的蒸馏酒;亚历山大(Alexander)是短饮类鸡尾酒中的一个种类。

2. 金费兹

金费兹(Gin Fizz)中的金酒(Gin)是以谷物和杜松子等为原料蒸馏而成的,无色烈性酒;费兹(Fizz)是鸡尾酒中的一个种类。

(三)以鸡尾酒的种类名称加上它的口味特色命名

这种将鸡尾酒的种类名称加上鸡尾酒种类的口味特色复合作为鸡尾酒的名字的方法,可以从酒的名称看出此款鸡尾酒的典型风格,以及它的主要口味。如以下3种。

1. 干马天尼

干马天尼(Dry Martini)中的马天尼(Martini)是短饮类鸡尾酒的一个种类,而干(Dry)的含义是甜度很低。

2. 甜曼哈顿

甜曼哈顿(Manhattan Sweet)中的曼哈顿(Manhattan)是短饮类鸡尾酒中的一个种类,甜(Sweet)的含义是甜味的。

二、颜色命名法

以颜色命名也是鸡尾酒常见的命名方式,丰富的颜色是鸡尾酒的重要特征之一,除了一些长年陈酿的蒸馏酒之外,鸡尾酒悦人的色泽绝大多数来自丰富多彩的配制酒、葡萄酒、糖浆和果汁等。色彩在不同场合的运用,表达着某种特定的符号和语言,从而创造出特别的心理感染和环境气氛。以颜色命名的鸡尾酒大多以伏特加、金酒、朗姆酒等无色烈性酒为酒基,加上各种颜色的利口酒调制而成。

(一)红色

红色是鸡尾酒中最常见的色彩,其颜色主要来自于“红石榴糖浆”。红色能营造出异常热烈的气氛,因此,无论是在现有鸡尾酒中,还是各类创作、比赛中都得到广泛使用,如:红粉佳人(Pink Lady)。专为女性调制的鸡尾酒,以色泽粉红而得名。据说在1912年,这款鸡尾酒是献给当时在伦敦演出相当轰动的舞台剧《红粉佳人》(Pink Lady)的女主角而特制的鸡尾酒,从此闻名遐迩。这款酒以粉红色漂着白色泡沫展现在人们面前,再加上红樱桃作装饰,显得格外漂亮。

以红色著名的鸡尾酒还有特基拉日出(Tequila Sunrise)、红鸟(Red Bird)、红眼(Red Eye)、红羽毛(Red Feather)等。

(二)绿色

薄荷酒有绿色、透明色和红色三种。绿色鸡尾酒的颜色来自于绿薄荷酒,它用薄荷叶酿成,具有明显的清凉、提神作用。如:青草蜢(Green Grass Hopper)。因其颜色碧绿如草地上的草蜢而得名,由白色可可酒、绿薄荷酒和鲜奶油等调制而成。

著名的绿色鸡尾酒还有绿眼睛(Green Kye)、青龙(Green Dragon)等。

(三)蓝色

蓝色鸡尾酒酒液呈现为深蓝、浅蓝色,蓝色鸡尾酒的颜色主要来自于蓝橙酒,如:蓝色珊瑚礁(Blue Coral Reef)。樱桃代表珊瑚礁,薄荷酒表现蓝色海洋。充满薄荷的清爽,适合夏日饮用。

著名的蓝色鸡尾酒还有蓝色夏威夷(Blue Hawaii)、蓝天使(Blue Angel)等。

(四)黑色

黑色鸡尾酒的颜色主要是来自于各种咖啡酒,其中最常用的是一种叫甘露(Kahlua,也称卡鲁瓦)的墨西哥咖啡酒。其色浓黑如墨,味道极甜,带浓厚的咖啡味,专用于调配黑色的鸡尾酒,如黑色玛丽亚(Black Mafia)、黑杰克(Black Jack)、黑俄罗斯(Black Russian)等。

(五)褐色

褐色鸡尾酒的酒液颜色呈现为褐色,褐色鸡尾酒的颜色主要是来自于可可酒。由于欧美人对巧克力的偏爱,常常在配酒时大量使用,如:生锈钉(Rusty Nail)。由于其酒色呈现美丽的红褐色,就像是钉子生锈后的颜色一般,因此命名。是由历史悠久的香甜酒——杜林标配制而成,杜林标的盖尔特语的意思是“满足心灵的饮料”。它的口味以浓烈、厚重著称。

著名的褐色鸡尾酒还有白兰地亚历山大(Brandy Alexander)、第五街(The Fifth Street)、天使之吻(Angle's Kiss)等。

(六)金色

金色鸡尾酒的颜色主要是来自带茴香及香草味的加里安奴酒,其色蛋黄、橙汁色等。如金色凯迪拉克(Gold Cadillac)、金色的梦(Golden Dream)等。

三、人物、地名、生产商命名法

以人名、地名或景观、时间、事件命名鸡尾酒等混合饮料是一种传统的命名法,它一般都会隐含着一些经典鸡尾酒产生的渊源。

(一)以人物命名

以神话人物、历史名人或者创制某种经典鸡尾酒调酒师的姓名来命名。例如以下几款酒。

(1)基尔(Kirl)。该酒是1945年法国勃艮第地区第戎市(Dijon)市长诺菲利克斯·基尔先生创制,是以勃艮第阿利高(Aligote,白葡萄品种)白葡萄酒和黑醋栗利口酒调制而成的。

(2)血腥玛丽(Bloody Mary)。该酒诞生于20世纪20年代美国禁酒法时期,人们认为血腥玛丽这一鸡尾酒是因16世纪中叶英格兰王朝为复兴天主教而迫害新教徒的玛丽女王而作。

(3)汤姆·哥连士(Tom Collins)。该酒是19世纪在伦敦担任调酒师的约翰·哥连士(John Collins)首创,用自己的姓名命名。最初使用的是荷兰金酒,后逐渐采取英国的老汤姆酒加糖、柠檬汁、苏打水调制而成。

(4)教父(God Father)。是为马龙·白兰度主演的同名电影《教父》而创。浓浓的威士忌酒香,加上杏仁利口酒散发的杏仁香味,再配以稳重的老式酒杯,让人产生安定厚重的感觉。如果将基酒由威士忌改为伏特加,则成为教母鸡尾酒(God Mother)。

(5)戴安娜(Diana)。戴安娜是希腊神话故事中的女神。这种鸡尾酒是以波特酒杯盛装。先在杯中放入碎冰块,然后放30mL白色薄荷酒,再放入10mL白兰地酒,酒呈浅黄褐色并带有薄荷香味。

除上述列举之外,以人物名命名的鸡尾酒不胜枚举,较为著名的还有亚当与夏娃(Adam and Eve)、亚历山大(Alexander)等。

(二)以地点命名

以地点对鸡尾酒命名,有的是因为所用酒品材料与某地有紧密联系,有的则是因为创作者的个人因素。这些以地名命名的鸡尾酒往往带有一定的地域色彩。例如以下几款酒:

(1)弗吉尼亚(Virginia)。这是美国位于东海岸的一个州,风景秀丽,是一个旅游胜地。这款鸡尾酒颜色美观,味道略甜。它以45mL的干金酒和15mL的柠檬汁调配,再加上2滴石榴汁,用鸡尾酒杯盛装,是夏季人们常饮用的鸡尾酒。

(2)哈佛(Harvard)。以大学名称命名的鸡尾酒。哈佛大学是世界著名的大学。该酒以30mL白兰地酒加上30mL干味美思酒及1滴苦酒,与少量糖粉混合而成,倒入鸡尾酒杯中。该鸡尾酒的酒度适中,口味清淡。

(3)曼哈顿(Manhattan)。据说这一款经典鸡尾酒,是英国前首相丘吉尔的母亲杰妮创制,她在曼哈顿俱乐部为自己支持的总统候选人举办宴会,并用此酒招待来宾。该酒以黑麦威士忌、甜苦艾酒、苦精等调制而成,以地名"曼哈顿"命名。

(4)自由古巴(Cuba Libra),即朗姆可乐。1902年,可口可乐在美国诞生,而在此时,古巴人民在美国的援助下,脱离了西班牙的统治取得了独立,古巴特将朗姆酒的英雄主义色彩和美国可口可乐相结合产生了这一款鸡尾酒——“自由古巴”。

(5)长岛冰茶(Long Island Iced Tea)。这款鸡尾酒是1970年由名为蔷薇花蕾(Rosebud)的人发明的[其真名为罗伯特·巴特(Robert Butt)],他在位于长岛南海岸的海滩橡木旅馆(Oak Beach Inn)工作。与调制所有的古典鸡尾酒规则不同,这款鸡尾酒包括除利口酒外,还有四种酒精饮料。虽名为茶,但酒精的含量并不低。

以地名命名鸡尾酒典型的还有布朗克斯(Bronx)、夏威夷(Hawaii)、横滨(Yokohama)、新加坡司令(Singapore Sling)、阿拉斯加(Alaska)等。

(三)以生产商命名

以生产商或其酒牌名命名的鸡尾酒,体现了鸡尾酒原汁原味、典型地道的酒品风格。为了倡导酒品最佳的饮用调配方式,生产商通常将鸡尾酒等混合饮料的配方印于酒瓶副标签上。例如以下2款酒:

(1)百家得鸡尾酒(Bacardi Cocktail)。顾名思义,这款必须使用百家得公司生产的朗姆酒调制该鸡尾酒(百家得淡质朗姆+柠檬汁+红石榴糖浆)。如果用其他品牌的朗姆酒调制,则另称为“粉红得其利(Pink Daiquiri)”。1933年美国取消禁酒法,当时设在古巴的百家得公司为促进朗姆酒的销售设计了该酒品。

(2)马天尼(Martini)。马天尼鸡尾酒被誉为是“鸡尾酒之王”,其名称来自于生产苦艾葡萄酒的意大利马天尼·埃·罗西公司。

四、其他命名法

(一)以鸡尾酒的造型命名

(1)马颈(Horse's Neck)。它是以此款鸡尾酒的装饰物造型命名的。切成螺旋状的柠檬皮挂在杯内,像马的颈部。还有一种说法是美国总统西奥多·罗斯福狩猎时骑在马上,喜欢一边抚摸着马脖子一边品着这款鸡尾酒,“马颈酒”的名称由此而来。

(2)咸狗(Salt Dog)。“咸狗”一词是英国人对满身海水的船员的蔑称,因为那时的海员们总是浑身泛着盐花。本款鸡尾酒由于在杯口加了盐边,而使人容易联想到海员,两者的这种形似,使这款鸡尾酒得到了“咸狗”的名称。咸狗是以略带苦味的葡萄柚汁为主要口味,在饮用时杯口的盐会瞬间使葡萄柚的苦味转化成泉水般的甘美,产生无比舒畅的感觉。杯口如没有沾盐,则为“无尾狗”。

(二)以行为名称命名

(1)微笑(Smile)。以30mL无色朗姆酒加上30mL味美思酒以及1滴柠檬汁,与少许糖粉混合而成,以鸡尾酒杯盛装。这款鸡尾酒颜色漂亮,甜味适中,不论是作为一种饮品,还是艺术品,都能给人们带来愉快的微笑。

(2)击倒(Knockout)。顾名思义,这是一款酒度高的鸡尾酒。它以 20mL 干金酒、20mL 威士忌酒、20mL 茴香利口酒及 1 滴薄荷酒混合而成。这种鸡尾酒的所有原料都是酒,烈性酒占容量的 60% 以上;但气味芳香。

此外,还有最后一吻(The Last Kiss)等。

(三)以事件得名

以典故命名的鸡尾酒都有很强的故事性,这种鸡尾酒产生的情境是其命名的重要原因或组成部分。

莫斯科骡子(Moscow's Mule)。这款鸡尾酒又被称为“莫斯科佬”,酒性很烈。这种鸡尾酒的诞生从某种意义上来说是“美国梦”的典型。故事发生在 20 世纪 40 年代后期的好莱坞。一个大量购入了姜汁啤酒(Ginger Ale)待价而沽的男人,一个提出了用自制的铜制 Mug Cup(一种有柄的大杯子)做容器的女人以及极力推广伏特加的制造商。三个想法结合起来便诞生了 Moscow's Mule。如今,这种鸡尾酒已经推广到了全世界。“Mule”有动物中的“骡子”的意思,但这里是表示“Kick(踢/刺激)”,即很强的饮品的意思。

流传较为广泛的此类命名鸡尾酒品,还有红粉佳人(Pink Lady)、迈泰(Maitai)、旁车(Side Car)、螺丝钻(Gimlet)、血腥玛丽(Bloody Mary)等。

(四)以景观命名

有的鸡尾酒因为某一特征与自然景观有相似之处,而以此景观命名。如迈阿密海滩(Miami Beach)、雪乡(Yukiguni)、蓝色的月亮(The Blue Moon)、牙买加之光(The Light of Jamaica)等。

(五)以时间命名

以时间命名的鸡尾酒在众多的鸡尾酒中占有一定数量,这些以时间命名的鸡尾酒有些表示了酒的饮用时机,但更多的则是在某个特定的时间里,创作者因个人因素而以某一特定时间来命名。如忧虑的星期一(Worried Monday)、六月新娘(The Bride in June)等。

鸡尾酒的命名方式非常之多,另外,还有以军事事件或人来命名的,如“海军上尉”、“深水炸弹”、“老海军”等;以花草、植物来命名鸡尾酒,如白色百合花、郁金香、紫罗兰、黑玫瑰、雏菊、香蕉芒果、樱花、黄梅等;含有习俗、文化与宗教信仰等寓意的鸡尾酒名称,如天使之梦、五福临门等。

需要注意的是,一款鸡尾酒的名字可能同时满足两种或两种以上的命名方法,如血腥玛丽(Blood Mary)既是人名命名法,同时又与一定的历史事件有关系。所以鸡尾酒的命名方法的归类并不是绝对的。

◎本章小结

1. 鸡尾酒是采用一种酒加上另外的一种酒,或是用酒加上果汁、汽水等辅助材料,加味、增色、调香配制而成的混合饮品，是一种色、香、味、形俱佳的艺术酒品。

2. 鸡尾酒的基本结构为基酒，辅料（辅酒、饮料等调缓料），配料（香料、糖、奶调味用品或添香剂等调香调色调味料）和装饰物四个部分。

3. 鸡尾酒有按饮用时间和场合、按鸡尾酒的容量和酒精含量、按所用基酒、综合分类等分类方法。其中，按鸡尾酒的容量和酒精含量分为长饮和短饮为最常见的分类方法。

4. 鸡尾酒有直接命名法，颜色命名法，人物、地名、生产商命名法及其他命名法。

◎思考与练习

1. 简述鸡尾酒的定义。
2. 简述鸡尾酒按饮用时间和场合分类，按容量和酒精含量分类。
3. 简述酒精饮料的分类。
4. 简述鸡尾酒的直接命名法、颜色命名法的主要方式类别。
5. 简述调制鸡尾酒的主要基酒及常用辅料种类。

鸡尾酒调制

第十四章　鸡尾酒的制作

本章内容： 调酒基础知识
调酒技术操作
鸡尾酒的装饰及其制作

教学要求： 1.介绍调酒技术中的换算常识，要求学生掌握酒吧酒水服务中的缩写形式。
2.以实操方式讲授鸡尾酒的四种调制方法，重点讲解鸡尾酒调制的注意事项及技巧。
3.以实操方式讲授鸡尾酒的装饰和制作。

教学课时： 8 课时

第一节 调酒基础知识

一、调酒技术中的换算常识

(一)常用容量换算

常用容量换算见表 14－1。

表 14－1 常用容量换算

名称	换算关系
加仑(Gallon)	1 加仑＝128 盎司(Ounce)
夸脱(Quart)	1 夸脱＝30 盎司(Ounce)
品脱(Pint)	1 品脱＝16 盎司(Ounce)
酒杯(Wine glass)	1 酒杯＝4 盎司(Ounce)
盎司(Ounce)	1 盎司≈28 毫升(mL)
量杯(Jigger)	1 量杯＝1.5 盎司(Ounce)
小杯(Pony)	1 小杯＝1 盎司(Ounce)
茶匙(Teas SPoon)	1 茶匙＝0.5 盎司
茶匙(Teas Spoon)	2 茶匙＝1 食匙(Dessert Spoon)
茶匙(Teas Spoon)	3 茶匙＝1 汤匙(Table Spoon)
杯(Cup)	1 杯＝8 盎司(Ounce)
酹(Dash)	1 酹＝1/6 茶匙或 10 滴

(二)酒度换算

前面已经介绍过,有三个常见的酒度标示方法,因为酒吧中经常要接触到来自于国外的各种原装酒水,因此应该熟练掌握常见的酒度换算,见表 14－2。

表 14－2 常见酒度换算

标准酒度 100%(°) (Alcohol by Volume)	英制酒度 175(Proof) (British Proof Degrees)	美制酒度 200(Proof) (American Proof Degrees)
10°	17.5	20
20°	35	40
30°	52.5	60
40°	70	80
50°	87.5	100
60°	105	120
70°	122.5	140
80°	140	160
90°	157.5	180
100°	175	200

二、酒吧酒水服务中的缩写形式

酒水的英文名字一般都比较长，使用缩写形式，可以在为客人提供服务时提高服务的速度，同时便于内部员工之间的沟通交流。酒吧酒水服务中的常见缩写形式见表14－3。

表14－3 鸡尾酒调制常用缩写形式

烈酒			
标准形式	缩写形式	标准形式	缩写形式
Bourbon	B	Brandy	Br
Gin	G	Rum	R
Scotch	S 或 SC	Tequila	TEQ
Vodka	V	J&B	JB
Beefeather	BEEF	Jack Daniels	JD
Canadian Club	CC	JohnnieWalker Black	BLACKS
Chivas Regal	CHIVAS	Seagram 7 Crowns	7
Cutty Sark	CUTTY	Smirnoff	SMIRN
Four Roses	ROSES	Tanqueray	TANQ
Hennessy	HENN		
混合酒			
标准形式	缩写形式	标准形式	缩写形式
Bourbon and Water	B/W	Black Russian	BRUS
Brandy Alexander	BR ALEX	Bacardi	BAC
Banana Daiquiri	BAN DAQ	Bloody Mary	MARY
Daiquiri	DAQ	Godfather	GOD
Gibson	GIB	Grasshopper	GRASS
Irish Coffee	IRISHC	Harvey Wall banger	BANGER
John Collins	JOHN	Manhattan	MAN
Margarita	MARC	Martini	MT
O1d－fashioned	OF	Ramos Fizz	RAMOS
Rob Roy	R ROY	Rusty Nail	R NAIL
Screwdriver	DRIVER	Scotch and Water	SC/W
Tequila Sunrise	SUNRIES	Tom Collins	TOM
Vodka Martini	VMT	Whisky Sour	WS
水类			
标准形式	缩写形式	标准形式	缩写形式
Coke	C	Ginger ale	G
7-up	7	Soda	S
Tonic	T	Water	W

续表

装饰物			
标准形式	缩写形式	标准形式	缩写形式
Lime	LI	Olive	OL
Onion	ON	Twist	TW
特殊说明			
标准形式	缩写形式	标准形式	缩写形式
Double(2 份)	DBL	Dry(干)	X
Extra(超干)	XX	On the Rock(加冰)	R
Straight up(净饮)	Up 或↑	Frozen(冷冻)	Z

第二节　调酒技术操作

一、调酒师工作标准

酒吧里的调酒操作和服务，都是敞开式的，客人很容易就可以观察得到，因此，酒吧中的调酒师，不但要注意调制的方法、步骤，还要留意操作姿势及卫生标准。

(一)举止标准

调酒时要注意姿势端正，调酒师的动作要轻松、自然、准确，落落大方，不要弯腰或蹲下调制。营业中除调时酒取物品外，调酒师要保持正立姿势，两腿分开站 立。不可坐下或靠墙、靠台。尽量面对客人，尽可能采用侧身的方式拿取背后的 酒水及其他物品。要主动与客人交谈，以增进调酒师与客人间的友谊。任何不雅的姿势都会影响客人对调酒师技能水平的评价。

(二)调酒标准

1. 使用标准配方

要制订酒吧的鸡尾酒标准配方、标准成本、标准酒杯、标准配制程序及标准服务方法。严格按照配方中原料的种类、商标、规格、年限和数量标准来配制鸡尾酒，严禁使用代用品或劣质的酒、果汁、汽水等原料。劣质的酒水原料会改变鸡尾酒的正常味道。

2. 要使用量酒器

调酒时，用量杯计量主要基酒、调味酒和果汁的用量，不要随意把原料倒入杯中。尤其是新调酒师，在制作鸡尾酒之前，要学会使用量酒器，以保证酒的品味纯正。对于经验老到的调酒师，不用量酒器也未尝不可，因其眼力和手上的功夫足以使下料的准确性不差分毫。

3. 遵守时间标准

(1)一般的果汁、汽水、矿泉水、啤酒应在 1min 之内完成。

(2)混合饮料要在 1 ~ 2min 之内完成。

(3)鸡尾酒包括装饰物要在 2 ~ 4min 之内完成。

(三)卫生标准

在酒吧调制酒水一定要注意卫生标准,保证酒水的卫生质量,而且由于酒水制作的操作大多在客人观察的范围内,因此酒水操作的视觉卫生标准更加重要。

(1)稀释果汁和调制饮料用的水要用冷开水。无冷开水时可用容器盛满冰块再倒入开水也可以,但不能直接用自来水。

(2)调制过程中尽可能使用各种工具,除个别允许用手的情况外,不要直接用手接触调酒材料。尽量不要用手去接触酒水、杯边或装饰物,更不可用手来代替冰夹抓冰块放入杯中。

(3)调酒师要经常洗手,保持手部清洁卫生,以保证配制酒水中那些允许用手操作过程的卫生标准,例如用手把各种水果制做装饰物。

(4)禁止使用过期、变质的酒水、水果及食品。要特别留意新鲜果汁、鲜牛奶和稀释后果汁的保鲜期。

(5)酒杯要擦干净,透明光亮。调制时,用手拿杯时要拿杯的底部,不要握杯子的上部,更不能用手指碰杯口。

(6)摇酒器和电动搅拌机每使用一次,都要进行清洗。

(四)服务标准

调酒师的工作不仅仅是调制酒水,同时还需要照顾在吧台饮酒的客人,在客人饮酒时为其提供应有的服务。需要注意提供服务的时候不要打扰到客人,应让客人在不知不觉中获得各项服务。

1. 服务的先后顺序

为客人提供服务时,要注意一个合适的顺序,以免引起客人投诉。首先,要注意客人到来的先后顺序,要为早到的客人先调制酒水;其次,同来的客人,要先为女士、老人和小孩调制饮料。

当多位客人同时点酒水时,可先一一记录下来,再按次序调制,一定要应答客人,不能不理睬客人只顾调制酒水或忙于其他工作。

2. 酒间服务

(1)在客人饮用酒水的过程中,要注意观察酒吧台面,留心客人杯中酒水的剩余情况,要适时为客人斟酒水;看到客人的酒水快喝完时要询问客人是否再加一杯。

(2)客人抽烟时要为客人点火,注意客人使用过的烟灰缸是否需要更换。

(3)要经常观察吧台表面有无酒水残迹,应经常用干净湿毛巾擦抹。

3. 个性服务

在调酒服务中，因各国客人的口味、饮用方法不尽相同，有时会提出一些特别的要求与特别的配方，调酒员甚至酒吧经理也不一定会做，这时可以询问、请教客人，制作客人要求的酒水。

(五)工作台的清理标准

工作台是配制供应酒水的地方，面积很小，要注意经常性的清洁与整理，方便不断的酒水操作与服务。调酒师应一边提供酒水服务，一边清理工作台。工作井然有序是一名优秀酒吧工作人员的基本素质之一。

(1)要注意经常清理台面，将酒吧台上客人用过的空杯、吸管、杯垫收好。

(2)调制完酒水后一定要把用完的酒水放回原来的位置，不要堆放在工作台上，影响工作的持续性。其他任何物品用完也应立即放回原处，这样别人或自己需要时就能很快找到。

(3)斟酒时滴下或不小心倒在工作台上的酒水要及时抹掉。

(4)不要将抹布、擦杯布或任何清洁物品放在吧台上，这会给进来的客人留下不卫生的印象。并且，这些专用于清洁、擦手的湿毛巾要叠成整齐的方形，不要随手捏成一团。

(5)一次性使用的吸管、杯垫应扔到垃圾桶中，空杯送去清洗。

(6)要回收的空瓶放回箱中，其他的空罐与垃圾要轻放进垃圾桶内，并及时送去垃圾间，以免时间长产生异味。

二、鸡尾酒的品鉴及调制原理、步骤、方法

(一)鸡尾酒的品鉴

美国著名评酒专家恩伯里(Embury)认为，一份完美的鸡尾酒必须具备下列条件。

1. 能够增进食欲

鸡尾酒甜酸苦辣，五味俱全，尤其在餐前饮用，可以起到生津开胃、促进食欲的作用。因此，无论使用何种材料，包括用大量果汁来调配鸡尾酒，也不应脱离鸡尾酒的这一基本范畴，更不能背道而驰。

2. 能创造热烈的气氛

巧妙调制的鸡尾酒是完美的饮品，享用鸡尾酒既能缓解紧张的神经，增强血液循环，消除疲劳，同时，饮后还能使人兴奋，心情舒畅，增进友情，促进人们之间的沟通和交流。

3. 须口味卓绝

鸡尾酒口味如果太甜、太苦或太香，就会影响品尝酒味的能力，降低鸡尾酒的品质，好的鸡尾酒应该是不同口味的和谐相处，给人奇妙的味觉感受。

4. 须充分冰冻

调制好的鸡尾酒应充分冰凉到具体酒品所需的程度。鸡尾酒通常使用高脚杯装盛,调制时需加冰,加冰量应严格按配方控制,冰块要化到要求的程度。

(二)鸡尾酒调制的基本原理

根据鸡尾酒的品鉴要素,在鸡尾酒的调制过程中,应遵循如下原理:

(1)鸡尾酒的基酒、辅料和装饰物等之间的风格要基本和谐。

(2)风格、滋味相同或近似的酒品相互混合调配,这是鸡尾酒调制的一个普遍规律。因此,风格、味型突出并相互抵触的酒品不适宜综合调制鸡尾酒,如果香型和药香型一般就不适宜相互混合。

(3)调制时,中性风格的烈性酒,可以与绝大多数风格和滋味各异的酒品、饮料相配,调制成鸡尾酒。

(三)调制鸡尾酒的步骤

一般鸡尾酒的调制步骤如下:

(1)根据具体酒品,选择合适的载杯。

(2)杯中放入适量的大小合适、形状一致的冰块(有的鸡尾酒不需要这个环节)。

(3)确定鸡尾酒的调制方法,选择调酒工具,如调酒壶、调酒杯、吧匙等。

(4)在调酒壶或调酒杯中放入冰块。

(5)量入辅料,最后量入基酒。

(6)按照规范动作调制鸡尾酒。

(7)根据具体情况,适当装饰。

(8)规范服务。

(四)鸡尾酒的调制方法

鸡尾酒的调制方法根据其所偏重的角度的不同,可以分为英式调酒和花式调酒两大类。

1. 英式调酒

英式调酒是一门专业性很强的技术,它也是一门艺术。英式调酒偏重的是调制出的鸡尾酒的品质,通过调酒为人们提供视觉、嗅觉、味觉和精神等方面的享受。鸡尾酒的色、香、味、型、格以及营养保健等方面是体现调酒师技术水平高低的重要标准。英式调酒的工作环境大都是在中高档高雅舒适安静的酒吧,这些酒吧大多数都播放经典音乐,或现场演奏西式高雅乐器,如萨克斯、钢琴、小提琴、爵士等。平时所说的调酒方法实际上指的就是英式调酒方法。英式调酒的调制方法可以分为摇和法(Shake)、调和法(Stir)、搅和法(Blend)、兑和法和漂浮法(Build & Float)五种。

2. 花式调酒

花式调酒亦称美式调酒。花式调酒与英式调酒不同,花式调酒偏重的是将调酒动作与表演技巧结合起来,例如酒瓶和调酒杯(听)的各种调酒动作表演技巧等,还会经常在调酒动作表演技巧的过程中吸收加入一些舞蹈、杂技、魔术等表演要素来促进酒吧的气氛,酒的色、香、味、型、格等反在其次。花式调酒的工作环境是一些演艺酒吧或是一些中低档的酒吧,这些酒吧主要是以节目表演为主,基本只是提供较为简单的鸡尾酒种类,主要接待和服务社会大众人士。

三、鸡尾酒调制的规范动作

通常来讲,人们所说的鸡尾酒的调制方法指的是英式调酒中的摇和法、调和法、搅和法、兑和法和漂浮法五种调酒方法。

(一)摇和法的规范动作

摇和法也称为摇晃法、摇荡法。摇和法是将酒类材料及配料、冰块等放入调酒壶内(Shaker),用力来回摇晃,使其充分混合。当酒谱中含有糖、牛奶、奶油、鸡蛋等不易与基酒稳定混合的材料时,需要采用调酒壶调酒。在调酒壶内,可对奶油、鸡蛋等不易混合的材料大力摇匀。但调酒壶内不能加进含有气体的汽水类材料,以免产生泡沫,可在基酒等材料摇混均匀后,再行加入。用摇和法调制的鸡尾酒多使用鸡尾酒杯或香槟杯。

所需器材:调酒壶(Shaker)、量杯(Jigger)、滤冰器(Strainer)、载杯(Glass)。

制作过程:先将冰块放入调酒壶,接着加入辅料和配料,再加入基酒,通常壶内放入材料到六成即可。然后盖紧调酒壶,双手(或单手)执壶用力摇晃片刻(一般为5~10s,至调酒壶外表起霜时停止)。摇匀后,若是标准调酒壶,打开盖子直接滤去残冰;若是波士顿调酒壶,则需用滤冰器,滤去残冰,将饮料倒入杯中后,用合适的装饰物加以点缀即为成品。使用波士顿调酒壶时,有时也会直接将调制用的玻璃杯作为酒水载杯,无需滤冰。

摇和法调酒可单手或双手操作。

1.单手摇壶法的规范动作

单手摇壶法适用于小号和中号的标准调酒壶(250mL和350mL)。

(1)在调酒器中装入四分满冰块。正确量好所需材料,依序倒入调酒器中。

(2)套上过滤网,盖上盖子,用右手或左手食指顶住壶盖,大拇指及中指、无名指、小指分别环绕在调酒壶两侧,手心不与壶体接触。

(3)摇壶时,尽量是手腕用力,手腕左右摇动的同时,整个手臂可上下呈“S”形或“8”字形摇动轨迹,循环往返。力量要大、速度和节奏要快、动作连贯。

(4)将调酒壶摇动15~16次,如果壶中有鸡蛋、奶油等材料,则增加摇动次数至20~30次。

(5)打开摇酒壶,滤出酒液。

2. 双手摇壶法的规范动作

双手摇壶法适用于大号调酒壶(530mL)。

双手摇壶法可以使用雪克壶,也可以使用波士顿调酒壶。

(1)雪克壶的双手操作。

①在调酒器中装入四分满冰块。正确量好所需材料,依序倒入调酒壶中。

②套上过滤网,盖上盖子,用右手大拇指紧压盖顶,另外的四个手指压住壶身。以左手的大拇指压住壶的肩部,小手指抵住调酒壶底部,其余手指压住壶身。

③摇动的方法有两种,一种是水平前后摇动,另一种是斜向上下摇动。水平前后摇动时,双手拿着调酒壶,移至肩膀与胸部的正中位置,保持水平,前后做有韵律的15~16次运动。斜向上下摇动时双手拿着调酒壶,移至右肩前方,壶底向上,在右胸前做斜线上下摇动,摇动次数与前者同。

④摇动结束后,取下调酒壶盖子,用食指紧压住过滤网上方以防脱落,将调好的酒倒入酒杯中即可。

(2)波士顿调酒壶的操作。

①将冰块和材料依序倒入调酒壶中。

②用左手持拿调酒壶的上半部,右手将玻璃杯对扣到调酒壶上,注意不要竖直角度放入,要稍稍倾斜一些,然后用右手手掌稍用力拍杯子底部,令调酒壶和玻璃杯的结合紧密一些,以免在摇晃的过程中酒水溢出。

③用双手合扣住调酒壶和玻璃杯,双手的大拇指和食指压住玻璃杯,双手的其余手指向上用力控制金属调酒壶,在胸前部,斜向下摇晃调酒壶约10次。

④停止摇壶后,左手拿调酒壶和玻璃杯,在玻璃杯倾斜处,用右手手掌的外侧较柔软的部分稍用力震开玻璃杯。将调好的酒倒入载杯中。

(二)调和法的规范动作

调和法也称搅拌法。调和法实际上有两种:调和法及调和滤冰(Stir and Strain)法。调和法是将材料倒入调酒杯中,用调酒匙充分搅拌的一种调酒法。常在调制烈性鸡尾酒时使用,例如:马天尼、曼哈顿等酒味较辛辣,后劲较强的鸡尾酒。

所需器材:调酒杯(Mixing Glass)、调酒棒(Swizzler)或吧匙(Bar Spoon)、量杯、滤冰器、载杯(注意:有时亦可直接在酒杯中搅拌)。

制作过程:先将冰块或碎冰加入酒杯(载杯)或调酒杯,再加入基酒和辅料,用调酒棒或调酒匙沿一个方向轻轻搅拌。如果是在载杯中操作,使各种原料充分混合后加装饰物点缀即为成品。如在调酒杯中调制的鸡尾酒,需滤冰后倒入合适的载杯,然后加以装饰。

调和滤冰法的具体操作规范见图14-1。

图 14-1　调和滤冰法调酒[1]

(1)先把冰块加入调酒杯,正确量好材料用量,按顺序倒入杯中。

(2)左手手指压住调酒杯的底部,右手拿调酒棒,使用握"毛笔"的姿势,将调酒棒的螺旋状部位夹在中指和无名指之间,拇指和食指轻轻夹住长匙的上部,使吧匙匙背靠杯边沿着调酒杯的内侧,按顺时针方向旋转搅动,6~10 转,时间在 10~15s,使酒均匀冷却。搅拌时,调酒棒应保持抵住杯底的状态。如果是使用吧匙,取出时,吧匙背部应向上。

(3)倒酒时,左手拿杯,右手将滤冰器盖在调酒杯杯口上;也可单手,用右手食指压住滤冰器,其余手指仅仅压住调酒杯杯身。滤掉冰块将酒水斟入载杯。如果没有滤冰器,可用左手拿杯,右手拿吧匙挡住冰块,将酒水滤入载杯。

(4)如果无需滤冰,就是调和法。

(三)搅和法的规范动作

搅和法是用电动果汁搅拌机将各种材料混合调酒的方法。用搅拌机调酒,操作比较容易,只要按顺序将所需材料先放入搅拌机内,封严顶盖,启动一下电源开关即可。当调制的酒品中含有水果块、冰淇淋等固体食物时,必须使用搅和法调制。这是目前最流行的做法,混合效果相当好,也是比较受女士欢迎的调酒方法。

所需器材:果汁搅拌机(Blender)、量杯、载杯。

调制过程:将碎冰、基酒、辅料和配料放入电动搅拌机中,开动搅拌机运转 10s 左右,使各种原料充分混合后倒入合适的载杯(无须滤冰),用装饰物加以点缀即可。

果汁机搅和法的具体操作规范见图 14-2。

---

[1] 何丽芳,《酒店酒水与服务管理》,广东经济出版社,2005 年。

图 14－2　果汁机搅和法调酒[1]

(1)将果料、酒水材料按配方倒入搅拌机中。

(2)将用碎冰机事先制作好的细碎冰或刨冰放入搅拌机中。

(3)开动电源启动搅拌机混合搅动,迅速搅拌 10s 左右关掉开关。

(4)拿下混合杯,将混合好的饮品倒入酒杯中即可。

(四)兑和法和漂浮法的规范动作

兑和法实际上指的是两种调酒方法。

1. 兑和法

兑和法(Build)也称为直接注入法,是将几种酒水材料直接倒入载杯中即成的调酒方法。做法非常简单,只要材料分量控制得好,初学者也可以做得很好。高杯类饮品、果汁类饮品和热饮等常采用此法。

所需器材:鸡尾酒杯、量杯。

调制过程:将配方中的酒水按照分量依次直接倒入杯中,不需搅拌或轻微搅拌几次即可。

具体操作规范:

(1)以夹冰器取冰块,放入调酒杯中。

(2)将基酒以量杯量出正确分量后,倒入鸡尾酒杯中。

(3)最后倒入其他配料至满杯即可。

2. 漂浮法

漂浮法(Float)是兑和法中一种比较特殊的制作类别,主要用于调制各款彩虹鸡尾酒。漂浮法是将不同色泽的酒注入一个杯内,而各种色彩不互相混淆,色泽绚丽,层次分明,似雨后彩虹。配制彩虹酒的关键是要准确掌握各种酒的含糖

[1] 何丽芳,《酒店酒水与服务管理》,广东经济出版社,2005 年。

度，含糖越高，其密度越大，反之则小。

所需器材：鸡尾酒杯、量杯、吧匙。

调制过程：将配方中的酒水按其密度（含糖量）不同逐一慢慢地沿着调酒棒或调酒匙倒入酒杯，然后加以装饰点缀而成。此方法调制的关键是要熟悉各种酒水的密度，应将密度大的酒水先倒入杯中，密度小的酒水后加入。

彩虹酒的操作规范见图 14－3。

图 14－3　彩虹酒的调制[1]

（1）调制时，相对密度大的酒水先倒入，相对密度小的后倒入，无糖分、密度最小的放在最后。如果不按顺序斟注，或两种颜色酒水的含糖量相差甚少，就会使酒水混合在一起，配置不出层次分明、色彩艳丽的多色彩虹酒。

（2）操作时，为了减少倒酒时的冲力，防止色层融合，可用一把长柄匙斜插入杯内，匙背朝上，紧贴载杯内壁，再依序把各种酒水沿着匙背缓缓倒入，使酒水从杯内壁缓缓流下。要注意注入的各种颜色的酒量要相等，看上去各色层次均匀分明。

（3）还可在调制成的彩虹酒上点燃火焰，以增加欢乐的气氛。

（4）配制成的彩虹酒，不宜久放，放置时间长了，酒内的糖分容易溶解，会使酒色互相渗透融合。

四、调酒服务操作规范

鸡尾酒的调制操作比较繁杂，需要注意的细节较多，而且基本都要直接面对客人提供，不少操作需要即席进行，当着客人的面表演，因此从事调酒服务工作须十分注重操作技术，以求动作正确、优美、简便、迅速。操作的好坏，常常给人留下深刻的印象，因此，在调酒操作中，不仅需要一定的技术功底，而且需要相当的表演天赋。调酒的基本程序为：准备→选杯→溜杯→选择调酒用具→传瓶、示瓶、开瓶、量酒→调制→装饰→服务。

---

[1] 何丽芳，《酒店酒水与服务管理》，广东经济出版社，2005 年。

(一)准备

1. 冰块准备

取放冰块,用桶从制冰机中取出冰块放进工作台上的冰块池中,把冰块放满;没有冰块池的可用保温冰桶装满冰块盖上盖子放在工作台上。

2. 配料准备

将李派林喼汁、辣椒油、胡椒粉、盐、糖、豆蔻粉等配料放在工作台前面,以备调制时取用;鲜牛奶、淡奶、菠萝汁、番茄汁等开罐后,装入玻璃容器中(不能开罐后在罐中存放,因为铁罐打开后,内壁有水分很容易生锈引起果料变质),存放在冰箱中;浓缩橙汁、柠檬汁要先稀释后倒入瓶中存放在冰箱里备用;其他调酒用的汽水也要放在伸手拿得到的位置。

3. 水果装饰物准备

将常用的水果装饰事先制作好,如从瓶中取出少量咸橄榄放在杯中备用;红樱桃取出用清水冲洗后放入杯中备用(因樱桃是用糖水浸泡,表面太黏);柠檬片、柠檬角也要切好排放在碟子里用保鲜纸封好备用,以上几种装饰物都放在工作台上。

4. 用具准备

工具用餐巾垫底排放在工作台上,量杯、酒吧匙、冰夹要浸泡在干净水中。杯垫、吸管、调酒棒和鸡尾酒签也放在工作台前(吸管、调酒棒和鸡尾酒签可用杯子盛放)。酒杯在清洗间消毒后要按需放好。

(二)取杯、冷却、温烫

1. 取杯

根据所要制作的鸡尾酒取用需要的载杯。古典杯、海波杯、哥连士等平底杯应用指尖部握住杯子底部,切忌用手掌拿杯口。高脚杯应拿细脚部,切忌用手掌拿杯口。

2. 冷却

冷却就是给载杯降温。使用冷却后的载杯来盛装酒水,可帮助酒水保持最佳的饮用温度。冷却载杯的方法有以下几种:

(1)溜冰:手持杯脚,杯中放置一块冰,然后摇转杯子,使冰块产生离心力在杯壁上溜滑,以降低杯子的温度。有些酒品的溜杯要求非常严格,直至杯壁凝附一层薄霜为止。

(2)冰镇酒杯。将酒杯放在冰箱内冰镇。

(3)放入上霜机。将酒杯放在上霜机内上霜。

(4)加冰块。直接在杯中加冰块冰镇。

3. 温烫

温烫是给载杯加热升温的方法。常用于盛装热饮料时,保持饮料的温度,可以避免温度较低的酒杯吸收饮料的热量，而使得饮料的温度迅速下降，影响饮料应有的口感和风味。温烫载杯的方法有以下几种：

（1）火烤：用蜡烛来烤杯，使其变热。

（2）燃烧：将高酒精烈酒放入杯中燃烧，至酒杯发热。

（3）水烫：用热水将杯烫热。

（三）传瓶—示瓶—开瓶—量酒

根据调制方法选好调酒用具后，选择配方要求的酒水。

1. 传瓶

把酒瓶从酒柜或操作台上传到手中的过程。传瓶一般有从左手传到右手或从下方传到上方两种情形。用左手拿瓶颈部传到右手上，用右手拿住瓶的中间部位；或直接用右手从瓶的颈部上提至瓶中间部位。要求动作快而稳。

2. 示瓶

把酒瓶展示给客人。用左手托住瓶底部，右手拿住瓶颈部，呈45度角把商标面向客人。传瓶到示瓶是一个连贯的动作。示瓶也可以用右手单手进行。

3. 开瓶

用右手拿住瓶身，左手中指逆时针方向快速旋开酒瓶盖，用力得当时可一次拉开。并用左手虎口，即拇指和食指夹起瓶盖。开瓶是在酒吧没有专用倒酒器时使用的方法。

4. 量酒

开瓶后立即用左手的中指和食指夹起量杯（根据需要选择量杯大小），两臂略微抬起呈环抱状，把量杯放在靠近容器的正前上方约一寸处，量杯要端平。然后右手将酒倒入量杯，倒满后收瓶，左手同时将酒倒进所用的容器中。放下量杯，用左手将夹着的瓶盖盖上，拇指顺时针方向将瓶盖快速旋紧，然后用右手将酒瓶放回原位置。

（四）调酒及装饰

按照鸡尾酒调制的规范动作制作鸡尾酒。每种方法使用的器具以及具体的操作各有不同，使用什么方法来调制鸡尾酒，主要取决于鸡尾酒所使用的具体原料。

鸡尾酒的装饰应根据具体情况而定，不需装饰的鸡尾酒，不要画蛇添足；需要装饰的鸡尾酒应与其色、香、味、型等风格一致。装饰的具体操作详见本章第三节。

五、鸡尾酒调制的注意事项与技巧

（一）调酒注意事项

（1）使用调酒壶时一定要先盖滤冰器，再加上盖，以免液体外溢。使用原则是：首先放冰块，然后再放入其他料；手心不要接触摇酒器，以免冰块过量溶化，冲淡鸡尾酒的味道；打开时，先打开盖子，滤出酒液，再拿下滤冰网；用后立即清洗。

(2)使用摇酒器调制鸡尾酒时动作要快，用力摇动，摇至摇酒器表面起霜后，立即将酒滤入酒杯中。摇荡时间一般不超过20s为宜。否则冰块开始融化，将会稀释酒的风味。

(3)使用调酒杯调酒时，吧匙搅拌的时间不要过长。通常用中等速度搅拌，以免使冰块过量溶化，冲淡鸡尾酒的味道。

(4)量杯和吧匙使用后须浸泡在水中，洗去它们的味道和气味，以免影响下一款鸡尾酒的质量。浸泡量杯的水应经常换，以保持干净、新鲜。

(5)调酒所使用的蛋、奶、果汁一定要新鲜，使用的果汁、汽水及啤酒须经过冷藏。特别注意始终要在一个单独的杯子中打开鸡蛋，以能够判断检查其新鲜程度。

(6)要准备大小不规格的冰块，根据配方要求用冰块、碎冰、冰霜等，不可混淆。要选用新鲜的冰块，新鲜冰块质地纯净、坚硬，不易融化，凡使用过的冰块一律不准再用。

(7)做装饰物和配料的新鲜水果要使用当天切配好的。

(8)调制热饮酒的时候，酒温不可超过78℃。因酒精的蒸发点是78℃，温度过高会造成酒精部分散失。

(9)调制好的鸡尾酒要立即倒入杯中，放置过久会改变鸡尾酒的味道。

(10)使用电动搅拌机须加冰时，不能使用过大的冰块，一定要使用碎冰块，过大的冰块会延长搅拌的时间。

(二)调酒操作技巧

(1)在调制酒水时，要注意放酒水和冰块的先后顺序。应先放冰块入杯或摇酒器中，再倒入酒水；如果先放酒水后放冰块容易将酒水溅出杯外。

(2)冰块上有结霜现象时，可用温水除去。

(3)下料程序要遵循先辅料、后主料的原则。这样如在调制过程中出了什么差错，损失不会太大，而且冰块不会很快融化。调酒用的基酒及配料的选择，应以物美价廉为原则。

(4)倒酒时，注入的酒距杯口要留出1/8的距离。太满会给客人的饮用造成一定的困难。

(5)糖块、糖粉最好先在调酒器或酒杯中用少量水将其溶化，然后再加入其他材料进行调制。为了材料更易混合，应尽量多选用糖浆、糖水。

(6)在调酒中“加满苏打水或矿泉水”这句话是针对容量适宜的酒杯而言，根据配方的要求最后加满苏打水或其他饮料。但是，对于容量较大的酒杯，就需要掌握加量的多少，“过度”的加满会使酒变淡。

(7)“追水”指的是为降低伏特加等烈性酒的度数而添加无酒精饮料。

(8)水果如果事先用热水浸泡过，在压榨过程中，会多产生1/4的汁。

(9)调酒时使用蛋清，可增加酒的泡沫，调节酒的颜色，但不会对酒的味道产生影响。

(10)在调制过程中,用柯林杯与平底杯时,一般要加30%冰块。有些鸡尾酒的分量很少,例如黑俄罗斯,冰块可适当加多些。

第三节　鸡尾酒的装饰及其制作

一、常见的装饰方法

常见的装饰方法见表14-4。

表14-4　常见的装饰方法

名　称	英　文
小樱桃挂杯	Red Cherry on Glass Rim
酒签穿小樱桃	Red Cherry with Pick
酒签穿橄榄	Olive with Pick
酒签穿小洋葱	Onion with Pick
柠檬片(圆和半圆两种)	Slice Lemon
柠檬角	Lemon Wedge
柠檬头	Lemon Head
橙角、樱桃	Orange Wedge & Cherry
菠萝角、樱桃	Pineapple Wedge & Cherry
螺旋柠檬皮(1cm×3cm)	Twist Lemon
整个柠檬皮	Whole Lemon Peel
黄瓜片	Slice of Cucumber
黄瓜皮	Cucumber Peel
西芹棒(切成10cm)	Celery Stick
一束薄荷叶	Sprig of Mint
杯边沾上盐	Rim Glass with Salt
杯边沾上糖	Rim Glass with Sugar
液面上撒豆蔻粉	Sprinkle with Nutmeg on Top
吸管穿红樱桃	Red Cherry with Straw

二、常见装饰物的制作

(1)圆形柠檬片、橙片的制作:先将柠檬或橙横向切片,然后直接投入载杯内作装饰;也可再沿半径切出一个开口,然后挂杯。

(2)半圆形柠檬片、橙片的制作:先将柠檬或橙横切成半圆形片,然后挂在杯口装饰。

(3)橄榄(珍珠洋葱、樱桃)的装饰方法:橄榄可直接投入杯中。樱桃以及珍珠洋葱也可直接投入杯中做装饰。干性及中性的鸡尾酒多用橄榄装饰,如干马天尼。甜性的鸡尾酒多用红樱桃装饰,如甜曼哈顿。为方便客人,橄榄、樱桃上可以插上鸡尾酒签。

(4)小樱桃挂杯的装饰方法:将小樱桃开一小口挂于杯口即可 。

(5)螺旋形柠檬皮的制作:将柠檬皮削成螺旋形,一头挂在杯边,其余部分果皮垂入杯内。

(6)柠檬块、橙块的制作:先将柠檬或橙纵向切成均匀的八块,然后用刀将果肉与果皮分开(只留最上面不切),再让果皮悬在杯外,果肉留在杯内挂杯;也可在果肉处切斜刀,卡在杯口处。

(7)带叶菠萝块的制作:将菠萝横向切成两半,去皮,再纵切成1/8厚的片,带叶装饰。

(8)柠檬皮和红樱桃的制作:用削皮刀将柠檬皮削成长条,然后用鸡尾酒签同红樱桃穿在一起放于杯口。

(9)柠檬片和红樱桃的制作:将红樱桃裹在柠檬片的中间,用鸡尾酒签将柠檬片和樱桃穿在一起,放于杯口。

(10)酒签穿橙(柠檬)角和红樱桃的制作:将柠檬竖切1/8柠檬角,然后用酒签连同樱桃一起穿起来。

(11)菠萝块和红樱桃的制作:将菠萝横向切成厚度适当的圆片,去皮,再取圆片的1/8,切成一小块,用酒签连同红樱桃一起穿起作装饰。

(12)吸管穿红樱桃的制作:用吸管穿大红樱桃当中,并将红樱桃提至吸管打弯处,剔除吸管中的果肉后放入杯内即可。

(13)芹菜的切法和装饰方法:先洗净芹菜根部的泥土,去老叶,嫩叶可留用,将芹菜杆纵切成两半(不是很粗的杆可以不纵切),测量酒杯的高度,将芹菜切成长短合适的段备用。切好后暂时不用的需浸在干净的水中,以免变色。

(14)盐圈杯和糖圈杯的制作:也称为上霜、雪糖杯型或雪霜杯型。就是在杯口边沾上盐粉或糖粉。具体要求:准备好盐碟、柠檬和酒杯。操作前要把酒杯擦干,用柠檬擦拭杯口边,要使杯口沾湿的边宽窄匀称、湿度匀称。然后将酒杯口放入糖粉或盐粉中,轻轻提起,把多余的糖粉或盐粉弹去,最后把酒杯反过来正常放置。

◎本章小结

1. 掌握调酒中的换算常识以及使用酒水的英文缩写形式,便于内部员工之间的沟通交流,提供优质的酒水服务。

2. 调制鸡尾酒有摇和法、调和法、搅和法和兑和法和漂浮法四种。摇和法和调和法为最常用的方式。

3. 柠檬片、柠檬角、樱桃是鸡尾酒装饰最常见的用料。

◎思考与练习

1. 写出酒吧中常用容量换算及常见饮料的缩写。

2. 简述鸡尾酒的调制步骤。

3. 简述鸡尾酒调制的技巧。

◎实践作业

1. 摇和法调制鸡尾酒。

方式:准备雪克壶和波士顿壶多个,冰块适量,在教师的指导下,掌握摇和法调酒的要领。

2. 常见的装饰方法,盐圈杯的制作。

方式:准备砧板、削皮器、水果刀、细盐碟、杯具多个,在教师的指导下,掌握简单的鸡尾酒装饰和制作。

鸡尾酒调制

第十五章　鸡尾酒酒方

本章内容： 鸡尾酒酒方简介

鸡尾酒常见酒方

教学要求： 1.简单介绍鸡尾酒酒方的概念，掌握鸡尾酒的不同分类。

2.简单介绍不同基酒的鸡尾酒的配方及其特色。

教学课时： 2 课时

第一节　鸡尾酒酒方简介

一、鸡尾酒酒方的概念

所谓鸡尾酒酒方(Cocktail Recipe),也称为鸡尾酒酒谱,就是鸡尾酒的配方,对鸡尾酒所使用的基酒、辅料的内容和用量,所使用的配料的内容、分量及使用方式,所使用的装饰物和装饰方法、载杯,以及鸡尾酒的调制方法进行确定的文字说明。一份鸡尾酒的标准配方包括:基酒名称及分量,辅料名称及分量,配料名称、分量及使用方式,装饰物及装饰方法,载杯,调制方法。

二、鸡尾酒酒方的分类

(一)根据鸡尾酒酒方使用目的分类

1. 标准酒方

标准酒方是酒吧所使用的用来据此进行调酒的标准化酒谱。这种酒方是酒吧在其所备有的原料、用杯、调酒用具等一定条件下所做的具体规定。对于所使用的各种用料都有品牌和等级上的具体规定,酒吧的调酒师必须严格按照酒方所规定的原料、用量及程序去操作。标准酒方是酒吧用来控制成本和质量的基础,也是做好酒吧管理和控制的标准。

2. 指导性酒方

指导性酒方是主要起到学习和参考作用的酒谱。一般书中所列举的鸡尾酒酒方都属于这一类,酒方中只对用料的种类进行说明,一般不会对所使用的品牌进行确定,而且这类酒方所规定的材料、用量以及配制的程序在具体使用(即转化为标准酒方)的过程中,都可以根据具体的情况进行修改。指导性酒方可以帮助初学者掌握酒方的基本结构,在不断摸索中掌握鸡尾酒调制的基本规律,从而掌握鸡尾酒的类系。

(二)根据酒方表现形式的分类

1. 以鸡尾酒标准口味确定的酒方

以鸡尾酒标准口味确定的酒方也就是按照国际惯例,根据鸡尾酒的标准口味确定用料间的比例的酒方。一般是以 10 份作为用量的标准,5/10 表示所要调制的酒的份额的一半。这主要是因为酒杯的大小不能统一,这样就可以根据具体杯子容量的大小和鸡尾酒的口味比例来决定正确的分量。使用这种配方形式,需要进行配方用量的比例换算。

2. 以酒杯容量确定的酒方

这种配方形式是酒杯的容量已经固定,根据固定的容量和鸡尾酒口味的比例来确定出各种材料的具体用量,如 1.5oz 或 42mL。这种配方形式比较容易使用,直接按照要求的载杯和用料就可以直接进行调制,无需进行换算。但不管使用哪种配方的表现形式,都不能改变鸡尾酒的标准口味。

第二节　鸡尾酒常见酒方

一、以金酒为基酒的鸡尾酒

(一)马天尼系列(Martini)

1. 干马天尼(Dry Martini)

材料:金酒 1oz,干味美思酒 1oz。

制法:调和滤冰法。把基酒和辅料倒入鸡尾酒杯中,用橄榄沉底装饰。如果将装饰物改成“珍珠洋葱”,以及螺旋柠檬片,就可成为“吉普森”。

2. 甜马天尼(Sweet Martini)

材料:金酒 1.5oz,甜味美思酒 0.5oz。

制法:调和滤冰法。把基酒和辅料倒入鸡尾酒杯中,用酒签穿红樱桃装饰。

3. 中性马天尼(Medium Martini)

材料:金酒 1oz,干味美思 1/2oz,甜味美思 1/2oz。

制法:调和滤冰法。把基酒和辅料倒入鸡尾酒杯中,用樱桃和柠檬皮装饰。“中性马天尼”又称为“完美马天尼”(Perfect Martini)。

(二)红粉佳人(Pink Lady)

这是款颇负盛名的鸡尾酒,颜色艳丽,很受女士欢迎。这种酒酒味芳香,入口润滑,适宜四季饮用。

材料:金酒 1oz,柠檬汁 0.5oz,红石榴糖浆 1/4oz,君度酒 1/4oz,鸡蛋清半个。

制法:摇和滤冰法。将酒料加冰摇匀至起泡沫,后滤入鸡尾酒杯,用樱桃挂杯装饰。

(三)金费兹(Gin Fizz)

“Fizz”是苏打水泡沫爆响的谐音。这款鸡尾酒酒香味甜,入口润滑,常饮可消除疲劳,振奋精神,尤其适宜夏季饮用。

材料:金酒 2oz,君度酒 2oz,鲜柠檬汁 2/3oz,苏打水适量。

制法:摇和滤冰法。将碎冰放入调酒壶,注入以上材料,摇至外部结霜,倒入高球杯中,并在杯中注满苏打水。

(四)银费兹(Silver Fizz)

由于基酒为金酒并加了蛋清,所以得此名。

材料:金酒 1oz,柠檬汁 0.5oz,苏打水 1 听,蛋清 0.5 只,糖水 0.5oz。

制法:摇和法。调酒壶中装1/2冰块,量入金酒、柠檬汁、蛋清、糖水,摇匀至起泡沫,并将以上材料带冰块一起倒入海波杯内,加苏打水至八分满,用吧匙轻搅2~3下,放入调酒棒。

(五)新加坡司令(Singapore Gin Sling)

新加坡司令诞生在新加坡波拉普鲁饭店。口感清爽的金酒配上热情的樱桃白兰地,喝起来口味更加舒畅。这款鸡尾酒适宜暑热季节饮用,酒味甜润可口,使人疲劳顿消。

材料:金酒1.5oz,君度酒1/4oz,石榴糖浆0.5oz,柠檬汁1oz,苏打水适量,苦精2滴。

制法:摇和滤冰法。在调酒壶中加入八分满冰块,将上述材料倒入,摇至外部结霜,倒入加适量冰块的哥连士杯,再追加苏打水至八分满,穿叉柠檬片与红樱桃于杯口装饰,放入吸管与调酒棒。

(六)白美人(White Beauty)

这款酒外观高贵优雅、纯净冷艳,让人联想到高贵典雅的名媛贵妇,它是由伦敦某俱乐部的调酒师哈利·马肯霍恩于1919年发明的。

材料:干金酒1oz,君度酒1/3oz,柠檬汁0.5oz。

制法:摇和滤冰法。将上述材料和冰放入调酒壶摇匀,然后注入鸡尾酒杯。

(七)蓝月亮(Blue Moon)

这款鸡尾酒色彩呈明快的淡紫色,如一轮闪烁在夜空中的浪漫蓝月亮,极具视觉冲击效果。香草紫罗兰利口酒有烈酒萃取甜紫罗兰花瓣的紫色和香味。因为“蓝月亮”鸡尾酒的香味和色彩营造出了一种摄人心魄的妖艳之美,故有“饮用香水”的美誉。

材料:干金酒4/3oz,香草紫罗兰利口酒1/6oz,柠檬汁0.5oz。

制法:摇和滤冰法。将上述材料和冰放入调酒壶摇匀,然后将其注入鸡尾酒杯。

(八)螺丝锥(Gimlet)

口味特别,饮后如锥子刺了一下,由此得名。

材料:金酒1oz,柠檬汁1oz,糖水0.5oz。

制法:调和滤冰法。用柠檬片装饰鸡尾酒杯。在调酒杯加入1/2刻度冰块,倒入配料,用吧匙搅拌均匀,滤入装饰好的鸡尾酒杯。

(九)金霸克(Gin Buck)

这是一款鸡尾酒长饮,色泽和口味俱佳。

材料:金酒1oz,柠檬汁0.5oz,姜汁汽水1听。

制法:兑和法。在海波杯中加八分满冰块。量金酒、柠檬汁于海波杯中,注入姜汁汽水至八分满,用吧匙轻搅2~3下,装饰柠檬片于杯口,放入调酒棒。

(十)长岛冰茶(Long Island Ice Tea)

这款鸡尾酒诞生于美国长岛地区,具有茶的色泽、酒的刚烈。

材料:金酒 0.5oz,伏特加 0.5oz,白朗姆酒 0.5oz,龙舌兰酒 0.5oz,白柑橘香甜酒 0.5oz,柠檬汁 1oz,糖水 0.5oz,可乐 1 听。

制法:调和滤冰法。调酒杯加入 1/2 刻度满冰块,倒入上述材料(可乐除外),用吧匙搅拌均匀,倒入海波杯,加入可乐至八分满,夹柠檬片与小雨伞于杯口。

二、以威士忌为基酒的鸡尾酒

(一)曼哈顿系列(Manhattan)

1. 干曼哈顿(Dry Manhattan)

材料:美国威士忌 1oz,干味美思酒 1oz。

制法:调和滤冰法。把基酒和辅料倒入鸡尾酒杯中,用酒签穿橄榄装饰。

2. 甜曼哈顿(Sweet Manhattan)

材料:美国威士忌 1oz,甜味美思酒 2/3oz,安哥斯特拉比特酒 3 滴。

制法:调和滤冰法。把基酒和辅料倒入鸡尾酒杯中,用酒签穿樱桃装饰。

3. 中性曼哈顿(Medium Manhattan)

材料:黑麦威士忌 1oz,干味美思 1/2oz,甜味美思 1/2oz,安哥斯特拉苦精 1 滴。

制法:调和滤冰法。在调酒杯中加入冰块,注入上述酒料,搅匀后滤入鸡尾酒杯,用一颗樱桃和一片柠檬片进行装饰。“中性曼哈顿”又称为“完美曼哈顿”(Perfect Manhattan)。

(二)酸威士忌(Whiskey Sour)

材料:美国威士忌 1.5oz,柠檬汁 0.5oz,白糖浆 3/4oz。

制法:兑和法。把基酒和辅料倒入古典杯中,加满苏打水,用螺旋柠檬皮拧在酒面,再用一片柠檬片和一颗红樱桃装饰。

(三)生锈钉(Rusty Nail)

这是著名的鸡尾酒之一,四季皆宜,酒味芳醇,且有活血养颜之功效。

材料:苏格兰威士忌 1oz,杜林标甜酒 1oz。

制法:调和法。将碎冰放入老式杯中,注入上述材料慢慢搅匀即成。

(四)罗伯罗伊(Rob Roy)

材料:苏格兰威士忌 1.5oz,甜味美思 0.5oz,苦精 1 滴。

制法:调和滤冰法。将上述材料加冰搅拌均匀后滤入鸡尾酒杯,放入一块柠檬皮。这是一种带辛辣味的曼哈顿式鸡尾酒。

(五)古典鸡尾酒(Old Fashioned)

这款鸡尾酒是美国肯塔基州彭德尼斯俱乐部调酒师为当地赛马迷设计的。

它是一款著名的鸡尾酒,酸甜适中,很受欢迎。肯塔基州以赛马著称的丘吉尔园赛马场入口处有装有这款鸡尾酒的纪念玻璃杯销售,每年都有许多赛马迷收藏这种玻璃杯。

材料:威士忌 1.5oz,方糖 1 块,苦精 1 滴,苏打水 2 匙。

制法:调和法。在古典杯中放入威士忌、苦精、方糖、苏打水,将糖搅拌后加入冰块,再稍搅拌后,拧入一片柠檬皮,并饰以橘皮和樱桃。

(六)薄荷朱丽普(Mint Julep)

据说"朱丽普"在波斯语中为"玫瑰"的意思,故在酒中加入有玫瑰类香味的饮料就叫"朱丽普"。

材料:波旁威士忌 2oz,苏打水 2/3oz,砂糖 2 茶匙,薄荷叶 4 ~6 片。

制法:兑和法。把 4 ~5 片薄荷叶弄碎和 2 茶匙砂糖放在鸡尾酒杯中,加入苏打水搅拌使砂糖溶化,将冰块打碎倒入杯中约 2/3 杯,量波旁威士忌倒入,充分搅拌至酒杯外面挂霜,装饰薄荷叶,插入吸管。

(七)响尾蛇(Rattlesnake)

本款鸡尾酒力道十足,多饮易醉,就像被响尾蛇咬了一口一般。

材料:混合威士忌 1.5oz,柠檬汁 1/3oz,糖水 1/6oz,茴香酒 2 茶匙、蛋清 1 个。

制法:摇和滤冰法。调酒壶放入八分满冰块,倒入上述材料后,摇至外部结霜,滤入鸡尾酒杯。

(八)威士忌库勒(Whisky Cooler)

开胃提神,是流行的餐前饮料。

材料:威士忌酒 1oz,冰镇苏打水 1 听。

制法:兑和法。取新鲜干净的柠檬或酸橙 1 个,将皮以螺旋状旋下,放入海波酒杯中,再放入 3 块冰块,依次倒入威士忌酒和苏打水,轻轻搅拌一下即可。

三、以白兰地为基酒的鸡尾酒

(一)白兰地亚历山大(Brandy Alexander)

19 世纪中叶时,为了纪念英国国王爱德华七世与皇后亚历山大的婚礼,调制了这款鸡尾酒作为对皇后的献礼。酒中加入的咖啡利口酒和鲜奶油使口感柔滑舒适,适合女性饮用。

材料:白兰地 2/3oz,棕色可可甜酒 2/3oz,鲜奶油 2/ 3oz。

制法:摇和滤冰法。将上述材料加冰块充分摇匀,滤入鸡尾酒杯后用一块柠檬皮拧在酒面,再用一颗樱桃进行装饰并在酒面撒上少许豆蔻粉。

(二)白兰地奶露(Brandy Egg Nog)

材料:白兰地 1oz,鲜牛奶 4oz,白糖浆 0.5oz,鸡蛋 1 只。

制法：搅和法。先将半杯碎冰加在搅拌机里，然后将白兰地和辅料都放进去，搅拌10s后，倒入柯林杯中，在酒液面上撒豆蔻粉。

（三）边车（Side Car）

边车也被称为侧车，也就是挎斗摩托、三轮摩托，是第一次世界大战中军队常用的交通工具，本款鸡尾酒又被称为"挎斗摩托"或"赛德卡"，是第一次世界大战中一位在巴黎的常骑坐挎斗摩托的法军大尉创制的。这款鸡尾酒带有酸甜味，口味非常清爽，能消除疲劳，适合餐后饮用。被列为"鸡尾酒十杰"之一。

材料：白兰地1.5oz，橙皮香甜酒1/4oz，柠檬汁1/4oz。

制法：摇和滤冰法。将上述材料摇匀后注入鸡尾酒杯，饰以红樱桃。

（四）史丁格（Stinger）

这款酒适宜餐后饮用，有浓厚的薄荷味，饮后能祛风行气，健身强体，潮湿气候饮用尤佳。

材料：白兰地1oz，白薄荷酒1oz。

制法：调和滤冰法。在调酒杯内放上冰块，注入以上两种酒搅匀滤入鸡尾酒杯，以红樱桃装饰。

（五）白兰地珊格瑞（Brandy Sangaree）

这是一款在任何时间里都受人喜爱的鸡尾酒。

材料：白兰地1oz，冰镇苏打水2oz，糖粉0.5茶匙，甜白葡萄酒1茶匙。

制法：兑和法。在古典酒杯中用少许水将糖粉化开，杯中加入3块冰块，依次倒入甜白葡萄酒、白兰地冰镇和苏打水，在杯中放入一片橘子片，然后在酒上撒少许豆蔻粉。

（六）美国丽人（American Beauty）

美国丽人是玫瑰花的一个品种，是美国华盛顿特区的区花。这款鸡尾酒创于华盛顿，且其较为绚丽的红色也酷似此花，因此得名。

材料：白兰地0.5oz，甜苦艾酒0.5oz，红石榴糖浆0.5oz，柑橘汁0.5oz，白薄荷酒1/3oz，红葡萄酒约0.5oz。

制法：摇和滤冰法。在调酒壶中加入八分满冰块，量白兰地、甜苦艾酒、红石榴糖浆、柑橘汁、白薄荷酒倒入调酒壶中摇至外部结霜，再倒入鸡尾酒杯，用吧匙的背面顺杯壁缓缓倒入红葡萄酒。

（七）奥林匹克（Olympic）

本款鸡尾酒诞生于巴黎著名的丽晶饭店，是为了纪念1900年在巴黎举行的奥林匹克运动会创制。

材料：白兰地1oz，橙色柑香甜酒1oz，柳橙汁1oz。

制法：摇和滤冰法。在调酒壶中加入八分满冰块，倒入上述材料，摇至外部结霜后，连冰带酒倒入古典杯。

（八）白兰地帕弗（Brandy Puff）

材料：白兰地 1oz，鲜牛奶 1oz，冰镇苏打水 2oz。

制法：兑和法。在海波杯中加入 2 块冰块，依次倒入鲜牛奶和白兰地，搅拌后倒入苏打水。

（九）白兰地霸克（Brandy Buck）

此款鸡尾酒口味清美，消暑解渴。

材料：白兰地 1oz，柠檬汁 1/6oz，冰镇姜汁汽水（或姜汁啤酒）1 听，白色薄荷酒 1 茶匙。

制法：摇和滤冰法。在摇酒壶中加入 3 块冰块，将白兰地、柠檬汁和白色薄荷酒依次倒入，摇动 10～15s，然后将酒液滤入加有冰块的海波酒杯中，加满姜汁汽水，杯中点缀 1 片柠檬。

（十）尼古拉斯奇卡（Nicholaschika）

据说俄国皇帝尼古拉斯二世喜欢就着柠檬喝伏特加酒，因而这款创制于德国的鸡尾酒就借用了这个名字。

材料：白兰地 1oz，砂糖 1 茶匙。

制法：兑和法。用量酒器量白兰地 1oz 于鸡尾酒杯中，放柠檬薄片于杯口，在薄片上倒一茶匙砂糖。

四、以朗姆酒为基酒的鸡尾酒

（一）自由古巴（Cuba Libra）

"Cuba Libra"是古巴人民在西班牙统治下争取独立的口号，战争中，在古巴首都哈瓦那登陆的一个美军少尉在酒吧要了朗姆酒，他看到对面座位上的战友们在喝可乐，就突发奇想把可乐加入了朗姆酒中，并举杯对战友们高呼："Cuba Libra！"从此就有了这款鸡尾酒。这种酒酒味香醇甜美，宜夏天饮用，更适合酒量浅的人饮用，有去除疲劳助消化、促进新陈代谢的功效。

材料：深色朗姆酒 1oz，柠檬汁 0.5oz，可口可乐 1 瓶。

制法：兑和法。在海波杯内加入三块冰块，并放入一片柠檬片，量深色朗姆酒与柠檬汁于杯中，注入可乐至八分满，用吧匙轻搅 2～3 下。加吸管，不加其他装饰。

（二）得其利（Daiquiri）

1898 年，当西班牙和美国的战争结束时，一位美国工程师应聘至古巴的圣地亚哥协助开采一个名叫得其利（Daiquiri）的铁矿。由于工程艰苦，气候炎热，每晚都饮酒解乏，他们就地取材，把朗姆酒加些糖和青柠汁调和来喝。后来，这位工程师建议取名为得其利。

材料：淡朗姆 1.5oz，柠檬汁或橙汁 0.5oz，砂糖 1/2 匙。

制法：调和滤冰法。将上述材料加冰搅匀后滤入上糖霜边的鸡尾酒杯，或加有冰块的古典杯内,必要时可多加点糖,用一块鲜柠檬皮装饰。这是一种带有淡蓝灰色彩的鸡尾酒,日本人习惯上称它为“百家地”。这种酒宜餐前饮用或佐餐用,可助消化,增进食欲。

(三)百家得(Bacardi)

材料:百家得朗姆酒 1/5oz,鲜柠檬汁 1/4oz,石榴糖浆 3/4oz。

制法:摇和滤冰法。将冰块置于调酒壶内,注入朗姆酒、石榴糖浆和鲜柠檬汁充分摇匀,滤入鸡尾酒杯,以一颗红樱桃点缀。

(四)迈泰(Mai Tai)

“Mai Tai”是澳大利亚塔西提岛土语,意思是“好极了”。1944 年这款酒的最初品尝者是两个塔西提岛人,他们品饮之后连声说:“Mai Tai!”,从此得名。因此本款酒又叫:“好极了”、“迈太”或“媚态”。

材料:白色朗姆酒 1oz,深色朗姆酒 0.5oz,白柑橘香甜酒 0.5oz,柠檬汁 0.5oz,糖水 0.5oz,红石榴糖浆 1/3oz。

制法:摇和法。调酒壶装 1/2 冰块,量白色朗姆酒、深色朗姆酒、白柑橘香甜酒、柠檬汁、糖水、红石榴糖浆倒入,并摇至外部结霜,将摇杯中材料和较完整的冰块一起倒入古典酒杯,穿叉红樱桃(在上)与凤梨片(在下)一边挂在杯口,一边浸入酒中。

(五)椰林飘香(Pina Colada)

“Pina”即西班牙语“凤梨”,而“Colada”,即冰镇果汁朗姆酒,本款鸡尾酒是墨西哥等地区极流行的降暑饮料。

材料:白朗姆酒 1oz,凤梨汁 3oz,柠檬汁 0.5oz,椰浆 1oz。

制法:搅和法。量白朗姆酒、凤梨汁、柠檬汁、椰浆倒入搅拌机内。用碎冰机碎适量冰块,加入搅拌机内。打匀倒入果汁杯中,装饰穿叉凤梨片与红樱桃于杯上,放入吸管与调酒棒。

(六)天蝎座(Scorpion)

这款鸡尾酒正如其名,是一种非常危险的鸡尾酒,因为它喝起来的口感很好,等到发现不对的时候,已经相当醉了。

材料:白朗姆酒 1oz,白兰地 0.5oz,柳橙汁 2oz,凤梨汁 2oz。

制法:搅和法。量白朗姆酒、白兰地、柳橙汁、凤梨汁倒入搅拌机内。用碎冰机打碎适量冰块,加入搅拌机内。打匀倒入哥连士杯中,装饰穿叉柳橙片与红樱桃于杯上,放入吸管与调酒棒。

(七)霜冻得其利(Frozen Daiquiri)

材料:白朗姆酒 1.5oz,白柑橘香甜酒 0.5oz,柠檬汁 0.5oz,糖水 0.5oz 或砂糖 1 匙。

制法:搅和法。量白朗姆酒、白柑橘香甜酒、柠檬汁、糖水或砂糖,倒入搅拌机内。再用碎冰机打碎适量冰块,加入搅拌机内,打匀倒入鸡尾酒杯。

(八)迈阿密(Miami)

朗姆酒产于加勒比海和西印度洋群岛,而美国佛罗里达州的迈阿密被认为是加勒比海的入口,当地温暖的气候和美丽的海滩使之成为盛名的旅游度假区。朗姆酒柔和的口味让人联想到加勒比海地区的风情。

材料:朗姆酒 1.5oz,白薄荷酒 2/3oz,柠檬汁 1 茶匙。

制法:摇和法。将朗姆酒、白薄荷酒、柠檬汁等倒入调酒壶中摇匀,将摇和好的酒倒入鸡尾酒杯中。

(九)蓝色夏威夷(Blue Hawaii)

材料:椰香朗姆酒 1oz,蓝橙利口酒 0.5oz,菠萝汁 1oz,柠檬汁 0.5oz。

制法:摇和滤冰法。调酒壶中加八分满冰块,倒入上述材料,摇至外部结霜,倒入高脚香槟酒杯,装饰柠檬片与小雨伞(或兰花一朵)于杯口。

(十)上海(Shanghai)

上海曾沦为欧美各国的租界地,这种鸡尾酒就是以它命名,黑色朗姆酒独特的焦味配上茴香利口酒的甜味,调制出口味复杂的鸡尾酒。

材料:黑色朗姆酒 0.5oz,茴香酒 1/6oz,石榴糖浆 1/2 茶匙,柠檬汁 1/3oz。

制法:摇和滤冰法。将冰块和上述材料倒入调酒壶中摇匀,滤入杯中即可。

五、以伏特加为基酒的鸡尾酒

(一)黑俄罗斯(Black Russian)

本款酒又称"黑俄",因为采用了俄罗斯人最喜爱的伏特加为基酒,又加入了咖啡香甜酒而使其颜色较深,故名黑俄罗斯。如果在此酒中加入淡奶(1oz),则名为白俄罗斯。这款鸡尾酒味道芬芳,饮后能增加精神,宜餐后与咖啡共进。

材料:伏特加酒 1oz,甘露咖啡酒 0.5oz。

制法:兑和法。先把冰块放入平底杯中,倒入基酒和辅料,轻轻搅拌 2 ~ 3 下搅匀,不加任何装饰。

(二)血腥玛丽(Bloody Mary)

"血腥玛丽"是指 16 世纪中叶英国女王玛丽一世。她心狠手辣,为复兴天主教杀戮了很多新教教徒,因此得到了这个绰号。本款鸡尾酒颜色血红,使人联想到当年的血腥屠杀。这是一款世界流行的鸡尾酒,甜、酸、苦、辣四味俱全,富有刺激性,夏季饮用可增进食欲。

材料:伏特加酒 1oz,番茄汁 3oz,辣酱油 4 滴,李派林喼汁 6 滴,精盐 1/2 茶匙,黑胡椒 1/2 茶匙。

制法:兑和法。用糖将古典杯制成雪糖杯,放入两块冰块,先倒入基酒和辅料,挤一块柠檬角汁,并把柠檬角放入杯中,加盐、黑胡椒粉,6 滴李派林急汁,4

滴辣椒油,用西芹杆搅匀。以西芹杆和柠檬片挂杯装饰。

(三)螺丝起子(Screwdriver)

这是一款洋溢着柳橙汁香味的鸡尾酒。在伊朗油田工作的美国工人以螺丝起子将伏特加及柳橙汁搅匀后饮用,故而取名为螺丝起子。这是一款世界著名的鸡尾酒,四季均宜饮用,酒性温和,气味芬芳,能提神健胃,颇受欢迎。

材料:伏特加酒 1.5oz,橙汁 6oz。

制法:兑和法。把基酒和辅料倒入加了碎冰的哥连士杯内,加橙角、樱桃装饰。

(四)咸狗(Salt Dog)

材料:伏特加 1oz,葡萄柚汁 1 听。

制法:兑和法。制作盐口海波杯,在盐口海波杯中加八分满冰块。量伏特加于杯中,注入葡萄柚汁至八分满,用吧匙轻搅 5~6 下,放入调酒棒。

(五)烈焰之吻(Kiss of the Fire)

伏特加酒酒性烈如火,这款鸡尾酒在伏特加酒内添加了萃取药草精华的味美思酒,因此一接触到嘴唇就有一股强烈刺激的灼热感,似烈焰燃烧。

材料:伏特加 2/3oz,野红莓杜松子酒 2/3oz,干味美思 2/3oz,柠檬汁 2 大滴,砂糖适量。

制法:摇和法。用砂糖将鸡尾酒杯做成糖霜杯待用。把上述材料和冰放入调酒壶,摇匀后滤入鸡尾酒杯。

(六)莫斯科骡子(Moscow's Mule)

"莫斯科骡子"鸡尾酒由伏特加、姜汁啤酒和柳橙调和而成,口味清新爽口最初这款酒是用一种铜制杯子盛载。

材料:伏特加 1.5oz,姜汁啤酒 3oz,柳橙 1 块。

制法:兑和法。将冰块加入哥连士杯中,再依次加入伏特加酒和姜汁啤酒,柳橙挤汁后沉入杯底。

(七)俄罗斯人(Russian)

材料:伏特加 2/3oz,金酒 2/3oz,深色可可酒 2/3oz。

制法:摇和滤冰法。调酒壶中放入八分满冰块,然后倒入上述材料后,摇至外部结霜,滤入鸡尾酒杯。

(八)狂热(Fever)

此款鸡尾酒口感清香酸甜。据说喝了会使魔羯座人的爱情更加炽烈燃烧,体现出无限的浪漫和温情。

材料:伏特加 1oz,白柑橘香甜酒 2/3oz、葡萄柚 1.5oz。

制法:摇和法。调酒壶装 1/2 冰块,量伏特加、白柑橘香甜酒、葡萄柚倒入,摇至外部结霜后,将调酒壶中材料和较完整的冰块一起倒入古典酒杯。

（九）非常喜悦（High Life）

此款鸡尾酒口味甜蜜，使人感观上得到喜悦。这款甜蜜的鸡尾酒正好烘托出恋人们甜蜜的心情。

材料：伏特加1.5oz，白柑橘香甜酒1/3oz，凤梨汁1/3oz，蛋清1只。

制法：摇和法。调酒壶装1/2冰块，量伏特加、白柑橘香甜酒、凤梨汁、蛋清倒入，摇至外部结霜后，将摇杯中材料和较完整的冰块一起倒入古典酒杯。

（十）幻想曲（Fantasia）

此款鸡尾酒色泽清新，口味完美，使人充满幻想。

材料：伏特加1.5oz，樱桃白兰地1/3oz，橙色柑香甜酒1/3oz，葡萄柚2/3oz。

制法：摇和法。调酒壶装1/2冰块，量伏特加、樱桃白兰地、橙色柑香甜酒、葡萄柚倒入，摇至外部结霜后，将摇杯中材料和较完整的冰块一起倒入古典酒杯。

六、以特基拉为基酒的鸡尾酒

（一）玛格丽特（Margarita）

本款鸡尾酒是1949年全美鸡尾酒大赛冠军，它的创作者是洛杉矶的简·杜雷萨。在1926年，他和恋人玛格丽特外出打猎时，恋人不幸中流弹身亡。简·杜雷萨从此郁郁寡欢，为纪念爱人，他将自己的获奖作品以她的名字命名。因为玛格丽特生前特别喜欢吃咸的东西，故本款鸡尾酒杯使用盐口杯。

材料：特基拉酒1oz，橙皮香甜酒0.5oz，鲜柠檬汁1oz。

制法：摇和滤冰法。先将玛格丽特杯用精细盐圈上杯口待用，并将上述材料加冰摇匀后滤入杯中，最后饰以一片柠檬片。

（二）蓝色玛格丽特（Blue Margarita）

蓝色玛格丽特是在玛格丽特的基础上创新而成的一款鸡尾酒。

材料：特基拉酒1oz，蓝色柑香酒0.5oz，砂糖1茶匙，细碎冰3/4杯。

制法：摇和滤冰法。用盐将玛格丽特杯做成雪糖杯型。将冰块和上述材料倒入调酒壶内，摇匀滤入杯中。

（三）冰镇玛格丽特（Iced Margarita）

本款鸡尾酒是将“玛格丽特”加碎冰打匀而成的。

材料：特基拉酒1oz，白柑橘香甜酒1oz，柠檬汁1oz。

制法：搅和法。用盐将玛格丽特杯做成盐口杯。量特基拉酒、白柑橘香甜酒、柠檬汁倒入搅拌机内。用碎冰机打碎适量冰块，加入搅拌机内，打匀倒入盐口杯。

（四）特基拉日出（Tequila Sunrise）

这是一款诞生在特基拉酒的故乡——墨西哥的鸡尾酒。1972年，滚石乐队成员世界巡回演出时，邂逅这款鸡尾酒，并对其大加赞赏。随后经滚石乐队的歌迷们将它带到了世界各地，为世人所知。

材料:特基拉酒 1oz,石榴糖浆 0.5oz,橙汁 2oz。

制法:兑和法。在高脚杯中加适量冰块,量入特基拉酒,兑满橙汁,然后沿杯壁放入石榴糖浆,使其沉入杯底,并使其自然升起呈太阳喷薄欲出状。

七、以啤酒为基酒的鸡尾酒

(一)红眼(Red Eyes)

这是一款使用番茄汁调和的美国式鸡尾酒。

材料:啤酒 8oz,番茄汁 2oz。

制法:兑和法。在坦布勒杯中倒入冰冷的啤酒和番茄汁,用吧匙慢慢地调和均匀。

(二)红鸟(Red Bird)

这是一款美式长饮酒,其中加入了很多番茄汁,与"红眼"一样是鸡尾酒中的代表品种。

材料:啤酒 1/2 杯,番茄汁 1/2 杯。

制法:兑和法。将啤酒向坦布勒杯中注入一半,剩下的一半用番茄汁注满,搅拌均匀。

(三)姗蒂(Shanty)

材料:生啤酒 5oz,雪碧汽水 5oz。

制法:兑和法。把基酒和辅料倒入皮尔森啤酒杯中,不加装饰。

(四)枪手(Gunner)

材料:姜啤 3.5oz,干姜水 3.5oz,安哥斯特拉比特酒。

制法:兑和法。先把 3 块冰放入柯林杯,滴 3 滴安哥斯特拉比特酒,然后放入基酒和干姜水,最后把扭曲的柠檬皮垂入酒液,橙角、樱桃卡在杯沿装饰。

(五)鸡蛋啤酒(Egg in the Beer)

此酒是用啤酒和蛋黄调制而成的,泡沫丰富,营养全面,而且具有细腻的口感。

材料:啤酒 1 杯,蛋黄 1 个。

制法:兑和法。将蛋黄倒入鸡尾酒杯中,用吧匙打散,用啤酒注满。

(六)黑丝绒(Black Velvet)

黑丝绒是于 1861 年在英国伦敦的布鲁克斯俱乐部调制而成的,埃尔伯特王子逝世后,一名服务员认真地在倒香槟时也进行哀悼,所以他加入了黑啤酒。

材料:黑啤酒 1/2 杯,香槟 1/2 杯。

制法:兑和法。从鸡尾酒杯两侧同时倒入黑啤酒和香槟至八分满。

(七)杏仁啤(Apricot Beer)

材料:啤酒 2oz,杏仁酒 1oz,柳橙汁 1oz,红石榴汁 1/3oz。

制法:兑和法。在皮尔森啤酒杯中加上冰块,然后将杏仁酒、柳橙汁、红石榴汁等量入杯中,用吧匙搅拌均匀后,注入啤酒至八分满。

(八)抹茶啤(Macha Beer)

材料:啤酒 6oz,抹茶利口酒 1oz。

制法:兑和法。在皮尔森啤酒杯中加上冰块,倒入抹茶利口酒,再注入啤酒至八分满。

八、以葡萄酒为基酒的鸡尾酒

(一)基尔(Kirl)

基尔是指以干白葡萄酒加入黑醋栗利口酒调制成的鸡尾酒。如果以香槟代替干白葡萄酒,则为皇家基尔。

材料:干白葡萄酒 2oz,黑醋栗利口酒 1/3oz。

制作:兑和法。在鸡尾酒杯中倒入冰镇干白葡萄酒,再倒入黑醋栗利口酒,搅拌均匀。

(二)翠竹(Bamboo)

这款"翠竹"鸡尾酒的味道有点像竹子里清冽的汁液,因此得名。

材料:干雪莉酒 1.5oz,干味美思 0.5oz,橙味苦酒 1 大滴。

制法:调和滤冰法。将冰镇的以上材料放在调酒杯中,搅拌均匀,滤入鸡尾酒杯中。

(三)香槟鸡尾酒(Champagne)

香槟鸡尾酒以香槟为基酒调制而成,气质高雅,似乎能够感觉到上流社会的奢侈味道。

材料:香槟酒 2oz,苦酒 1 滴,方糖 1 块。

制法:调和滤冰法。将冰镇的以上材料放在调酒杯中,搅拌均匀,滤入鸡尾酒杯中。

(四)含羞草(Mimosa)

这种以香槟为基酒的鸡尾酒,被喻为世上最美味、最豪华的柳橙汁。

材料:香槟酒 1/2 杯,橙汁 1/2 杯。

制法:兑和法。将冰镇的橙汁放在鸡尾酒杯中,然后慢慢注入香槟酒。

(五)雪比丽宾治酒(Happy Punch)

此款鸡尾酒清凉怡神,是酒会上的必备饮品。

材料:玫瑰露酒 1oz,薄荷糖浆 1oz,干白葡萄酒 14oz(8 人份)。

制法:兑和法。在一个大玻璃碗或宾治酒缸中加入一块大冰块或者数块小冰块,然后将玫瑰露酒、薄荷糖浆和干白葡萄酒依次倒入酒缸中,用吧匙搅拌,使其均匀、凉透,再将 8 片薄荷叶撕碎放入酒缸中,将酒分别盛入 8 个高脚葡萄酒杯中,可供 8 人同时饮用。

(六)白鹅(White Goose)

此款鸡尾酒色彩洁白,味道清香。

材料:杏仁露 1/3oz,国产伏特加酒 1/3oz,白葡萄酒 1.5oz。

制法:摇和滤冰法。在调酒壶中加入 4 块冰块,然后将上述材料依次倒入调酒壶中,摇动 10s,将酒液滤入鸡尾酒杯中。

(七)红香槟(Red Champagne)

此款鸡尾酒味道和颜色都给人以清新的感觉。

材料:干白葡萄酒 2oz,可口可乐 1 听。

制法:兑和法。海波杯中加入 3 块冰块,将干白葡萄酒和可口可乐依次倒入,杯口放一片柠檬片加以装饰。

(八)水果鸡尾酒(Wine Fresh)

这种酒含碳酸,喝起来舌头倍感清爽。

材料:干白葡萄酒 2oz,苏打水 1 听,柠檬汁 1 茶匙。

制法:兑和法。在装有方形冰块的海波杯中加入干白葡萄酒至五分满,再加进 1 茶匙的柠檬汁,然后加满苏打水,最后以柠檬切片装饰。

九、以清酒为基酒的鸡尾酒

(一)清酒马天尼(Saketini)

将传统马天尼材料中的干味美思换成清酒,就是一款日本风味的鸡尾酒。俗称清酒马天尼。

材料:日本清酒 0.5oz,金酒 1.5oz。

制法:调和滤冰法。将冰镇的上述材料倒在调酒杯中,然后轻轻搅拌均匀,滤入鸡尾酒杯中。装饰物可根据口味使用橄榄或柠檬皮。

(二)酸清酒(Sake Sour)

口味清新、提神醒目是清酒酸的特色,饮后使人神清气爽。

材料:日本清酒 1.5oz,柠檬汁 0.5oz,砂糖 1 茶匙,苏打水适量。

制法:摇和法。将上述材料倒在调酒壶中,摇匀后滤入鸡尾酒杯中,最后慢慢注入苏打水。

(三)武士(Samurai)

不习惯清酒口味的人也会比较容易接受这款鸡尾酒,莱姆汁青涩的香味可以抑制清酒的独特口味,使它较容易接受。

材料:清酒 1.5oz,柠檬汁 0.5oz。

制法:兑和法。在古典杯中放 2 ~3 个冰块后,倒入上述材料轻轻搅拌。

(四)樱花(Sakura)

此款鸡尾酒的色泽如樱花般灿烂,洋溢着春天的气息。

材料:清酒 0.5oz,香橙甜酒 0.5oz,石榴糖浆 0.5oz,鲜柠檬汁 0.5oz,西瓜甜酒 4/3oz。

制法:摇和滤冰法。在调酒壶中加入适量的冰块,依序将上述材料倒入,摇晃均匀后倒入冰冷的鸡尾酒杯中。

十、以利口酒为基酒的鸡尾酒

(一)天使之吻(Angle Kiss)

"天使之吻"鸡尾酒口感甘甜而柔美,如丘比特之箭射中恋人的心。取一颗甜味樱桃置于杯口,在乳白色鲜奶油的映衬下,恍似天使的红唇,这款鸡尾酒因此得名。

材料:可可甜酒 4/5oz,鲜奶油 1/5oz,樱桃 1 个。

制法:漂浮法。采用引流法将可可甜酒从杯侧轻轻注入利口酒杯中,然后用同样方法将奶油轻轻注入利口酒杯中,使其漂浮在酒面上产生分层的效果,最后,用酒签刺穿的樱桃横在杯口装饰。

(二)青草蜢(Grasshopper)

此款鸡尾酒颜色翠绿,如草地上跳动的精灵——青草蜢。

材料:白可可甜酒 2/3oz,绿薄荷甜酒 2/3oz,鲜奶油(或炼乳)2/3oz。

制法:摇和滤冰法。在摇酒器内加上一半的冰块,再将上述材料加入并充分摇匀,使利口酒和鲜奶油充分混合,滤入鸡尾酒杯,用一颗绿樱桃进行装饰。

(三)金色梦幻(Golden Dream)

此款鸡尾酒具有金黄的色泽,朦朦胧胧,如梦似幻。

材料:意大利加里安诺香草酒 1oz,白柑橘香甜酒 0.5oz,柳橙汁 0.5oz,奶油 0.5oz。

制法:摇和滤冰法。在调酒壶中加入八分满冰块,倒入上述材料后,摇至外部结霜,滤入鸡尾酒杯。

(四)卡萨布兰卡(Casa Blanca)

卡萨布兰卡是西班牙语,"Casa"意为"房屋","Blanca"是"白色"之意,连起来就是"白房子"的意思。该款鸡尾酒色泽淡蓝,口感如雪,清凉爽口。

材料:蓝橙甜酒 1oz,菠萝汁 2oz,椰浆 1/2oz,鲜奶 1oz,糖 1/3oz。

制法:搅和法。将基酒与辅料用量杯按配方量入已加好碎冰的电动搅拌器中,中速搅拌 15s,然后连冰带水倒入杯中,用菠萝角装饰,插入吸管。

(五)美国佬(Americano)

此款鸡尾酒口味微苦,色泽微红。

材料:金巴利酒 1oz,甜苦艾酒 2/3oz,苏打水 1 听,柠檬皮 1 节。

制法:兑和法。在海波杯中加八分满冰块。量入金巴利酒,在金巴利酒中加入甜苦艾酒，最后注入苏打水至八分满，用吧匙轻搅2～3下。扭转柠檬皮擦拭海波杯杯口，再放入杯中，最后放入调酒棒。

（六）蓝泻湖（Blue Lagoon）

蓝泻湖是一个由火山熔岩形成的咸水湖，富含矿物质，远在冰岛。

材料：蓝柑橘糖浆1oz，柠檬汁0.5oz，苏打水1听。

制法：兑和法。在哥连士杯中加八分满冰块。量入蓝柑橘糖浆、柠檬汁于杯中，注入苏打水至八分满，用吧匙轻搅2～3下。装饰穿叉柠檬片与红樱桃于杯口，放入调酒棒与吸管。

（七）火凤凰（Fire Phoenix）

此款鸡尾酒颜色自然美丽，味道甜润可口。

材料：石榴糖浆1/3oz，竹叶青酒1/3oz，冰镇鲜橙汁4oz。

制法：兑和法。在平底果汁杯中加入冰镇鲜橙汁，然后将石榴糖浆倒入，最后再将竹叶青酒轻轻地倒入。

（八）红绿灯（Red & Green Light）

此款鸡尾酒层次分明醒目，犹如红绿灯。

材料：甜红葡萄酒2/3oz，糖粉4茶匙，甜白葡萄酒2/3oz，橙汁粉2茶匙，竹叶青酒2/3oz。

制法：漂浮法。首先将糖粉溶于红葡萄酒中，并倒在利口酒杯内，再将橙汁粉溶于白葡萄酒中，并顺吧匙轻轻倒在红葡萄酒上面。最后将竹叶青酒顺吧匙轻轻倒入，浮在杯内两种酒的上面。

（九）红与黑（Red and Black）

此款鸡尾酒颜色反差强烈，味道甜美浓厚。

材料：速溶咖啡粉1茶匙，糖浆1oz，二锅头酒2/3oz，红味美思酒1/3oz。

制法：漂浮法。先将1茶匙速溶咖啡粉溶于糖浆中（或先用少许水将咖啡粉溶化之后，再和糖浆混合），倒入利口酒杯中，再将糖浆和一半二锅头酒混合，沿吧匙慢慢倒入杯中第一种酒料之上，最后将另一半二锅头酒和红味美思酒混合，沿吧匙轻轻倒入杯中，使之浮在两种酒料之上。

（十）清凉世界（Cool World）

此款鸡尾酒色泽碧绿、口味清凉，具有凉凉的薄荷味。

材料：绿薄荷酒1.5oz，雪碧1听，红樱桃1只。

制法：兑和法。将哥连士杯中装入一半冰块，量入绿薄荷酒，最后注入雪碧至八分满，红樱桃卡在杯口装饰。

十一、以中国白酒为基酒的鸡尾酒

（一）中国马天尼（Chinatini）

此款鸡尾酒采用中国国酒之一调制而成，味美淳厚，其茅台所特有的白酒酱香。

材料:茅台酒 3oz,玫瑰露 1oz,青橄榄 1 只。

制法:摇和滤冰法。将冰块、茅台酒和玫瑰露酒放入调酒壶中摇匀,滤入鸡尾酒杯,杯口用柠檬皮擦拭,橄榄沉底装饰。

(二)长城之光(The Light of the Great Wall)

此款鸡尾酒酒液色美、味道酸甜,适合于四季饮用。

材料:竹叶青 1.5oz,金奖白兰地 0.5oz,柠檬汁 1.5oz,石榴糖浆 1 茶匙。

制法:摇和滤冰法。将上述材料和冰放入调酒壶,摇匀后滤入鸡尾酒杯。

(三)水晶之恋(Crystal Love)

此款鸡尾酒味道甘美、香气幽雅,清澈透明如水晶一般。

材料:洋河大曲 2oz,中国干白葡萄酒 1/3oz,红樱桃 1 只。

制法:摇和滤冰法。将上述材料和冰放入调酒壶,摇匀后滤入鸡尾酒杯,红樱桃沉底装饰。

(四)熊猫(Panda)

此款鸡尾酒酒液为黄色,淳厚宜人,具有幽雅的茅台酱香气息。

材料:茅台酒 1oz,柳橙汁 1oz,蛋黄 1 只,白砂糖 1 茶匙。

制法:摇和滤冰法。将上述材料和冰放入调酒壶,摇匀后滤入鸡尾酒杯,最好用竹叶装饰。

十二、无酒精鸡尾酒

(一)佛罗里达(Florida)

这是以美国南部佛罗里达州的名字命名的鸡尾酒。此酒是无酒精饮料中的名品。

材料:橙汁 3/4oz,柠檬汁 1/4oz,砂糖 1 茶匙,树皮苦酒 2 滴。

制法:摇和法。将上述材料倒入调酒壶中摇和,然后将摇和好的酒倒入鸡尾酒杯中。

(二)灰姑娘(Cinderella)

此款鸡尾酒也是无酒精鸡尾酒中的名品。

材料:橙汁 1oz,柠檬汁 1oz,菠萝汁 1oz。

制法:摇和法。将所有材料倒入调酒壶中摇和,然后倒入鸡尾酒杯中。

(三)秀兰·邓波儿(Shirley Temple)

这是以曾经风光一时的明星秀兰·邓波儿的名字命名的鸡尾酒,这杯鸡尾酒由于不含酒精,口味酸甜略带姜汁的辛辣,适合任何场合饮用。

材料:石榴糖浆 2/3oz,姜汁汽水适量,柠檬片 1 片。

制法:调和法。将石榴糖浆倒入加满冰块的坦布勒杯中,然后用姜汁汽水注满酒杯,轻轻地调和,最后用柠檬片装饰。

（四）波斯猫（Pussy foot）

此款鸡尾酒亦称“潜行者”或“猫步”，是形容那些像猫一样轻轻走路的人。这是一款无酒精鸡尾酒，加入蛋黄的目的是为了调和出金黄色。

材料：橙汁3oz，柠檬汁1/2oz，菠萝汁1/2oz，红糖浆1/3oz，鸡蛋黄1个，七喜汽水适量。

制法：摇和法。将所有材料倒入调酒壶中长时间摇和均匀，然后倒入柯林杯中。如果喜欢较冷的饮料，也可用搅和法，把材料加碎冰全部放入搅拌机搅拌均匀，倒入柯林杯，加橙角、樱桃装饰。

（五）柳橙苏打（Orange Squash）

材料：鲜柳橙汁4oz，七喜汽水1听。

制法：兑和法。在哥连士杯中加八分满冰块。量鲜橙汁于杯中，注入七喜汽水至八分满，用吧匙轻搅2~3下。装饰穿叉柳橙片与红樱桃于杯上。

（六）水果宾治（Fruit Punch）

“Punch”即果汁、香料、奶、茶、酒等掺和的香甜混合饮料，本款Punch又由多种果汁调成，因而得名水果宾治。

材料：柳橙汁2oz，凤梨汁2oz，红石榴糖浆1/3oz，七喜汽水1听。

制法：兑和法。哥连士杯中加入八分满冰块，倒入柳橙汁、凤梨汁、红石榴糖浆，注入七喜汽水至八分满，用吧匙轻搅几下，装饰穿叉柳橙片与红樱桃于杯口，放入吸管与调酒棒。

（七）薄荷宾治（Mint Punch）

材料：1oz绿薄荷酒，橙汁2oz，菠萝汁2oz。

制法：兑和法。把基酒、辅料倒入柯林杯中，最后把橙角、樱桃卡在杯沿，薄荷叶斜放杯中作装饰。

（八）绿野仙踪（Derris World）

此款鸡尾酒的颜色碧绿、口味凉爽，是夏日备受欢迎的清凉饮料。

材料：柳橙汁2oz，柠檬汁0.5oz，绿薄荷果露0.5oz，雪碧1听。

制法：摇和滤冰法。将柳橙汁、柠檬汁、绿薄荷果露倒入盛满冰块的调酒壶中，摇匀后滤入果汁杯中，加入雪碧注满。

十三、常用混合饮料的调制

用一种酒精饮料和一款软饮料简单相加制作的鸡尾酒常被称作为混合饮料。混合饮料的制作基本都是采用兑和法：柯林杯中加半杯冰，加入基酒，追加软饮至八分满，搅拌2~3下即可。其命名方法也多采取直接命名法，将两种酒水的名称直接叠加即成为混合饮料的名称。常见混合饮料的调制见下表。

常见混合饮料的调制

基酒	软饮	装饰	备注
金酒 1oz	汤力水	装饰柠檬片于杯口,放入调酒棒	金汤力(Gin Tonic)
金酒 1oz	姜汁汽水	扭转柠檬皮擦拭杯口后放入杯中,放入调酒棒	金姜汁(Gin Ginger)
金酒 1oz	雪碧	柠檬片	—
金酒 1oz	可乐	柠檬片	—
金酒 1oz	橙汁	—	—
威士忌 1oz	苏打水	—	—
波旁威士忌 1oz	可乐	装饰柠檬片于杯口,放入调酒棒	波旁可乐(Bourbon Cole)
加拿大威士忌 1oz	七喜汽水	放入调酒棒	加拿大七喜(Canadian 7up)
苏格兰威士忌 1oz	苏打水	放入调酒棒	苏格兰苏打(Scotch Soda)
白兰地 1oz	可乐		—
白兰地 1oz	姜汁汽水	放入调酒棒	白兰地姜汁(Brandy Ginger)
朗姆酒 1oz	可乐	将柠檬片放入杯中	—
伏特加 1oz	汤力水	装饰柠檬片于杯口,放入调酒棒	伏特加汤力(Vodka Tonic)
伏特加 1oz	七喜汽水	装饰柠檬片于杯口	—
伏特加 1oz	橙汁	—	螺丝起子(Screwdrirer)
伏特加 1oz	可乐	装饰柠檬片于杯口	—
金巴利酒 1.5oz	苏打水	装饰柠檬片于杯口	—
金巴利酒 1.5oz	橙汁	—	—
绿薄荷酒 1oz	七喜汽水	—	清凉世界(Cool World)

◎本章小结

1. 鸡尾酒的标准配方包括:基酒名称及分量、辅料名称及分量、配料名称及分量或使用方式,装饰物及装饰方法、载杯、调制方法。

2. 鸡尾酒酒方根据鸡尾酒酒方的使用目的可分为标准酒方和指导性酒方,根据酒方表现形式可分为以鸡尾酒标准口味确定的酒方和以酒杯容量确定的酒方。

◎思考与练习

1. 简述鸡尾酒酒方的概念。
2. 简述鸡尾酒酒方的分类。

◎实践作业

红粉佳人和玛格丽特的调制。

方式:准备雪克壶、冰块,金酒、柠檬汁、红石榴糖浆、君度、鸡蛋清、特基拉酒、橙皮香甜酒、红樱桃、柠檬片、鸡尾酒杯、玛格丽特杯和细盐碟,在教师的指导下,制作红粉佳人和玛格丽特。

参考文献

[1]王文君.酒水知识与酒吧经营管理[M].北京:中国旅游出版社,2004.
[2]王晓晓.酒水知识与操作服务[M].沈阳:辽宁科学技术出版社,2003.
[3]郭征.葡萄酒鉴赏宝典[M].上海:上海科学技术出版社,2005.
[4]刘瑛.洋酒知识一点通[M].广州:暨南大学出版社,2004.
[5]何丽芳.酒店酒水与服务管理[M].广州:广东经济出版社,2005.
[6]田芙蓉.酒水服务与酒吧经营管理[M].昆明:云南大学出版社,2004.
[7]吴克祥,范建强.吧台酒水操作实务[M].沈阳:辽宁科学技术出版社,1997.
[8]李祥睿,陈洪华.调酒师手册[M].北京:化学工业出版社,2007.
[9]国家旅游局人事劳动司.调酒[M].北京:高等教育出版社,1993.
[10]刘雨沧.调酒技术[M].北京:高等教育出版社,2004.
[11]王恩泽.名酒的历史[M].哈尔滨:哈尔滨出版社,2007.

附 录

附录一：法国葡萄酒年份表

法国葡萄酒主要产区 1966~2003 年份表 1

产区 年份	波尔多红 Bordeaux	波尔多白 Bordeaux	苏甸白 Sauternes Barsac	勃艮第红 Bourgogn	勃艮第白 Bourgogn	薄若莱 Beaujolai	北罗讷河 Rhone N
1966	* * * *	* * *	* * *	* * * *	* *		* * * *
1967	* *	* *	★	* *	* *		* * *
1970	* * *	* * *	* * *	* * *	* * *		★
1971	* * *	* * *	* * *	* * *	* * *		* * *
1975	* *	* * *	★	*	* *		* *
1976	* * *	* * *	* * * *	* * * *	* * *		* * * *
1978	* * *	* * *	* *	★	* * * *		★
1979	* * *	* * * *	* * *	* * *	★		★
1981	* * *	* * *	* * *	* *	* *		* * *
1982	* * * *	* * *	* * *	* *	* * *		* * * *
1983	* * *	* * * *	★	* * *	* * * *		* * * *
1985	* * * *	* * * *	* * *	* * * *	* * * *		★
1986	★	* * *	* * * *	* * *	* * *		* * *
1987	* *	* * *	* *	* *	* *		* *
1988	* * *	* * *	★	★	* * * *		* *
1989	* * * *	* * *	★	* * * *	★	* * * *	* * *
1990	★	* * *	★	★	* * * *	* * * *	★
1991	* *	* * *	* * *	* * *	* * * *	★	* * *
1992	* *	* * *	*	* * *	* * * *	* *	*
1993	* * *	* * *	*	* * * *	* * * *	* * *	* *
1994	* * *	* * *	* *	* * *	* * *	* * *	* * *
1995	* * * *	* * *	* * * *	* * * *	* * *	* * * *	* * * *
1996	* * * *	* * *	* * * *	* * * *	* * *	* * *	* * * *
1997	* * *	* * * *	* * * *	* * *	* * * *	* * *	★
1998	* * * *	* * * *	* * *	* * *	* * * *	* * *	★
1999	* * *	* * *	* * * *	* * *	* *	* * *	* * *
2000	* * * *	* * * *	*	* *	* * * *	* * * *	* * *
2001	* * * *	* * *	★	* * * *	* * *	* * *	* * * *
2002	* * * *	* * * *	★	* * * *	* * * *	* * *	* * *
2003	★	* * * *	★	★	* * * *	★	★

注 ＊差年，＊＊中等年份，＊＊＊好年份，＊＊＊＊特优年份，★顶好大年。

法国葡萄酒主要产区 1966～2003 年份表 2

产区 年份	南罗讷河 Rhone S	阿尔萨斯 Alsace	卢瓦河白 Loire	汝拉白 Jura	普罗旺斯 Provence	朗格多克 Languedo	西南红 SudOuest
1966	* * * *	* * * *	* * * *				
1967	* * *	* * * *	* * *				
1970	* * * *	* * *	* * * *				
1971	* * *	★	* * *				
1975	* *	* * *	* *				
1976	* * *	★	* * * *				
1978	★	* *	* * *				
1979	* * * *	* * * *	* * * *				
1981	* *	* * * *	* * *				
1982	* * *	* * *	* * * *				
1983	* *	★	* * * *				
1985	* * * *	★	★				★
1986	* * *	* *	* * * *				* * *
1987	*	* * *	* *				* * *
1988	* *	★	* * * *	* * * *			* * * *
1989	* * *	★	★	* * * *			* * * *
1990	★	★	★	★	* * * *	* * *	★
1991	* *	* * *	* *	* * *	* *	* * *	* *
1992	* *	* * *	* *	* *	* *	* *	* *
1993	* *	* * *	* * *	* *	* * *	* * *	* * *
1994	* * *	* * *	*	* * *	* * *	* * *	* * *
1995	★	* * *	★	* * *	* * *	* * * *	* * * *
1996	* * * *	* * * *	★	* * * *	* * *	* *	* * *
1997	* * *	★	* * * *	★	* *	* *	* * *
1998	* * * *	* * * *	* * *	* * * *	* * * *	* * * *	* * * *
1999	* * *	* * *	* * *	* * *	* *	* * *	* * *
2000	* * *	★	* * *	* * *	★	★	* * * *
2001	* * *	* * *	* * * *	* * *	* * *	* * * *	* * * *
2002	* *	* *	* * *	* * * *	* *	* * *	* * *
2003	* * * *	* * *	* * * *	* * * *	* *	* * * *	* * *

注 ＊差年，＊＊中等年份，＊＊＊好年份，＊＊＊＊特优年份，★顶好大年。

附录二：法国葡萄酒各产区等级表

1855 年波尔多红葡萄酒等级表

——5 大顶级酒庄 Premiers Crus

Chateau Lafite-Rothschild (Pauillac)

Chateau Margaux (Margaux)

Chateau Latour (Pauillac)

Chateau Haut-Brion Pessac (Graves)

Chateau Mouton-Rothschild (Pauillac)

——二级酒庄 Deuxiems Crus

Chateau Rausan-Ségla (Margaux)

Chateau Rauzan-Gassies (Margaux)

Chateau Léoville-Las Cases (Saint-Julien)

Chateau Léovill e-Poyer (Saint-Julien)

Chateau Léovi lle-Barton (Saint-Julien)

Chateau Durfort-Vivens (Margaux)

Chateau Gruaud-Larose (Saint-Julien)

Chateau Lascombes (Margaux)

Chateau Brane-Cantenac Cantenac (Margaux)

Chateau Pichon-Longueville-Baron (Pauillac)

Chateau Pichon-Longueville, Comtesse de Lalande (Pauillac)

Chateau Ducru-Beaucaillou (Saint-Julien)

Chateau Cos d'Estournel (Saint-Estèphe)

Cha teau Montrose (Saint-Estèphe)

——三级酒庄 Troisiè mes Crus

Chateau Kirwan Cantenac (Margaux)

Chateau d'Issan Cantenac (Margaux)

Chateau Lagrange (Saint-Julien)

Chateau Langoa-Barton (Saint-Julien)

Chateau Giscours Labarde (Margaux)

Chateau Malescot Saint-Exupéry (M argaux)

Chateau Boyd-Cantenac Cantenac (Margaux)

Chateau Cantenac-Brown Cantenac (Margaux)

Chateau Palmer Cantenac (Margaux)

Chateau La Lagune Ludon (Haut-Médoc)

Chateau Desmirail (Margaux)

Chateau Calon-Ségur (Sain t-Estèphe)

Chateau Ferrière (M argaux)

Chateau Marquis d'Alesme-Becker (Margaux)

——四级酒庄 Quatrièmes Crus

Chateau Saint-Pierre (Saint-Julien)

Chateau Talbot (Saint-Julien)

Chateau Branaire-Ducru (Saint-Julien)

Chateau Duhart-Milon-Rothschild (Pauillac)

Chateau Pouget Cantenac (Margaux)

Chateau La Tour-Carnet Saint-Laurent (Haut Médoc)

Chateau Lafon-Rochet (Saint-Estèphe)

Chateau Beychevelle (Saint-Julien)

Chateau Prieuré- Lichine Cantenac (Margaux)

Chateau Marquis-de-Terme (Margaux)

——五级酒庄 Cinquièmes Crus

Chateau Pontet-Canet (Pauillac)

Chateau Batailley (Pauillac)

Chateau Haut-Batailley (Pauillac)

Chateau Grand-Puy-Lacoste (Pauillac)

Chateau Grand-Puy-Ducasse (Pauillac)

Chateau Lynch-Bages (Pauillac)

Chateau Lynch-Moussas (Pauillac)

Chateau Dauzac Labarde (Margaux)

Chateau D'Armailhac (Pauillac)

Chateau du Tertre Arsac (Margaux)

Chateau Haut-Bages-Libéral (Pauillac)

Chateau Pédesclaux (Pauillac)

Chateau Belgrave Saint-Laurent (Haut-Médoc)

Chateau de Camensac Saint-Laurent (Haut-Médoc)

Chateau Cos-Labory (Saint-Estèphe)

Chateau Clerc-Milon (Pauillac)

Chateau Croizet-Bages (Pauillac)

Chateau Cantemerle Macau (Haut-Médoc)

1855年波尔多白葡萄酒等级表

——顶级白葡萄酒庄 Premier Cru Supérieur

Chateau d'Yquem Sauternes

——一级白葡萄酒庄 Premiers Crus

Chateau La Tour-Blanche（Bommes）

Chateau Lafaurie-Peyraguey（Bommes）

Chateau Clos Haut-Peyraguey（Bommes）

Chateau de Rayne-Vigneau（Bommes）

Chateau Suduiraut（Preignac）

Chateau Coutet（Barsac）

Chateau Climens（Barsac）

Chateau Guiraud（Sauternes）

Chateau Rieussec（Fargues）

Chateau Rabaud-Promis（Bommes）

Chateau Sigalas-Rabaud（Bommes）

——二级白葡萄酒庄 Deuxièmes Crus

Chateau de Myrat（Barsac）

Chateau Doisy-Dane（Barsac）

Chateau Doisy-Dubroca（Barsac）

Cha teau Doisy-Védrines（Barsac）

Chateau d'Arche(Sauternes）

Chateau Filhot（Sauternes）

Chateau Broustet(Barsac）

Chateau Nairac（Barsac）

Chateau Caillou（Barsac）

Chateau Suau（Barsac）

Chateau de Malle（Preignac）

Chateau Romer-du-Hayot（Fargues）

Chateau Lamothe-Despujols（Sauternes）

Chateau Lamothe-Guignard（Sauternes）

格拉夫（Graves）次产区葡萄酒庄表

——红葡萄酒

Chateau Bouscaut（Cadaujac）

Chateau Haut-Bailly (Léognan)
Chateau Carbonnieux (Léognan)
Domaine de Chevalier (Léognan)
Chateau de Fieuzal (Léognan)
Chateau d'Olivier (Léognan)
Chateau Malartic-Lagravière (Léognan)
Chateau La Tour-Martillac (Martillac)
Chateau Smith-Haut-Lafitte (Martillac)
Chateau Haut-Brion (Pessac)
Chateau La Mission-Haut-Brion (Talence)
Chateau Pape-Clé ment (Pessac)
Chateau Latour-Haut-Brion (Talence)

——白葡萄酒

Chateau Bouscaut (Cadaujac)
Chateau Carbonnieux (Léognan)
Chateau Domaine de Chevalier (Léognan)
Chateau d'Olivier (Léognan)
Chateau Malartic Lagravière (Léognan)
Chateau La Tour-Martillac (Martillac)
Chateau Laville-Haut-Brion (Talence)
Chateau Couhins-Lurton (Villenave d'Ornan)
Chateau Couhins (Villenave d'Ornan)
Chateau Haut-Brion (Pessac)

圣—艾米伦（St. Emillion）次产区葡萄酒等级表

——顶级酒庄 A 级

Chateau Ausone
Chateau Cheval Blanc

——顶级酒庄 B 级

Chateau AngéLus
Chateau Beau-Séjour Bécot
Chateau Beauséjour(Duffau-Lagarosse)
Chateau Belair
Chateau Canon
Chateau Figeac

Chateau La Gaffeliere

Chateau Magdelatne

Chateau Pavie

Chateau Trottevieille

Clos Fourtet

——一级酒庄

Chateau Balestard La Tonelle

Chateau Bellevue

Chateau Bergat

Chateau Berliquet

Chateau Cadet Bon

Chateau Cadet-Piola

Chateau Canon La Gaffeliere

Chateau Cap De Mourlin

Chateau Chauvin

Chateau Clos Des Jacobins

Chateau Corbin

Chateau Corbin-Michottei

Chateau Curé Bon

Chateau Dassault

Chateau Faurie-De-Sauchard

Chateau Fonplégade

Chateau Fonroque

Chateau Franc Mayne

Chateau Grand Mayne

Chateau Grand Pontet

Chateau Guadet Saint-Julien

Chateau Haut Corbin

Chateau Haut Sapre Saint-Christophe des Bardes

Chateau L'arrosée

Chateau La Clotte

Chateau La Clusiere

Chateau La Couspaude

Chateau La Dominique

Chateau La Serre

Chateau La Tour Du Pin-Figeac（Giraud-Belivier）

Chateau La Tour Du Pin-Figeac（J. M. Moueix）

Chateau La Tour Figeac

Chateau Lamarzelle

Chateau Laniote

Chateau Larcis Ducasse Saint-Laurent des Combes

Chateau Larmande

Chateau Laroque Saint-Christophe des Bardes

Chateau Laroze

Chateau Le Prieuré

Chateau Les Grandes Murailles

Chateau Matras

Chateau Moulin Du Cadet

Chateau Pavie Decesse

Chateau Pavie Macquin

Chateau Petite Faurie De Soutard

Chateau Ripeau

Chateau Saint-George Cote Pavie

Chateau Soutard

Chateau Tertre Daugay

Chateau Troplong-Mondot

Chateau Villemaurine

Chateau Yon-Figeac

Clos De L'oratoire

Clos Saint-Martin

Couvent Des Jacobins

香槟产区的分级表

– Sillery

– Puisieulx

– Beaumont-Sur-Vesle

– Verzenay

– Mailly-Champagne

– Verzy

– Louvois

– Bouzy

- Ambonnay
- Tours-sur-arne
- Avize
- Oiry
- Oger
- Chouilly
- Cramant
- Ay-Champagne
- Le Mesnil-sur-Oger

附录三：意大利酿酒葡萄的主要品种

名　称	品种	成熟期	产　地
阿里亚尼科 Aglianico	红葡萄	十月中旬到十一月初	古老的葡萄品种之一，原产于希腊名称也来源于古希腊语，特别种植在巴西利卡塔大区
阿尔巴那 Albana	白葡萄	九月底	它的历史可以追溯到1200年前，是艾米利亚·罗马涅大区的典型品种
阿莱阿迪科 Aleatico	红葡萄	九月下旬	原产希腊或意大利托斯卡纳大区，现种植于“草岛”，拉齐奥和普利亚大区
安索尼卡 Ansonica	白葡萄	九月中旬初	原产于西西里岛，现也在托斯卡纳大区的群岛上种植
阿内斯 Arneis	白葡萄	九月下旬	它也以“白内比奥罗”而著称，主要种植于皮埃蒙特大区的劳埃劳地区
巴贝拉 Barbera	红葡萄	十月初	原产于皮埃蒙特大区的孟菲拉岛地区，广泛种植于全意大利和世界各地，它既可以单独酿造也可以与其他品种的葡萄一起酿造
白劳奈 Bellone	白葡萄	十月后半月	极古老的葡萄品种，遍布拉齐奥大区
白·达来萨诺 Biancod' Alessano	白葡萄	在十月初	普利亚大区的葡萄品种，来源于萨兰托地区
白·来拉 Bianco lella	白葡萄	十月上半月	原产科西嘉岛，现广泛种植于坎帕尼亚达取得岛屿上
白·德莫杰克斯 Blanc de Morgex	白葡萄	八月底	瓦莱·达奥斯塔大区的特产，特点是耐寒，可以在海拔1000米以上的山坡上生长
宝那达 Bonarda	红葡萄	九月上半月	原产于皮埃蒙特大区，现也在伦巴第，威奈托，艾米利亚·罗马涅大区种植
波斯科 Bosco	白葡萄	九月底	原产于利古里亚大区，种植在“五片地”地区
布拉凯多 Brachetto	红葡萄	九月后半月	原产地不明，现在阿奎温泉地区种植，是阿奎布拉柴岛 DOCG 专用葡萄
品丽珠 Cabernet Franc	红葡萄	十月上半月	原产于法国波耳多地区，现在整个意大利乃至全世界都被广泛引种
赤霞珠 Cabernet Sauvignon	红葡萄	十月上半月	原产法国波耳多，现在意大利是仅次于蛇龙珠的品种，是世界性葡萄品种
黑·卡纳摇罗 Canaiolo Nero	红葡萄	九月底	原产地不明，1300年前就已经为人所知，现主要种植在托斯卡纳大区，是著名的奇安第红酒的所采用的葡萄
卡诺那乌 Cannonau	红葡萄	九月底	原产西班牙，广泛分布于萨丁岛，也用来酿造白葡萄酒
卡里尼亚诺 Carignano	红葡萄	九月后半月	据说它是西班牙的葡萄品种，现在广泛分布于萨丁岛特别是卡利亚里省

续表

名 称	品种	成熟期	产 地
卡里坎代 Caricante	白葡萄	十月初	西西里岛的葡萄品种
卡塔拉多 Catarratto	白葡萄	九月上半月	西西里岛的葡萄品种，原产于马勒萨拉以及阿尔卡茂和埃特纳·彼岸考地
霞多丽 Chardonnay	白葡萄	八月后半月	原产法国波耳多,整个意大利乃至全世界都被广泛引种
绮丽野骄罗 Ciliegiolo	红葡萄	八月后半月	托斯卡纳大区的葡萄品种，可能原产于西班牙
科达·沃尔派 Coda di Volpe	白葡萄	九月后半月	坎帕尼亚大区葡萄品种
科罗里诺 Colorino	红葡萄	九月底	广布托斯卡纳大区，它的名字来源于它那燃烧的颜色
科代赛 Cortese	白葡萄	九月后半月	原产于皮艾蒙特达区，现在广泛分布于伦巴第大区帕维亚省的奥尔特劳泡
科维纳 Corvina	红葡萄	九月底	广布于瓦尔波利柴拉地区
克罗阿迪纳 Croatina	红葡萄	十月初	广泛分布于威奈托大区的维罗纳省的奥尔特劳泡
多切多 Dolcetto	红葡萄	九月后半月	皮艾蒙特葡萄品种，其名字来源于叫做“DOLCE”的丘陵。(意大利语“DOLCE”的意思是“甜”,但它并不甜)
艾尔巴路钗 Erbaluce	白葡萄	九月底	古老的皮埃蒙特葡萄品种之一,它的名字来源于“发光的草”,秋天在阳光下它的果实会呈现不同的橙红色
法沃里达 Favorita	白葡萄	十月初	皮埃蒙特葡萄品种,以前用来酿造日常餐酒
佛拉斯代拉 Forastera	白葡萄	九月后半月	来源于伊斯凯亚岛，从十九世纪开始为人所知
佛拉帕多 Frappato	红葡萄	九月底	西西里岛西拉库萨省的古老葡萄品种，广植西西里岛
佛雷伊萨 Freisa	红葡萄	十月初	1799 年孔特·努沃劳奈在它的作品中第一次提到佛雷伊萨,这种葡萄遍布阿斯第咖奈丘陵上
佳丽奥波 Gaglioppo	红葡萄	十月初	古老的葡萄品种，广布卡拉布利亚大区
佳奈佳 Garganega	白葡萄	九月后半月	广布威奈托大区的维罗纳省,是骚阿维和来乔岛·骚阿维的原料
格来卡尼科 Grecanico	白葡萄	九月后半月	其名称来源于希腊，广布于西西里岛

续表

名称	品种	成熟期	产地
格来凯多 Grechetto	白葡萄	十月初	来源不明，但在意大利中部地区广泛种植
格来科 Greco	白葡萄	十月	罗马帝国时代就闻名的品种，主要分布在卡帕尼亚大区
格丽尼奥里诺 Grignolino	红葡萄	十月初	广布于皮埃蒙特达区，其历史可以追溯到18世纪
格利罗 Grillo	白葡萄	十月初	可能起源于普利亚大区，现在主要种植于西西里岛的马尔萨维亚地区
拉格莱因 Lagrein	红葡萄	十月中旬	主要种植在阿尔托.阿迪杰大区的包乐擦脑省，还分布于特兰蒂诺省地区
兰布鲁斯科 Lambrusco	红葡萄	十月初	典型的艾米利亚.罗马涅大区葡萄品种，来源于自生的葡萄品种和它的变化品种格拉斯帕劳萨
马娃西亚 Malvasia	白葡萄	九月或十月	遍布意大利，红葡萄的变种在布林地西的黑马尔娃西亚
马泽米诺 Marzemino	红葡萄	十月初	起源于威奈托大区，现在也广布于特兰蒂诺大区
梅洛 Merlot	红葡萄	十月初	国际葡萄品种，起源于法国西南部，名字来源于法语：MERLO
毛利纳拉 Molinara	红葡萄	十月后半月	广布于威奈托大区的维罗纳省
莫尼卡 Monica	红葡萄	十月初	起源于西班牙，广布于萨丁岛
蒙特普奇亚诺 Montepulciano	红葡萄	十月中旬	以前人们以为它是桑乔维塞的分支，实际上它原产于希腊，现在尤其分布于阿布鲁佐大区
玫瑰香 Moscato	白葡萄	九月中旬	原产地希腊，是一个被广泛种植的古老品种，广布于整个意大利
慕乐·图高 Müller Thurgau	白葡萄	九月上半月	以一位瑞士教授名字命名，西万尼和来纳诺·雷司令杂交而成，广布意大利
那思科 Nasco	白葡萄	十月初	萨丁岛古老的葡萄品种，很可能就起源于当地
内比奥罗 Nebbiolo	红葡萄	十月底	名字来源于“雾”，在成熟期间，其产地由于位于阿尔卑斯山脚下多雾而形成其独特的品质，是世界名酒爸老老(巴络罗)和爸爸来思考(巴巴来斯科)所采用的葡萄，在瓦尔台里那，又被称为“奇亚维纳斯卡”
内格罗·阿玛罗 Negro Amaro	红葡萄	十月上半月	名字来源于意大利语：“黑”，“爱”。广布于普利亚大区
内来罗·马斯卡尔赛 Nerello Mascalese	红葡萄	九月初	西西里岛的特产

续表

名 称	品种	成熟期	产 地
黑·达沃拉 Nero d' Avola	红葡萄	九月上半月	起源于西西里,遍布全岛，是葡萄酒结构和酒体的基础
诺早拉 Nosiola	白葡萄	十月初	特兰蒂诺大区古老的特产，名字来源于 NOCCIOLE
派迪特·罗杰 Petit Rouge	红葡萄	十月初	种植于瓦来.达奥斯塔大区,原产于当地或法国
皮考里特 Picolit	白葡萄	十月初	几个世纪前就在弗留利大区种植,曾是一种极为有名的葡萄酒的原料,,它的名字来源于一种发育不全的花
皮艾迪罗索 Piedirosso	红葡萄	九月底	卡帕尼亚大区的古老品种,历史可追溯到罗马帝国时代
皮佳多 Pigato	白葡萄	九月后半月	利古里亚大区古老的葡萄品种
皮尼奥来多 Pignoletto	白葡萄	十月初	在波罗尼亚丘陵上已经种植了好几个世纪
白品乐 Pinot Bianco	白葡萄	九月中旬	国际葡萄品种，起源于法国，黑品乐的一个分支，在意大利北部广泛种植
灰品乐 Pinot Grigio	白葡萄	九月中旬	国际葡萄品种，起源于法国，黑品乐的一个分支，在意大利北部广泛种植
黑品乐 Pinot Nero	白葡萄	九月中旬	国际葡萄品种,所有品乐葡萄的源头，从罗马帝国时代就在法国种植,后传遍世界,是许多葡萄酒的原料，也常用于白葡萄酒的酿造
普丽米迪沃 Primitivo	红葡萄	九月初	从 18 世纪起就在普里亚大区广泛种植
普罗塞克 Prosecco	白葡萄	十月上半月	古老的葡萄品种，有人认为始于罗马帝国时代,现种植于威奈托大区,可以用来酿造起泡酒和平静酒
拉宝索 Raboso	红葡萄	十月底	起源并种植于威奈托大区
红来佛斯科·派顿科罗 Refosco dal Peduncolo Rosso	红葡萄	十月初	弗留利大区古老的葡萄品种，通过葡萄串的红色可以很容易辨认
丽宝拉·贾拉 Ribolla Gialla	白葡萄	九月后半月	弗留利大区葡萄品种，从 16 世纪就为人所知
雷司令 Riesling	白葡萄	九月底	起源于德国的葡萄品种
龙帝内拉 Rondinella	红葡萄	九月底	起源于德国来诺河谷的葡萄品种
罗赛赛 Rossese	红葡萄	十月后半月	利古里亚大区葡萄品种也许是 13 世纪从法国引进的

续表

名称	品种	成熟期	产地
萨格兰蒂诺 Sagrantino	红葡萄	十月上半月	翁布里亚大区特产,已经种植了好几个世纪
桑娇维塞 Sangiovese	红葡萄	十月上半月	起源于托斯卡纳大区,典型的意大利葡萄品种,是世界著名的奇安帝,蒙代普乐恰诺贵族酒的基本原料
长相思 Sauvignon	白葡萄	九月底	起源于法国波尔多地区的国际葡萄品种
司棋亚娃 Schiava	红葡萄	十月后半月	阿尔托·阿迪杰大区葡萄品种
司棋奥派迪诺 Schioppettino	红葡萄	十月上半月	又称为:黑·里宝拉,是弗留利大区的特产
西万尼 Sylvaner	白葡萄	九月后半月	起源奥地利,广布于阿尔托·阿迪杰大区和弗留利大区
西拉 Syrah	红葡萄	九月底	起源于伊朗的西拉子地区或西西里岛的西拉库萨省。意大利的西拉从法国引进的
泰罗德高 Teroldego	红葡萄	九月底到十月初	种植于坎堡地区,从16世纪起就为人所知
弗留利·托凯 Tocai Friulano	白葡萄	九月后半月	原产地不明,现为典型的弗留利大区葡萄品种
托巴多 Torbato	白葡萄	九月底	原产于西班牙,现特别种植在萨丁岛
香·特拉米内 Traminer Aromatico	白葡萄	九月后半月	名字起源于阿尔托·阿迪杰大区的台勒麦脑,主要种植在意大利北部地区
特来比亚诺 Trebbiano	白葡萄	十月上半月	在意大利的很多地区都有种植
特劳雅 Uva di Troia	红葡萄	十月上半月	普里亚大区葡萄品种,名称来源于弗贾省的特劳雅市
拉拉 Uva Rara	红葡萄	十月初	很久以前曾种植于皮埃蒙特大区的诺瓦拉丘陵,现广布伦巴帝大区的奥乐特劳泡·帕维亚地区
维帝奇奥 Verdicchio	白葡萄	十月	马尔凯大区特产葡萄品种,是同名葡萄酒的原料
弗留利·维度佐 Verduzzo Friulano	白葡萄	九月底	弗留利大区特产葡萄品种
维门蒂诺 Vermentino	白葡萄	九月后半月	又称为:饱满的马尔萨维亚,原产于西班牙,现种植于利古里亚大区,萨丁岛和托斯卡纳大区
维纳奇亚·奥里斯塔诺 Vernaccia di Oristano	白葡萄	九月底	原产地不明,现在种植于萨丁岛的奥里斯达诺地区

续表

名 称	品种	成熟期	产 地
维纳奇亚·圣吉米亚诺 Vernaccia di San Gimignano	白葡萄	十月初	罗马帝国时代就已经为人所知，现种植于托斯卡纳大区的圣吉米亚诺地区
维纳奇亚·赛拉派特罗纳 Vernaccia di Serrapetrona	红葡萄	十月上半月	也被称为:黑·维尔纳奇亚,种植于马尔凯大区的马勒钗拉达省
维斯帕伊奥拉 Vespaiola	白葡萄	十月底	种植于威奈托大区的维琴查省，其名称来自其美味的甜果核“维斯派”
子比波 Zibibbo	白葡萄	九月底	原产阿拉伯国家,现种于潘台来里亚岛,是优秀的酿酒的原料

附录四：意大利部分主要葡萄酒 1992～2003 年期间的年份情况

产区＼年份	1992	1993	1994	1995	1996	1997	1998	1999	2000	2001	2002	2003
Barbera d' Asti	**	**	***	***	****	*****	*****	*****	*****	*****	***	****
Barbaresco	**	***	**	****	*****	*****	*****	*****	*****	*****	****	****
Barolo	**	***	**	****	*****	*****	*****	*****	*****	*****	****	****
Terre di Franciacorta Rosso	**	***	***	****	***	****	**	****	***	***	*** 1/2	*****
Valtellina	**	*	**	****	***	*****	***	****	***	*****	*****	***1/2
Teroldego Rotaliano	**	***	**	***	***	****	**	*****	*****	****	****	****
Collio Rosso	***	*****	****	*****	****	*****	***	*****	****	****	***	**** 1/2
Pinot Nero Alto Adige	***	****	***	****	***	*****	***	**	****	****	****	****
Amarone Della valpolicella	*	****	**	*****	**	*****	*****	***	*****	***	**	****
Sagiovese di Romagna	***	*****	****	****	***	****	*****	***	*****	****	***	*****
Rosso Conero	**	*****	***	**	*	*****	****	***	*****	*****	***	****
Brunello di Montalcino	**	****	****	*****	***	*****	****	****	***	****	**	****
Chianti Classico	**	****	***	*****	****	*****	****	*****	****	****	**1/2	****
Vino Nobile Di Montepulciano	**	****	***	*****	***	*****	***	*****	****	*****	**1/2	****
Sagrantino Di Montefalco	**	*****	***	****	***	*****	*****	***	****	****	**	****
Montepulciano D' Abruzzo	***	****	***	***	*	***	****	**	****	****	***	**1/2
Primitivo Di Manduria	**	***	****	**	***	*****	****	****	****	*****	****	****
Taurasi	***	*****	***	***	****	*****	****	*****	*****	****	****	****
Aglianico Del Vulture	****	*****	*****	****	**	*****	***	****	****	*****	****	****
Ciro'	****	****	*****	****	****	****	*****	****	*****	***	****	****
IGT Sicilia	****	*****	*****	*****	***	***	****	****	****	*****	****	*****
Cannonau	****	*1/2	**	****	**	***	****	***	****	*****	*****	*****

注　* 表示年份不及格，** 表示一般，*** 表示好，**** 表示大好，***** 表示超佳。

附录五：调酒师国家职业标准

（2000年7月3日 劳社厅发[2000]14号 关于印发组合机床操作工等28个国家职业标准的通知）

国家职业标准

调酒师

中华人民共和国劳动和社会保障部制定

1. 职业概况

1.1 职业名称

调酒师。

1.2 职业定义

在酒吧或餐厅等场所，根据传统配方或宾客的要求，专职从事配制并销售酒水的人员。

1.3 职业等级

本职业共设五个等级，分别为：初级（国家职业资格五级）、中级（国家职业资格四级）、高级（国家职业资格三级）、技师（国家职业资格二级）、高级技师（国家职业资格一级）。

1.4 职业环境

室内、外，常温。

1.5 职业能力特征

手指、手臂灵活，动作协调；色、味、嗅等感官灵敏。

1.6 基本文化程度

高中毕业（含同等学力）。

1.7 培训要求

1.7.1 培训期限

全日制职业学校教育，根据其培养目标和教学计划确定。晋级培训期限：初级不少于160标准学时；中级不少于140标准学时；高级不少于120标准学时；技师不少于100标准学时；高级技师不少于100标准学时。

1.7.2 培训教师

培训教师应具备饮料专业知识及相关知识，具有实际操作能力和教学经验，以及相应的职业资格证书。培训初级人员的教师应取得本职业中级职业资格证书；培训中级人员的教师应取得高级职业资格证书；培训高级人员的教师应取得技师职业资格证书；培训技师的教师应取得高级技师职业资格证书；培训高级技师的教师应取得高级技师职业资格证书或具备高等院校相关专业的讲师职称证书。

1.7.3 培训场地设备

具备同时培训25名以上学员的理论学习标准教室及实际操作教室。各种教室应分别具有讲台、吧台及必要的教学设备、调酒工具设备；有实际操作训练所需的饮料、装饰物。教室采光及通风条件良好。

1.8 鉴定要求

1.8.1 适用对象

从事或准备从事本职业的人员。

1.8.2 申报条件

——初级（具备以下条件之一者）

（1）经本职业初级正规培训达到规定标准学时数，并取得毕（结）业证书。

（2）在本职业见习2年以上。

——中级（具备以下条件之一者）

（1）取得初级职业资格证书后连续从事本职业工作3年以上，经本职业中级正规培训达到规定标准学时数，并取得毕（结）业证书。

（2）取得本职业初级职业资格证书后，连续从事本职业5年以上。

（3）取得经劳动保障行政部门审核认定的、以中级技能为培养目标的中等以上职业学校本职业毕业证书。

——高级（具备以下条件之一者）

（1）取得中级职业资格证书后并连续从事本职业工作4年以上，经本职业中级正规培训达到规定标准学时数，并取得毕（结）业证书。

（2）取得本职业中级职业资格证书后，连续从事本职业工作8年以上。

（3）取得经劳动保障行政部门审核认定的、以高级技能为培养目标的高等职业学校本职业毕业证书。

——技师（具备以下条件之一者）

(1)取得高级职业资格证书后连续从事本职业工作5年以上,并经本职业技师正规培训达到规定标准学时数,取得毕(结)业证书。

(2)取得本职业高级职业资格证书后,连续从事本职业8年以上。

(3)取得本职业高级职业资格证书的高级技工学校毕业生,连续从事本职业2年以上。

——高级技师(具备以下条件之一者)

(1)取得技师职业资格证书后连续从事本职业工作3年以上,并经本职业高级技师正规培训达到规定标准学时数,取得毕(结)业证书。

(2)取得本职业技师职业资格证书后,连续从事本职业工作5年以上。

1.8.3 鉴定方式

本职业鉴定采用理论知识考试(笔试)及技能操作考核两种方式。理论知识考试(笔试)采用闭卷笔试的形式,技能操作考核采用现场实际操作方式进行。理论知识考试和实际操作考核评分均采用百分制,两项皆达60分以上者为合格。技师和高级技师鉴定还须通过综合评审。

1.8.4 考评人员和考生配比

本职业理论知识考试考生与考评员配比为15:1,实际操作考核考生与考评员配比为1:3。

1.8.5 鉴定时间

各等级理论知识考试时间均为90 min;初、中、高级调酒师技能操作考核时间为20 min/人,技师、高级技师技能操作考核时间为120 min/人。

1.8.6 鉴定场所设备

理论知识考试场所,不少于70 m^2,50套课桌椅,讲台、黑板等设施齐备,并具有良好的照明和通风条件;实际操作鉴定场所,一次考核不少于3个工位,每个工位不少于5 m^2,并符合环保、劳保、安全、消防等基本要求。需要设备及用具:调酒操作台(带上下水)、酒水展示柜、评判工作台、评判工作椅、立式冰箱、制冰机、碎冰机、奶吸机、摇酒壶、量酒器、吧匙、滤冰器、调酒杯、电动搅拌机、榨汁机、开罐器、白台布、白口面、砧板、果刀、冰桶、冰夹、冰铲、垃圾桶、调酒棒、鸡尾酒签、吸管、杯垫、调味瓶、糖盅、酒精灯、各种酒杯,以上设备可根据不同等级考核需要删减。

2. 基本要求

2.1 职业道德

2.1.1 职业道德基本知识

2.1.2 职业守则

(1)忠于职守,礼貌待人。

(2)清洁卫生,保证安全。

(3)团结协作,顾全大局。

(4)爱岗敬业,遵纪守法。

(5)钻研业务,精益求精。

2.2 基础知识

2.2.1 法律知识

劳动法、税法、价格法、食品卫生法、消费者权益保护法、公共场所卫生管理条例的基本知识。

2.2.2 饮料知识

(1)饮料知识概述。

(2)饮料的分类。

(3)酒的基础知识。

(4)发酵酒、蒸馏酒、混配酒。

2.2.3 酒吧管理与酒吧设备、设施、用具知识

(1)酒吧的定义与分类。

(2)酒吧的结构与吧台设计。

(3)酒吧的组织结构与人员构成。

(4)酒吧的岗位职责。

(5)酒吧设备。

(6)酒吧用具。

(7)酒吧载杯。

2.2.4 酒单与酒谱知识

(1)酒水服务项目与酒单的内容。

(2)酒单与酒水操作。

(3)酒单的设计与制作。

(4)标准化酒谱。

(5)酒水的标准计。

(6)酒水的操作原则。

2.2.5 调酒知识

(1)鸡尾酒的定义与分类。

(2)鸡尾酒的调制原理。

(3)鸡尾酒的制作方法。

(4)鸡尾酒的创作原则。

2.2.6 食品营养卫生知识

(1)食品卫生基础知识。

(2)饮食业食品卫生制度。

(3)营养基础知识。

(4)合理的餐饮搭配。

2.2.7 饮食成本核算

(1)饮业产品的价格核算。

(2)酒中的成本核算。

(3)酒会酒水的成本核算。

2.2.8 公共关系与社交礼仪常识

(1)公共关系。

(2)社交艺术。

(3)礼节礼貌。

(4)仪表仪容。

2.2.9 旅游基础知识

(1)旅游常识。

(2)中外风俗习惯。

(3)宗教知识。

2.2.10 外语知识

(1)酒吧常用英语。

(2)酒吧术语。

(3)外文酒谱。

(4)酒与原料的英语词汇。

(5)酒吧设备设施、调酒工具的英语词汇。

2.2.11 美学知识

(1)色彩在酒水出品中的应用。

(2)酒吧的创意与布局。

(3)调酒艺术与审判原则。

(4)食品雕刻在鸡尾酒装饰中的作用。

3. 工作要求

本标准对初级、中级、高级、技师及高级技师的技能要求依次递进，高级别包括低级别的要求。

3.1 初级

职业功能	工作内容	技能要求	相关知识
一、准备工作	(一)酒水准备	1. 能够完成对盘存表格的辨别与查对 2. 能够完成饮料品种及数量的准备 3. 能够完成饮料的服务准备 4. 能够进行酒水品种分类	1. 酒水基础知识 2. 酒水服务知识
	(二)卫生工作	1. 能够完成对个人卫生、仪表、仪容的准备与调整 2. 完成酒吧基本的清洁卫生 3. 能够对餐、酒具进行消毒、洗涤	1. 酒吧清洁程序和方法 2. 餐、酒具消毒洗涤方法
	(三)辅料准备	辅料原料的准备	原材料准备程序与方法
	(四)器具用品准备	1. 能够完成调酒器具、器皿的准备 2. 能够完成酒单的摆放及酒架陈列 3. 能够完成酒吧用具的摆放	酒吧酒具摆放规范
二、操作	(一)调酒操作	1. 能够掌握鸡尾酒操作的基本方法 (1)搅和法(blending) (2)兑和法(building) (3)摇和法(shaking) (4)调和法(stirring) 2. 能够根据配方调制一般常用软饮料及简单的鸡尾酒 20 款 3. 能够正确使用酒吧的常用杯具	1. 鸡尾酒调制步骤与程序 2. 酒谱的识读方法 3. 使用酒吧杯具的基本方法
	(二)饮料操作	1. 能够按以下原则完成软饮料的制作与出品 (1)选用相应载杯 (2)按规范开瓶(罐) (3)按规范倒入 (4)根据品种要求加冰及柠檬片 (5)使用杯垫 2. 能够按以下原则完成啤酒的出品 (1)冷冻啤酒杯 (2)按规范开瓶(罐)或从机器中打酒 (3)按规范倒酒 (4)会安装拆卸生啤酒桶	1. 软饮料操作程序与标准 2. 啤酒出品程序与操作要求
三、服务	酒吧服务	1. 能够按规范完成酒吧饮料服务 2. 能够运用一门外语进行简单的接待服务 3. 能够完成酒吧的结账工作	1. 酒吧常用英语 2. 服务基本程序 3. 礼节礼貌知识

3.2 中级

职业功能	工作内容	技能要求	相关知识
一、准备工作	(一)酒水准备	1. 能够完成对盘存表格等有关表格的填写 2. 能够完成对饮料品种的质量检查及饮品服务温度的检查 3. 能够完成一般酒会的准备的服务	1. 酒水表格的填写与辨别 2. 酒水质量检查程序与方法 3. 酒会准备、服务程序标准
	(二)卫生工作	1. 能够完成对个人卫生、仪表仪容的准备 2. 能够完成酒吧日常的清洁卫生工作 3. 能够熟练完成餐酒具消毒、洗涤	1. 酒吧卫生标准 2. 酒吧日常卫生操作程序
	(三)辅料准备	1. 能够完成鸡尾酒装饰物的准备 2. 能够完成一般果汁类的准备 3. 能够完成调酒专用糖浆的准备	1. 鸡尾酒装饰物的制作方法 2. 制作果汁、糖浆的方法
	(四)器具用品准备	1. 能够根据营业需要完成调酒器具、器皿的准备与调整 2. 能够准确完成酒单、酒架的摆放及更新 3. 能够根据操作需要完成酒吧用具摆放的调整	酒吧器具、器皿、酒单、酒架摆放规范及原则
二、操作	(一)调酒操作	1. 能够熟练运用以下鸡尾酒操作方法调制鸡尾酒 (1)搅和法(blending) (2)兑和法(building) (3)摇和法(shaking) (4)调和法(stirring) 2. 能够熟练掌握常用鸡尾酒调制步骤及注意事项 3. 能够调制各类常用鸡尾酒50款 4. 能够正确使用及保养酒吧的设备、用具及器皿	1. 鸡尾酒制作程序 2. 调酒原理 3. 酒吧设备、用具的保养及使用知识
	(二)饮料操作	1. 能够熟练掌握软饮料的制作与出品技巧 2. 能够按以下原则熟练掌握或完成烈酒服务、制作与出品 (1)选用相应载杯 (2)按规范开瓶 (3)使用量酒器 (4)按规范倒酒 (5)根据品种要求加冰及装饰物、辅料 (6)使用杯垫	软饮料、烈酒的操作程序
三、服务	酒吧服务	1. 能够掌握酒吧饮料服务的程序并按规范进行操作 2. 能够掌握与宾客沟通的一般技巧和酒水推销技巧	1. 酒吧服务常识 2. 推销技巧

3.3 高级

职业功能	工作内容	技能要求	相关知识
一、准备工作	(一)酒水准备	1. 能够完成对填写好的营业表格(盘存、进货、退货营业日报等)进行审核与分析 2. 能够根据营业需要,完成对品种及数量的准备检查 3. 能够准确完成饮料品种的质量、服务温度的检查 4. 能够设计、组织一般酒会,并能够进行基本的成本核算 5. 能够完成对酒吧所有准备工作的检查督导	酒吧服务与管理知识
	(二)卫生工作	1. 能够完成对个人卫生、仪表仪容的准备 2. 能够完成酒吧日常的清洁卫生工作 3. 懂得餐、酒具消毒原理,并熟练掌握各种不同类型餐酒具的消毒技巧 4. 能够完成对酒吧卫生工作的检查	1. 食品卫生要求 2. 仪表仪容标准 3. 饮料质量、卫生标准 4. 酒吧环境卫生标准
	(三)辅料准备	1. 能够制作较复杂鸡尾酒装饰物 2. 能够制作各类果汁 3. 能够完成调酒专用原料的制作及质量鉴别	1. 鸡尾酒装饰物的制作知识 2. 食品雕刻与鸡尾酒装饰物知识 3. 调酒专用原料的调制及果汁调配基础知识
	(四)器具准备	1. 能够对调酒器具、器皿的准备制定标准 2. 能够完成对酒单、酒架的摆放与陈列制定标准 3. 能够完成对吧台及酒吧用具的摆放制定标准	酒吧设备及用具规格标准
二、操作	(一)调酒操作	1. 能够掌握全面的调酒技术 2. 能够调制80款(含中级50款)以上的常见的鸡尾酒 3. 能够根据命题创作鸡尾酒 4. 能够熟练使用酒吧各类用具、设备	鸡尾酒调制原理与创作法则
	(二)饮料操作	1. 能够完成所有软饮料的制作与出品,操作原则同初、中级 2. 能够完成所有烈酒服务的制作与出品,操作原则同初、中级 3. 能够完成葡萄酒、汽酒的出品 4. 能够完成各种茶饮料的制作	葡萄酒的服务知识与茶饮料的调制方法
三、服务	酒吧服务	1. 能够熟练进行酒吧饮料服务 2. 能够掌握一门外语 3. 能够熟练掌握与宾客沟通的技巧	1. 外语知识 2. 餐饮服务基本程序、技巧

3.4 技师

职业功能	工作内容	技能要求	相关知识
一、操作	(一)鸡尾酒创作	能够根据宾客要求创作鸡尾酒	鸡尾酒的创作原理
	(二)插花	能够根据创意制作插花	花艺基本知识
	(三)酒吧布置	1. 能够根据酒吧的主题设计、布置酒吧 2. 能够根据酒吧特点设计酒水陈设	酒吧设计的基本要求及规范
	(四)酒会设计	能够设计、组织各类中、小型酒会	1. 餐台布置的基本要求及规范 2. 酒会设计知识
二、管理	(一)服务管理	1. 能够编制酒水服务程序 2. 能够制定酒水服务项目 3. 能够组织实施酒吧服务	服务管理知识
	(二)培训	能够实施酒吧的培训计划	培训技巧
	(三)控制	1. 能够对酒吧的服务工作进行检查 2. 能够对酒吧的酒水进行质量检查 3. 能够处理宾客投诉	1. 心理学知识 2. 服务管理知识 3. 法律知识

3.5 高级技师

职业功能	工作内容	技能要求	相关知识
一、操作	(一)鸡尾酒创新	1. 能够根据宾客要求和经营需要设计创新鸡尾酒 2. 能够掌握对鸡尾酒调制技法的综合利用	1. 鸡尾酒品种的创新与调酒技法、创新的基本原则 2. 酒水营养学知识
	(二)插花	能够根据环境设计的需要制作各类花卉制品	在不同环境下制作花卉制品的基本知识
	(三)酒会设计	能够设计组织大型酒会	1. 餐台布置技巧在大型酒会中的应用 2. 酒会设计的基本要求
二、经营管理	(一)酒单设计	1. 能够根据酒吧特点进行酒单设计 2. 能够根据要求对酒进行中、外文互泽	酒单制作与设计基本要求
	(二)组织与管理	1. 能够制定酒吧经营管理计划 2. 能够设计制作酒吧运转表格 3. 能够对酒吧进行定员定编 4. 能够制定饮料营销计划并组织实施 5. 能够对酒吧进行物品管理 6. 能够对酒水合理定价,进行成本核算 7. 能够组织实施员工的培训	1. 酒吧经营管理知识 2. 酒吧营销基本法则 3. 餐饮业酒水核算知识
三、研究	研究	能够研究开发特色鸡尾酒	国际酒吧业的发展状况和最新动态

4. 比重表

4.1 理论知识

项目			初级(%)	中级(%)	高级(%)	技师(%)	高级技师(%)
基本要求	职业道德		5	5	5	5	5
	法律知识		5	5	5	5	5
	饮料知识		25	20	20	15	15
	酒单与酒谱知识		5	5	5	5	5
	酒吧知识		10	10	10	10	15
	食品营养卫生知识		5	5	5	5	5
	饮食成本核算		—	—	5	5	5
	公共关系与社交礼仪常识		5	5	—	—	—
	旅游基础知识		5	5	5	5	5
相关知识	准备工作	酒水准备	5	5	5	—	—
		器具准备	5	5	5	—	—
		辅料准备	5	5	5	—	—
	饮料操作	调酒操作	5	5	5	10	5
		饮料操作	5	5	5	10	5
	设备使用维护		5	5	5	5	—
	管理工作		—	—	10	15	—
	外语应用		10	10	10	10	10
合计			100	100	100	100	100

4.2 技能操作

项目			初级(%)	中级(%)	高级(%)	技师(%)	高级技师(%)
技能要求	准备工作	酒水准备	5	5	5	5	5
		器具准备	5	5	5	5	5
		辅料准备	5	5	5	5	5
	饮料操作	调酒操作	40	40	40	15	15
		饮料操作	30	30	30	15	15
	设备使用维护		5	5	5	—	—
	管理工作		—	—	—	40	40
	外语应用	工作对话	10	10	5	10	10
		外文书写	—	—	5	5	5
合计			100	100	100	100	100